关海宁　刁小琴◇编著

龙江地产农产品加工技术

LONGJIANG DICHAN NONGCHANPIN JIAGONG JISHU

图书在版编目(CIP)数据

龙江地产农产品加工技术 / 关海宁，刁小琴编著
. -- 哈尔滨：黑龙江大学出版社，2013.1
ISBN 978-7-81129-590-0

Ⅰ. ①龙… Ⅱ. ①关… ②刁… Ⅲ. ①农产品加工
Ⅳ. ①S37

中国版本图书馆 CIP 数据核字(2013)第 011318 号

龙江地产农产品加工技术
LONGJIANG DICHAN NONGCHANPIN JIAGONG JISHU
关海宁　刁小琴　编著

责任编辑　张永生　于　丹　魏翕然
出版发行　黑龙江大学出版社
地　　址　哈尔滨市南岗区学府路 74 号
印　　刷　哈尔滨市石桥印务有限公司
开　　本　787×1092　1/16
印　　张　18.25
字　　数　307 千
版　　次　2013 年 1 月第 1 版
印　　次　2013 年 1 月第 1 次印刷
书　　号　ISBN 978-7-81129-590-0
定　　价　42.00 元

前　言

黑龙江省位于中国的东北边陲,是中国位置最北、纬度最高的省份。全省的黑土、黑钙土、草甸土等肥沃土壤面积占耕地面积的70%以上。寒地黑土富含大量的有机物和微量元素,而且黑龙江省光、热、水资源丰富,为农产品的生长提供了充足的养分,黑龙江省具备发展农产品加工业的良好条件。然而,从全国的视角看,黑龙江省农产品加工业总体规模还很小,企业生产能力还很低。因此,黑龙江省农产品加工业需扩大规模、提高质量、增强发展能力。

为了充分发挥黑龙江省地域优势,充分利用丰富的农业资源,深度加工农产品,开拓新的产品和用途,做大做强农产品精深加工产业,推动传统加工企业向高新技术研发及应用领域转型,扩大企业产能,增加农产品科技附加值,增强农产品市场竞争力,实现农产品加工业的增值创收,我们根据生产和科研的需要,本着实用和服务三农的原则,参阅了大量最新资料,编写了《龙江地产农产品加工技术》一书。

全书内容包括三大部分:一是主要农产品——稻谷、玉米、大豆、马铃薯、果蔬及食用菌原料的初加工;二是利用科学技术对农产品原料进行的深加工;三是农产品加工副产品的综合利用。

本书共分六章,由绥化学院关海宁编写第一、二、三章,绥化学院刁小琴编写第四、五、六章。全书由关海宁主审、统稿及定稿。

由于我们水平有限,书中疏漏之处在所难免,恳请读者批评指正。

编著者

2012 年 6 月

目 录

第一章　稻谷加工技术

稻谷是水稻脱粒后得到的带有稻壳的籽粒;经砻谷处理,脱去稻壳,得到的颖果称为糙米;再经过碾米加工得到大米。水稻是我国最主要的粮食作物之一,目前,我国水稻的种植面积约占粮食作物种植总面积的1/4,产量约占粮食总产量的1/2,产区几乎遍及全国各地。黑龙江省是农业大省,盛产水稻,拥有优良的水稻品种。据有关部门统计,2011年黑龙江省水稻种植面积达5 000多万亩,水稻总产量达206.2亿公斤。

稻谷加工可提高稻谷的食用品质,稻谷加工后获得的大米蛋白质含量虽较低,但其生物效价与营养价值较高,粗纤维含量较低,人体对其中各种营养成分的消化率和吸收率较高。大米蒸煮成的米饭香味宜人,糯黏可口,具有良好的食用品质。同时,大米可加工成米粉、糕点、米酒等。

第一节　稻谷的工艺性质

稻谷的工艺性质主要是指稻谷具有的影响加工工艺效果的特性,其中包括稻谷的籽实结构、化学成分、物理特性等。

不同品种、不同等级的稻谷具有不同的工艺性质,这些性质直接影响到成品的质量和出米率。不同的加工方法、不同的加工精度对稻谷的工艺性质亦有不同的要求。

一、稻谷的分类、形态结构及化学成分

(一)稻谷的分类

我国稻谷种植区域广,种类达60 000种以上。

1.按生长期长短不同,水稻分早稻(90~120 d)、中稻(120~150 d)、晚稻(150~170 d)。一般早稻稻谷米质疏松、耐压性差,加工时易产生碎米,出米率低;

晚稻稻谷米质坚实、耐压性强,加工时产生碎米少,出米率高。

2. 按粒形粒质不同,水稻分籼稻、粳稻、糯稻。籼稻稻谷细而长,呈长椭圆形或细长形,米粒强度小,耐压性差。籼稻稻谷在加工时容易产生碎米,出米率低。用籼稻稻谷制成的米饭胀性较大,黏性较小。粳稻稻谷短而厚,呈椭圆形或卵形,米粒强度大,耐压性好。粳稻稻谷在加工时不易产生碎米,出米率较高。用粳稻稻谷制成的米饭胀性较小,黏性较大。根据粒质和收获季节的不同,籼稻和粳稻又可分为早稻和晚稻两类。就同一类型的稻谷而言,一般情况下,早稻稻谷米粒腹白大,角质粒少,品质比晚稻稻谷差。就米饭的食味而言,早稻稻谷比晚稻稻谷差。就稻谷的品质而言,晚籼稻稻谷的品质优于早粳稻稻谷。糯稻稻谷米粒呈乳白色,不透明或半透明,黏性大,按其粒形可分为籼糯稻谷(稻粒一般呈长椭圆形或细长形)和粳糯稻谷(稻粒一般呈椭圆形或卵形)。

(二)稻谷的形态结构

稻谷的外形与结构分别见图1-1和图1-2。稻谷主要由稻壳(颖)和颖果(糙米)两部分组成。

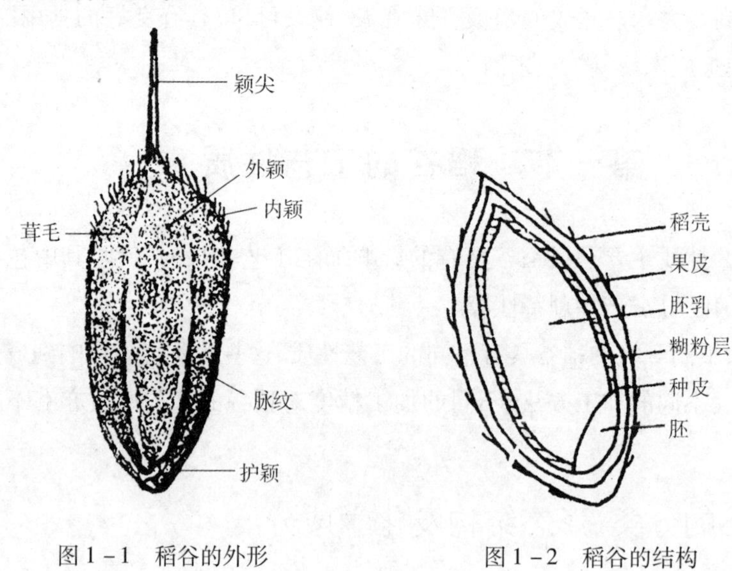

图1-1 稻谷的外形　　图1-2 稻谷的结构

1. 稻壳

稻谷的稻壳由内颖、外颖、护颖和颖尖(颖尖伸长为芒)四部分组成。外颖比内颖略长而大,内、外颖沿边缘卷起成钩状,互相钩合包住颖果,起保护作用。砻谷机脱下来的稻壳称为砻糠。

稻壳的表面生有针状或钩状茸毛，茸毛的疏密和长短因品种而异，有的品种稻壳表面光滑无毛。一般籼稻稻谷的茸毛稀而短，散生于稻壳表面上。粳稻稻谷的茸毛多，密集于棱上，且从基部到顶部逐渐增多，顶部的茸毛比基部的长。因此，粳稻稻谷的表面一般比籼稻稻谷粗糙。稻壳的厚度为25～30 μm，粳稻稻谷稻壳的质量占稻谷质量的18%左右。籼稻稻谷稻壳的质量占稻谷质量的20%左右，稻壳的厚薄和质量与稻谷的类型、品种、栽培及生长条件、成熟和饱满程度等因素有关。一般成熟、饱满的稻谷稻壳薄而轻。粳稻稻谷的稻壳比籼稻稻谷的薄，而且结构疏松、易脱除。早稻稻谷的稻壳比晚稻稻谷的稻壳薄而轻。未成熟稻谷的稻壳富有弹性和韧性，不易脱除。

内、外颖基部的外侧各生有护颖一枚，托住稻谷，起保护内、外颖的作用。护颖长度为外颖的1/5～1/4。

内、外颖都具有纵向脉纹，外颖有5条，内颖有3条。外颖的尖端生有颖尖，内颖一般不生颖尖。一般粳稻稻谷有颖尖者居多数，而籼稻稻谷大多无颖尖，即使有颖尖，也多是短颖尖。有颖尖的稻谷容重小、流动性差，而且其制成的米饭胀性较小、黏性较大。

2. 颖果

稻谷脱去内、外颖后便是颖果（生产中称为糙米）。内颖所包裹的一侧（没有胚的一侧）称为颖果的背部，外颖所包裹的一侧（有胚的一侧）称为腹部，胚位于下腹部。在胚乳和胚的外面紧密地包裹着皮层。未成熟的颖果呈绿色，成熟后一般为淡黄色、灰白色、红色及紫色等。新鲜的米粒具有特殊的米香味。颖果的表面平滑而有光泽，随着稻壳脉纹的棱突起程度不同，颖果表面形成或深或浅的纵向沟纹，见图1－3。纵向沟纹共有5条，两扁平面上各有2条，其中较明显的1条相当于内、外颖的钩合处，另外1条是由外颖上最明显的脉纹形成的。在颖果的背部还有1条纵向沟纹，称为背沟。颖果沟纹的深浅对出米率有一定的影响。

一般来说，稻壳与颖果之间的结合很松，尤其是稻谷的水分含量较低时，稻壳与颖果之间几乎没有结合力。另外，稻谷内、外颖结合线顶端的结合力比较薄弱，同时，在稻谷的两端，稻壳和颖果之间有一定的间隙。这都是稻谷受力破裂的薄弱点，也是有利于脱壳的内在条件。颖果由果皮、种皮、珠心层、糊粉层、胚乳、胚等几部分组成。果皮、种皮、珠心层、糊粉层称为皮层。

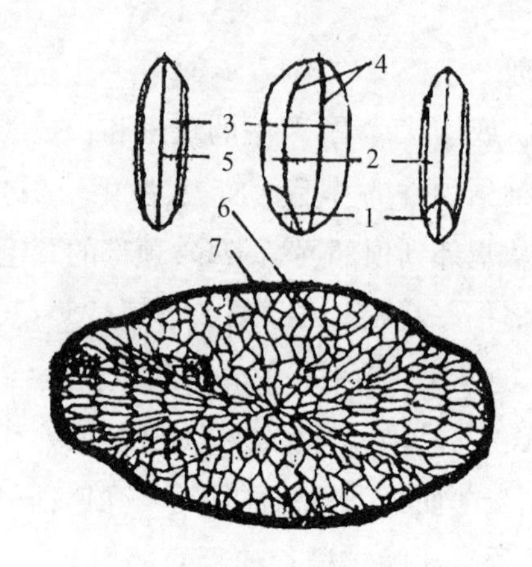

图 1-3 颖果

1. 胚;2. 腹部;3. 背部;4. 小沟;5. 背沟;6. 胚乳;7. 皮层

(1)果皮

果皮是由子房壁老化干缩而成的薄层,厚度约为 10 μm 。果皮又可分为外果皮、中果皮、内果皮。稻谷未成熟时,由于果皮中尚有叶绿素,颖果呈绿色;稻谷成熟后叶绿素消失,颖果黄化或淡化成玻璃色。果皮中含有较多的纤维素。果皮质量占整个谷粒质量的 1% ~2% 。

(2)种皮

种皮在果皮的内侧,由较小的细胞组成,细胞构造不明显,极薄,只有 2 μm 左右。有些稻谷的种皮内常含色素,使颖果呈现不同的颜色。

(3)珠心层

珠心层位于种皮和糊粉层之间的折光带,极薄,为 1 ~2 μm ,无明显的细胞结构。

(4)糊粉层(外胚层)

糊粉层为胚乳的最外层,有 1 ~5 层细胞,与胚乳结合紧密,是由胚乳分化而成的,主要由含氮化合物组成,富含蛋白质(类球蛋白和植酸盐)、脂肪和维生素等。糊粉层中磷、镁、钾的含量也较高。稻谷糊粉层厚薄及其位置与稻谷品种和环境等因素有关。糊粉层厚度为 20 ~40 μm ,颖果背部糊粉层比腹部厚。糊粉层质量占糙米的 4% ~6% 。

(5)胚乳

胚乳细胞为薄皮细胞,是富含复合淀粉粒的淀粉体。其最外两层细胞(次糊粉层）富含蛋白质和脂类，所含淀粉体和淀粉粒的颗粒比内部胚乳的小。淀粉粒为多面体形状，而蛋白质多以球形分布在胚乳中。

胚乳占颖果质量的90%左右。胚乳主要由淀粉体构成，淀粉体的间隙有填充蛋白。填充蛋白越多，胚乳结构越紧密而坚硬，米粒呈半透明状，截面光滑平整，因此这种结构称为角质胚乳。若填充蛋白较少，则胚乳结构疏松，米粒不透明，截面粗糙，那么这种结构称为粉质胚乳。

(6)胚

胚位于颖果的下腹部，富含脂肪、蛋白质及维生素等。由于胚中含有大量易氧化酸败的脂肪，因此带胚的米粒不易储藏。胚与胚乳结合不紧密，在碾制过程中，胚容易脱落。

3. 百分率

稻谷和颖果中各组成部分所占质量百分比见表1－1和表1－2。

表1－1　稻谷各组成部分的厚度和质量百分比

名称	厚度（μm）	质量百分比（%）
稻壳	24.0～30.0	18.0～20.0
果皮	7.0～10.0	1.2～1.5
种皮	3.0～4.0	1.2～1.5
糊粉层	11.0～29.0	4.0～6.0
胚乳	—	66.0～70.0
胚	—	2.0～2.5

表1－2　颖果各组成部分质量百分比

名称	质量百分比（%）
果皮加种皮	2.1
糊粉层	4.7
内胚乳	90.7
胚	2.5

实际上，稻谷各组成部分的质量百分比随稻谷的类型、品种和土壤、气候及栽培条件等不同而变化很大。

(三)稻谷的化学成分

稻谷的主要化学成分有水分、蛋白质、脂肪、碳水化合物(包括淀粉、纤维素和半纤维素等)、矿物质和维生素等。稻谷各组成部分的主要化学成分含量见表1-3。

表1-3 稻谷各组成部分的主要化学成分

名称	水分(%)	蛋白质(%)	脂肪(%)	碳水化合物(%)	灰分(%)
稻谷	11.7	8.1	1.8	64.5	5.0
颖果	12.2	9.1	2.0	74.5	1.1
胚乳	12.4	7.6	0.3	78.8	0.5
胚	12.4	21.6	20.7	29.1	8.7
皮层	13.5	14.8	18.2	35.1	9.4
稻壳	8.5	3.6	0.9	29.4	18.6

1. 水分

水分是稻谷中的重要成分,它不仅对稻谷的生理特性有很大影响,而且与稻谷加工、贮藏的关系也很密切。稻谷各部分的含水量不同。一般情况下,稻壳的水分含量低于颖果的水分含量,有利于稻谷脱壳。在颖果中,胚乳的含水量低于皮层。

2. 蛋白质

蛋白质是生命有机体的重要成分,是生命的基础,它在人体和生物的营养方面占有极其重要的地位。稻谷可为人体提供必不可缺的蛋白质。虽然大米胚乳中的蛋白质含量较少(7%~8%),但它是谷物蛋白质中生理价值最高的一种,其氨基酸组成比较平衡,赖氨酸含量约占总蛋白质含量的3.5%。大米蛋白质中米谷蛋白含量约占总蛋白质含量的80%,另外还有清蛋白、球蛋白和醇溶蛋白,其中以醇溶蛋白含量最低,仅占总蛋白质含量的3%~5%。

3. 脂肪

稻谷中脂肪含量约占整个籽粒的2%,而且分布很不均匀,大部分存在于胚及糊粉层中,故精度高的大米脂肪含量较低。脂肪中的主要成分是脂肪酸,颖果中的主要脂肪酸是油酸、亚油酸和棕榈酸。大米中的脂肪较易变质,它对大米的加工、贮藏有很大的影响。脂肪变质可以使大米失去香味、产生异味、增加酸度。

4. 碳水化合物

碳水化合物是稻谷的主要成分，颖果中含有84.0%的淀粉、1.2%的多缩戊糖和0.7%的可溶性糖。糯米淀粉几乎都是由支链淀粉组成的，粳米中直链淀粉要多一些（约占淀粉总量的20%），而籼米胚乳中的直链淀粉则更多。稻谷含直链淀粉多，则米质松散，食用品质低，但特别适合用来加工米粉。粳米和糯米含直链淀粉较少或几乎不含直链淀粉，米质较黏稠，食用品质好，除供直接食用外，还可用来加工年糕。

5. 矿物质

稻谷中存在铝、钙、氯、铁、镁、锰、磷、钾、硅、钠、锌等矿物质。稻谷矿物质含量主要因生长时土壤成分的不同以及品种的不同而有差异。稻谷的矿物质主要存在于稻壳、胚及皮层中，胚乳中含量极少。因此，大米精度越高，矿物质的含量越低。糙米或大米中的主要矿物质为磷、镁、钾。

6. 维生素

维生素是人体新陈代谢所必需的物质，其缺乏或不足会引起疾病。稻谷是人体B族维生素的主要来源。稻谷所含维生素主要分布于皮层和胚中。颖果中的维生素主要是水溶性的B族维生素，也含有少量的维生素A。颖果中很少有或没有维生素C和维生素D。

（四）稻谷加工过程中营养成分的损失

1. 维生素的损失

稻谷的维生素主要集中在颖果的皮层和胚中，碾米时随着皮层和胚的去除，大部分维生素都留在米糠中。

2. 蛋白质及脂肪的损失

碾米时，一部分蛋白质及脂肪随碾下的皮层转入米糠中。大米的精度越高，蛋白质及脂肪的损失越大。

3. 淀粉的损失

目前，糙米碾白几乎全部采用机械方法，这不可避免地对胚乳有一定程度的伤害，从而造成淀粉损失。因此，为了保证大米的营养，大米的精度不宜太高。

二、稻谷的物理性质

稻谷的物理性质是指稻谷与加工工艺、设备、操作有密切关系的物理特性，包括稻谷的颜色、气味、千粒重、密度、容重、腹白度、爆腰率、出糙率、稻壳率、散落性和自动分级等。

新鲜的稻谷呈鲜黄色或金黄色，表面富有光泽，无不良气味。未成熟的稻谷一般都呈淡绿色。不新鲜的稻谷米质较差，加工时易产生碎米，出米率低。

千粒重是指 1 000 粒稻谷的质量，以 g 为单位，一般都以风干状态的稻谷进行计量。千粒重大小直接反映出稻谷的饱满程度和质量好坏。稻谷的千粒重一般为 22～30 g，千粒重大于 28 g 的为大粒，24～28 g 之间的为中粒，20～24 g 之间的为小粒，小于 20 g 的为极小粒。

千粒重大的稻谷籽粒饱满，结构紧密，粒大而整齐，胚乳所占的比例大，出米率高，加工出的成品质量好。千粒重越大，单位质量中稻谷的粒数越少，清理、砻谷与碾米时所需时间越短，因此千粒重大的稻谷加工时产量高、电耗少。

密度是稻谷单位体积的质量，以 g/cm^3 或 g/L 为单位，密度的大小与稻谷所含的化学成分有关。稻谷的密度一般为 1.17～1.22 g/cm^3。密度大的稻谷发育正常，成熟充分，粒大而饱满。因此，密度是评定稻谷工艺品质的一项指标。

容重是单位体积内稻谷的质量，用 kg/m^3 表示。容重是稻谷质量的综合指标，与稻谷的品种、类型、成熟度、水分含量及外界因素有关，质量好的稻谷容重在 560 kg/m^3 左右。

容重和千粒重结合起来可以更好地反映稻谷的品质。二者都大的稻谷，品质较好。如果二者大小不一致，说明品质较差。

腹白是指米粒上乳白色不透明的部分，其大小程度叫腹白度。腹白是在生产过程中形成的。腹白度大的米粒，其角质部分的含量少，组织疏松，加工时易碎，出米率低。

米粒上有纵向或横向裂纹者称为爆腰米粒。糙米中的爆腰米粒数占总数的百分比称为爆腰率。爆腰米粒的强度较正常米粒低，加工时易成碎米。稻谷的爆腰率越高，其出米率越低。爆腰率高的大米煮饭时易成粥状而失去原有的滋味，降低食用品质。

出糙率指一定数量稻谷全部脱壳后获得的所有糙米质量占稻谷总质量的百分

率。出糙率是评定稻谷质量等级的重要指标。

稻壳率是稻谷的稻壳质量占稻谷总质量的百分比。稻壳率高的稻谷千粒重小,稻壳厚且包裹紧密,加工时脱壳困难,出糙率低。而稻壳率低的稻谷脱壳容易,出米率高。稻壳率是稻谷定等的基础,也是评定稻谷工艺品质的一项重要指标。

散落性是指稻谷颗粒具有的类似于液体且有很大局限性的流动性能。稻谷群体中稻谷间的内聚力很弱,稻谷容易像液体一样流动,但自然下落至平面时稻谷堆只能形成圆锥形,而不像液体那样形成一个平面。

固体颗粒群体在流动或受到振动时,由于颗粒之间在形状、大小、表面状态、密度和绝对质量等方面存在差异,性质相同的颗粒向某一特定区域集聚,造成颗粒群体的重新分布(即自然分层),这一现象被称为自动分级。自动分级的一般规律是:大而轻的颗粒浮于群体的上部,小而重的颗粒沉于群体底部,轻而小和重而大的颗粒位于群体中层。

第二节　稻谷制米

稻谷制米通常经过清理、砻谷、砻下物分离、碾米及成品整理等工序。

一、稻谷的清理

稻谷在生长、收割、运输和贮藏过程中,都有可能混入各种杂质。在加工时,如果不先将这些杂质清除,不仅会降低产品的纯度,影响成品大米的质量,而且还会在加工过程中影响设备的工作效率,损坏机器,污染车间的环境卫生,危害人体健康,严重的甚至酿成设备事故和火灾。因此,清除杂质是稻谷加工过程中的首要任务。稻谷经过清理(即净谷)后,应符合下列要求:杂质总量不应超过0.6%,其中砂石粒数不应超过1粒/千克,稗粒数不应超过130粒/千克。

清理杂质的方法有很多,主要是借助杂质与稻谷不同的物理性质进行分选。

(一)风选法

风选法是根据杂质与稻谷在悬浮速度等空气动力学性质方面的差异,利用一定形式的气流使杂质与稻谷分离。

按气流运动方向不同可分为垂直气流风选法、倾斜气流风选法和水平气流风选法。

1. 垂直气流风选法

垂直气流风选法就是利用两种物料间悬浮速度的差异，选取一定的气流速度，使一种物料向上运动，一种物料向下运动，从而使二者分离。由于风道垂直，一般该法都与其他作业机组合，以节省占地面积，如与筛选机可组合成振动筛，与去石机组合成密度去石机等。该法大多用于清除灰尘、颖尖、瘪谷等轻杂质。

2. 倾斜气流风选法

不同质量的物质处在倾斜气流中时，能被气流带走的距离互不相同，重物料被吹得近，轻物料被吹得远，因此，生产中，通常采用向上倾斜（约30°角）的气流来分离杂质，这比水平气流的分离效果更好。工厂中常用的风选设备主要有风箱、吸风分离器等。

3. 水平气流风选法

利用横向水平气流可将质量不同的稻谷与杂质分开。不同质量的物质处在水平气流中时，能被带走的距离不同，重物料被吹得近，轻物料被吹得远。

（二）筛选法

筛选法是根据稻谷与杂质宽度、厚度、长度以及形状的差别，借助筛孔分离杂质或将稻谷进行分级的方法。

筛选法必须具备三个基本条件：①选择适当的筛面和筛孔；②筛面上料层不宜超过一定厚度，以使物料有充分接触筛面的机会；③物料与筛面之间有适宜的相对运动速度。

筛面形式有冲孔筛和编织筛两种。冲孔筛一般用0.5～2.5 mm厚的薄钢板制造，冲孔筛开孔率低，质量大，刚度好，筛孔不易变形。冲孔筛有平面和波纹两种筛面，筛孔形状有圆形、长方形、等边三角形和正方形等，筛孔的排列方式有平行排列和交错排列。编织筛用金属丝编制而成，开孔率高，质量小，筛孔易变形。编织筛筛孔一般有长形和短形。通常，短形筛孔筛按稻谷的宽度不同进行分离，采用竖立方式过筛；长形筛孔筛是按稻谷的厚度不同进行分离，采用侧转方式过筛。一般情况下筛面层数少时使用冲孔筛，而筛面层数多时使用编织筛。

筛选法在稻谷制米加工中使用极为广泛，不仅用于稻谷清理，更多地用于同类型物料的分级。常见筛选设备有溜筛、圆筛、振动筛、平面回转筛等。

(三)密度分选法(比重分选法)

密度分选法是根据稻谷与杂质密度、容重、摩擦系数、悬浮速度等物理性质的不同,利用运动过程中产生自动分级的原理,采用适当的分级面使二者分离的。

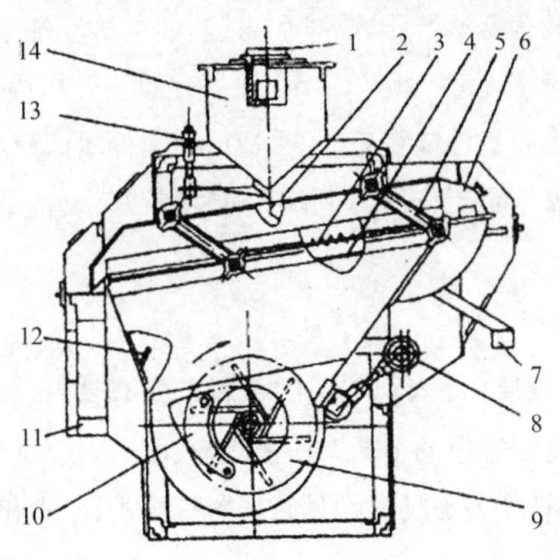

图1-4　TQSC型吹式比重去石机示意图

1.进料口;2.缓冲匀料板;3.去石筛面;4.匀风板;5.吊杆;6.精选室;7.出石口;8.偏心传动装置;9.风机;10.风量调节装置;11.出料口;12.导风板;13.流量调节装置;14.进料斗

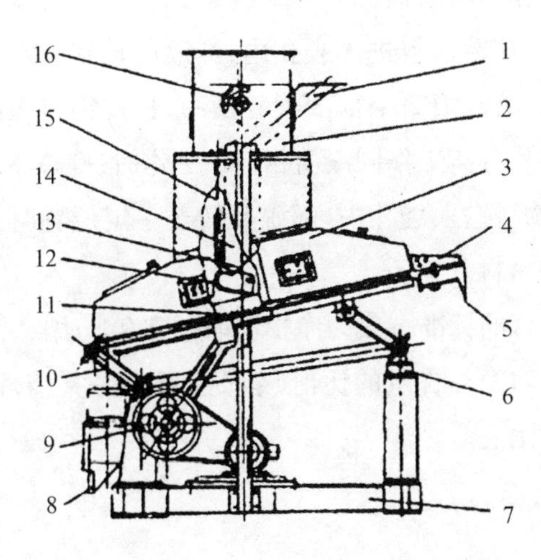

图1-5　TQSX型吸式比重去石机示意图

1.进料管;2.吸风装置;3.吸风罩;4.精选室;5.出石口;6.垫板;7.机架;8.出料口;9.偏心传动装置;10.撑杆;11.去石筛面;12.缓冲槽;13.压力门;14.料斗;15.拉簧;16.调风门

根据所用介质的不同,密度分选法分为干式和湿式两类。湿式密度分选法以水为介质,利用物料的相对密度和在水中的沉降速度不同进行分离(如洗谷机),该法在碾米厂中只适用于加工蒸谷米时稻谷的清理。干式密度分选法是以空气为介质,在碾米厂应用较为普遍。干式密度分选法的主要设备为比重去石机,它有吹式和吸式两种类型,见图1-4和图1-5。吹式比重去石机内装有在正压状态下吹送气流的风机,这种去石机性能稳定,但易造成粉尘外泄而影响工作条件和环境卫生;吸式比重去石机处于负工作压力下,工作环境较好,设备结构较简单,但性能不够稳定。

(四)磁选法

磁选法利用金属杂质(混入稻谷中的金属杂质有铁钉、铁片、铁屑等)和稻谷的磁性不同,用磁铁将稻谷中的金属杂质吸除,从而达到金属杂质与稻谷分离的目的。通常使用永久磁铁作为磁场。常见磁选器有栅式、栏式和滚筒式。

(五)精选法

精选法是根据稻谷与杂质长度不同,利用有一定形状和大小的袋孔的工作面进行分离的方法。

精选法中分离工作面有滚筒和碟片两种形式。当物料进入旋转的滚筒中,不断与滚筒内表面接触,短粒物料进入袋孔内,当滚筒转到一定角度,短粒物料就依靠自身重力脱离袋孔,落入滚筒中部的收集槽中,长粒物料在滚筒底部运动,从而使长短物料分离。碟片分离工作同滚筒相似。工作时,碟片下部插入粮堆中,物料与碟片接触后,短粒物料进入袋孔内,随碟片转至一定位置时,短粒物料脱离袋孔进入收集槽而与长粒物料分离。

衡量清理合格与否的标准一般为净粮提取率和杂质去除率。净粮提取率是清理后净谷含量与清理前净谷含量的比值,杂质去除率是指清理前后杂质含量的差与清理前杂质含量的比值。

二、砻谷

将稻谷直接用于碾米,不仅能量消耗大、产量低、碎米多、出米率低,而且成品色泽差,纯度和质量都低。因此,在碾米厂中,都是先将稻壳去掉,制糙米后再碾米。

在稻谷加工中,去除稻壳的过程称为砻谷,使稻谷脱壳的机器称为砻谷机。砻谷工艺效果的好坏不仅直接影响后继工序的工艺效果,而且与成品质量、出品率、产量都有密切关系。

砻谷是根据稻谷的结构特点,由砻谷机施加一定的机械力而实现的。根据脱壳时的受力方式和脱壳方式,稻谷脱壳可分为挤压搓撕脱壳、端压搓撕脱壳和撞击脱壳三种。

(一)挤压搓撕脱壳

挤压搓撕脱壳是指稻谷两侧受两个不等速运动的工作面挤压,搓撕而脱去稻壳的方法。胶辊砻谷机就是应用此原理的典型设备,其结构见图1-6,这种砻谷机最为常用。

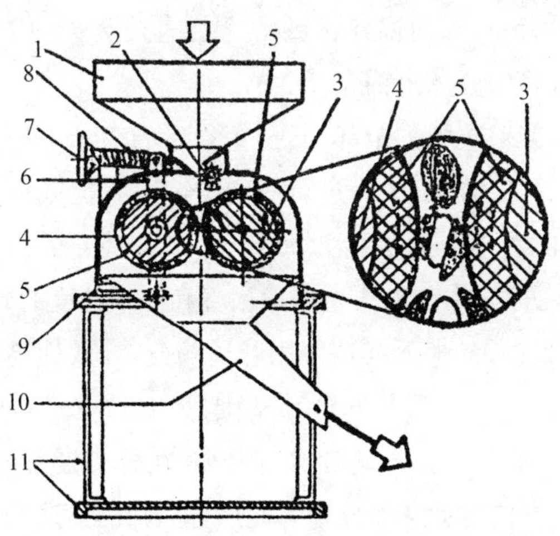

图1-6　胶辊砻谷机示意图

1.进料斗;2.喂料辊;3~4.辊;5.橡胶层;6~8.压力调节系统;9.机壳;10.出料管;11.机座

(二)端压搓撕脱壳

端压搓撕脱壳是指稻谷长度方向的两端受两个不等速运动的工作面挤压,搓撕而脱去稻壳的方法,沙盘砻谷机是应用此原理的典型设备。

(三)撞击脱壳

撞击脱壳是指高速运动的稻谷与固定工作面撞击而脱去稻壳的方法。离心砻谷机是应用此原理的典型设备。

三、砻下物分离

稻谷经砻谷后，砻下物为稻谷、糙米和稻壳的混合物。稻壳的容积大、密度小、散落性差，若不把它分离出来，则将影响后续工序的工艺效果。在稻谷和糙米分离时，若混有大量的稻壳，必然会影响稻谷和糙米的流动性，使之不能很好地形成自动分级，从而降低其分离效果；回砻谷中若混有较多的稻壳，将会使砻谷机产量降低，耗能及耗胶增大，因此，砻谷后必须及时将稻壳分离干净。

砻下物经稻壳分离后，每100 kg稻壳中含饱满谷粒不应超过30粒，稻谷和糙米混合物中含稻壳量不超过1.0%，糙米含稻壳量不应超过0.1%。

稻壳分离主要利用稻壳与稻谷、糙米在物理性质上的差异而相互分离。稻壳的悬浮速度为2.0～2.5 m/s，而稻谷、糙米的悬浮速度为8～10 m/s，因此可利用风选法从砻谷后的混合物中分离出稻壳。

由于砻谷机不可能一次脱去全部稻壳，垄谷后的糙米中仍有一小部分稻谷未脱壳。为保证净糙米入机碾米，故需进行谷糙分离。谷糙分离是对分离稻壳后的砻下物进行分选，使糙米与未脱壳稻谷分开。

谷糙分离有两种方式，一种方式是利用稻谷和糙米粒度的差异进行分离，混合物自动分级后（稻谷上浮，糙米下沉），使用合适的分离筛，使糙米充分接触分级面而得以分离，这种分离方式以筛选原理为基础；另一种方式是以稻谷和糙米在密度、弹性和表面性质方面的差异为基础进行分离，在分离设备内部碰撞和摩擦时，稻谷和糙米向不同的方向运动从而分离。使用分离筛的筛选法是应用最广泛的谷糙分离法。

四、碾米

采用一定的方法将糙米皮层（果皮、种皮、珠心层、糊粉层）去掉，使之成为符合食用要求的大米的过程称为碾米。碾米是稻谷加工最主要的一道工序，是保证大米质量、提高出米率、降低电耗的重要环节。

碾米的目的主要是碾除糙米的皮层。糙米皮层内含有大量的粗纤维、脂肪以及维生素 B_1、维生素 B_2等。粗纤维是人体不能吸收消化的物质，而且它还会影响成品大米的色泽和气味，因此必须通过碾米过程将皮层除去，除去的皮层称为米糠。米糠具有较高的经济价值，从中可提取米糠油、谷维素和植酸钙等产品，也可用作饲料。

碾米是稻谷加工的最后一道工序,而且是对米粒直接进行碾制,如操作不当,碾削过强时,会产生大量碎米,影响出米率和大米产量;碾削不足时,又会造成糙白不均的现象,影响成品质量。所以,碾米工序工艺效果的好坏,直接影响整个碾米厂的经济效益。

碾米基本方法可分为化学碾米法和机械碾米法两种。化学碾米时先用溶剂对糙米皮层进行处理,然后对糙米进行轻碾,可同时获得大米和米糠。化学碾米法碎米少、出米率高、米质好,但投资大、成本高,溶剂损耗、残留等问题不易解决,因而一直未推广。世界各国普遍使用的碾米方法是机械碾米法。

机械碾米主要是依靠碾米机碾白室构件与米粒间产生的机械物理作用,将糙米碾白。常用的 NS 型砂辊碾米机的结构见图 1－7。

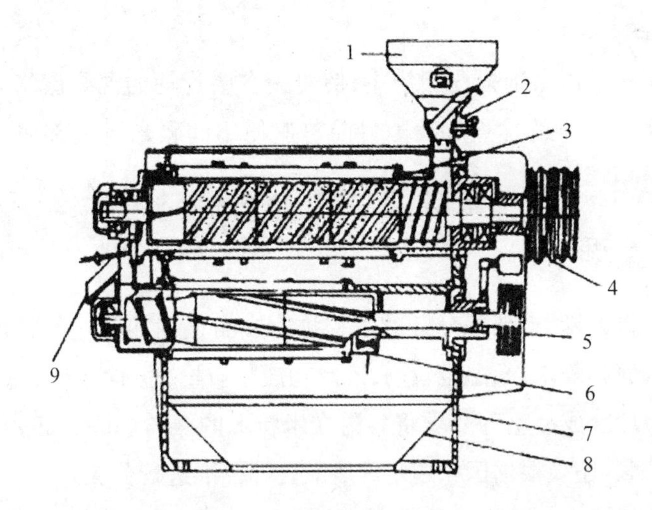

图 1－7　NS 型砂辊碾米机结构示意图

1. 进料斗;2. 流量调节装置;3. 碾白室;4. 传动带轮;5. 防护罩;6. 擦米室;7. 机架;8. 接糠斗;9. 分路器

根据在碾去糙米皮层时的作用方式不同,碾米一般可分为擦离碾白、碾削碾白和混合碾白三种。

(一)擦离碾白

擦离碾白是指碾米时依靠碾米机辊筒对米粒进行推进和翻动,使米粒与米粒、米粒与碾白室构件发生碰撞、挤压和摩擦,从而使糙米皮层与胚乳脱离而达到碾白的目的。

由于米粒在碾白室内受到较大的压力,这种碾米过程中容易产生碎米,故擦离碾白不宜用来碾制皮层干硬、籽粒极脆、强度较差的籼米。这种碾白方式制成的成品表面光洁、色泽明亮。由于碾米机内部压力较大,擦离碾白也称压力式碾白。

(二)碾削碾白

碾米时,借助高速转动的金刚砂碾辊表面无数坚硬、微小、锋利的砂粒,对米粒皮层进行不断碾削,使米粒皮层剥落,将糙米碾白,这种碾米方式被称为碾削碾白。由于它去皮层时所需压力较小,产生的碎米较少,适宜碾削皮层干硬、结构松弛、强度较差的粉质米粒。但碾削碾白会使米粒表面留下洼痕。因此,碾制的成品表面光洁度和色泽较差。同时,这种碾米方式碾下的米糠往往含有细小的淀粉粒,如用于榨油会降低出油率。

(三)混合碾白

混合碾白是一种以碾削去皮层为主,擦离去皮层为辅的混合碾米方法。它综合了以上两种碾米方式的优点。我国目前普遍使用的碾米机大都属于这种碾米方式。

五、成品整理

糙米碾白后将大米、米糠等分开的过程称为成品整理和副产品整理。刚碾制的大米中混有米糠和碎米,米温也较高,既影响成品质量,也不利于成品贮存,因此必须进行成品整理。成品整理要求将黏附在米粒上的糠粉去除干净,并设法降低米温使其适于贮藏,还须根据国家规定的成品含碎标准进行分级。

成品整理包括擦米、凉米、成品分级三个基本工序。

(一)擦米

擦米指擦除大米表面的糠粉以及米粒间混杂的糠块。擦米时大都采用轻微的摩擦作用将米糠除去,使米粒光洁,提高成品质量,便于保管。擦米过程中,作用力不应强烈,以免产生碎米。一般来说,在多机碾米工艺中,末道碾米机的主要作用就是以擦米为主,以碾白为辅。如果经多道碾、擦工序之后,大米含糠量还不符合要求,就要采用擦米工序,一般可采用喷雾着水抛光机擦米。该机器能将大米表面吸附力很强、粒度较细的糠粉擦去,使米粒表面更光滑、洁净,甚至达到免淘洗的程度。

卧式胶带擦米机的主要工作部件为旋转的擦辊,上面装有螺旋橡皮条、牛皮条或尼龙刷,擦辊外围为圆筒形的冲孔筛板。大米从进口进入工作区后,靠擦辊的转动,受橡胶及筛壁的摩擦,将米粒表面附着的糠粉擦去,糠粉穿过筛孔排出,米粒在倾斜胶带的推动下由末端排出。其特点是米粒经过工作区的时间较长,作用力较轻,擦米效率高,产生碎米少。

(二)凉米

凉米的目的是降低米温,使大米便于贮藏。凉米可采用自然冷却或通风冷却方法,一般通风冷却的常用设备有吸式风选器和溜筛凉米箱。

(三)成品分级

成品分级一般采用的设备有溜筛和平面回转筛,对于分级要求较高的成品,常用平面回转筛。

我国大米国家质量标准中有关碎米的规定是:留存在直径为2 mm的圆孔筛上的不足正常整米2/3的米粒为大碎米;通过直径为2 mm的圆孔筛,留存在直径为1 mm的圆孔筛上的碎粒为小碎米。各种等级的早籼米、籼糯米含碎率不超过35%,其中小碎米为2.5%;各种等级的晚籼米、早粳米的含碎率不超过30%,其中小碎米为2.5%;各种等级的晚粳米、粳糯米的含碎率不能超过15%,其中小碎米为1.5%。

世界各国把大米含碎率作为区分大米等级的重要指标,美国一等米含碎率为4%,而六等米含碎率为50%;日本成品大米根据含碎率(5%、10%、15%)分为3个等级。

六、副产品整理

米糠整理一般采用筛选法和风选法,常用的筛选设备有振动筛、圆筛、平面回转筛等,风选设备有木风车、吸式风选器等。

第三节 蒸谷米和发芽糙米生产技术

一、蒸谷米生产技术

蒸谷米是指把清理干净后的稻谷先浸泡再汽蒸，待干燥后碾米得到的大米，国际上普遍称为半煮米。此法出米率高，碎米少，产品容易保存，耐储藏，出饭率高。蒸谷米煮制的饭松软可口，可溶性营养物质增加，易被人体消化和吸收。胚乳质地较软、较脆的稻谷，碾制时易碎、出米率低的长粒稻谷，都适合生产蒸谷米。现在蒸谷米的加工是为了提高大米的营养价值，而最早制造蒸谷米并不是为了提高其营养价值，而是由于水稻产区在收获时经常有雨，稻谷不易晒干，为了避免发芽霉变，采用蒸煮炒干等方法可使稻谷便于储藏和保管。

（一）蒸谷米的特点

1. 稻谷经水热处理后，籽粒强度增大

蒸谷米加工时，碎米明显减少，出米率提高。籽粒结构变得紧密、坚实，加工后米粒透明、有光泽。

2. 营养价值提高

蒸谷米的胚乳内维生素与矿物质的含量增加，营养价值提高。维生素 B 更均匀地分布在蒸谷米中，维生素 B_1、维生素 B_2 的含量要比普通大米高 4 倍，烟酸的含量比普通大米高 8 倍，钙、磷及铁的含量与普通大米相比也有不同程度的提高。

3. 出饭率高

蒸谷米做成的米饭易消化、出饭率高。蒸谷后的粳米较普通大米可提高出饭率 4% 左右，蒸谷后的籼米较普通大米可提高出饭率 4.5%，蒸煮时留在水中的固形物少。

4. 米糠出油率高

稻谷经水热处理后，籽粒内部的酶被破坏，阻止了油的分解和酸败作用，同时由于米糠在榨油前多经 1 次水热处理，米糠中的蛋白质变性更完全，使糠油容易析出，因而蒸谷米米糠出油率高于普通大米米糠的出油率。

5. 易保存

在水热处理过程中,微生物和害虫被杀死,同时稻谷也丧失了发芽能力,所以蒸谷米储藏时不易发芽、霉变,易于保存。

但是,在米饭的色、香、味上,蒸谷米有它的不足之处,如:米色较深,带有一种特殊的风味,使初食者不习惯;米饭黏性差,不适宜煮粥。因此,如何进一步提高蒸谷米质量,使其在色泽、风味方面更受消费者欢迎,是今后要研究的重点。

(二)蒸谷米生产工艺流程

稻谷→清理→分级→浸泡→汽蒸→干燥与冷却→砻谷及砻下物分离→碾米及成品整理→色选→蒸谷米

(三)操作要点

1. 清理、分级

原粮稻谷中杂质的种类很多,浸泡时杂质分解发酵将会污染水质,稻谷吸收污水会变味、变色,严重时甚至无法食用。虫蚀粒、病斑粒及损伤粒等不完善粒在汽蒸时将变黑,使蒸谷米质量下降。因此,清理过程中,在除杂、除稗及去石的同时,应尽量清除稻谷中的不完善粒。

要想获得质量好的蒸谷米,最好在清理之后将稻谷按粒度与密度的不同进行分级,因为粒度不一、密度不同的稻谷,在相同的水热处理条件下,水的渗透速度和淀粉糊化程度是不同的。细、薄及组织疏松的稻谷容易糊化过度而变得更硬、更坚实,米色加深,黏度降低,影响蒸谷米质量。分级可首先按厚度的不同,采用长方孔筛或钢丝网滚筒进行,然后再按稻谷长度和密度的不同,采用碟片精选机和密度分级机等进行分级。

2. 浸泡

浸泡是水热处理的第一道工序,是稻谷吸水并使自身体积膨胀的过程,它为稻谷的蒸煮工序创造必要的条件。根据生产实践,稻谷中的淀粉全部糊化所需的含水量必须在30%以上,如稻谷吸水不足,则汽蒸过程中稻谷蒸不透,影响蒸谷米质量。稻谷浸泡的方法基本上可分为常温浸泡和高温浸泡两种。常温浸泡所需的浸泡时间较长,一般要2~3 d,但稻谷浸泡1 d后便开始发酵,破坏了产品的色泽、口味和气味,因此,现在广泛使用的浸泡方法为高温浸泡。高温浸泡法是将浸泡水预先加热到80~90 ℃,然后放入稻谷进行浸泡,浸泡过程中水温保持在70 ℃,浸泡

3 h,可完全消除常温浸泡时发酵所带来的不利影响。浸泡使用的设备有罐组式浸泡器、平转式浸泡器等。

3. 汽蒸

经过浸泡以后,稻谷胚乳内部吸收了足够的水分,此时应将稻谷加热,使淀粉糊化。通常情况下,都是利用蒸汽进行加热,即汽蒸。汽蒸的目的在于增加稻谷的籽粒强度,提高出米率,并改变大米的储藏特性和食用品质。

汽蒸的方法有常压汽蒸和高压汽蒸两种。常压汽蒸是在开放式容器中通入蒸汽进行加热,100 ℃的蒸汽就足以使淀粉糊化。此法的优点为设备结构简单,蒸汽与稻谷直接接触,汽凝水容易排出,操作管理方便;缺点为蒸汽难以均匀分布,蒸汽出口周围的稻谷受到的蒸汽作用比其他部位的稻谷大,导致汽蒸程度不一,而且该法能耗大。高压汽蒸是在密闭容器中加压进行汽蒸,此法的优点是可随意调整蒸汽温度,热量分布均匀,容器内达到所需压力时,几乎所有稻谷都能获得相同的热量;缺点是设备结构比较复杂,需要增加汽水分离装置,投资费用比较高,操作管理也比较复杂。

汽蒸使用的设备有蒸汽螺旋输送机、常压汽蒸筒、立式汽蒸器和卧式汽蒸器等。

在汽蒸过程中,必须掌握好汽蒸温度和汽蒸时间,使淀粉能充分而又不过度糊化,并注意汽蒸的均一性。

4. 干燥与冷却

干燥与冷却的目的是使稻谷的水分含量降低到14%,温度降至接近室温,以便加工和储存,并在碾米时得到尽可能高的整米率。国内蒸谷米厂主要采用急剧干燥的工艺和流化态的设备,并以烟道气为干燥介质直接干燥。烟道气温度很高(400~650 ℃),所以干燥时间较短,但稻谷易受烟道气的污染,导致失水不均匀,米色加深。国外主要采用蒸汽间接加热干燥和加热空气干燥方法,干燥条件比较缓和,同时将稻谷的干燥过程分为两个阶段:在水分降到18%以前为第一阶段,采用快速干燥的方法脱水;水分降到18%以下为第二阶段,采用缓慢干燥或冷却的方法脱水。在进行第二阶段的干燥之前,稻谷经过一段缓苏时间,不但可以提高干燥效率,而且还能降低碎米率。冷却过程实际上是一种热交换过程,使用的工作介质通常为室温空气,利用空气与谷粒之间进行热交换,以达到降温、冷却的目的。

国内常用的干燥设备有沸腾床干燥机、喷动床干燥机、流化槽干燥机、滚筒干燥机和塔式干燥机,冷却设备有冷却塔等。

5. 砻谷及砻下物分离

稻谷经汽蒸等处理以后,稻壳开裂、变脆,容易脱壳。使用胶辊砻谷机脱壳时,可适当降低辊间压力,以提高产量,降低胶耗和能耗。脱壳后,经稻壳分离、谷糙分离,得到的蒸谷糙米送入碾米机。

6. 碾米及成品整理

蒸谷糙米的碾米是比较困难的,在产品精度相同的情况下,蒸谷糙米所需的碾米时间是生谷(未经水热处理的稻谷)糙米的3~4倍。蒸谷糙米碾米困难的原因不仅是皮层与胚乳结合紧密、籽粒变硬,而且皮层的脂肪含量高,碾米时分离下来的米糠会因为摩擦热而变成脂状,易造成米筛筛孔堵塞、米粒碾米时打滑。为了防止这种现象发生,应采取如下措施:①采用喷风碾米机,起到冷却和加速排糠的作用;②碾米机转速比加工普通大米时提高10%;③采用四机出白碾米工艺,即经过三道砂辊碾米机、一道铁辊碾米机;④碾白室排出的米糠采用气力输送,有利于降低碾米机内的摩擦热。

碾米后的成品整理应加强擦米工序,清除米粒表面的糠粉。带有米糠的蒸谷米在储存过程中透明的米粒会变成乳白色,影响产品质量。此外,还需按含碎量要求,采用筛选设备进行成品分级。

7. 色选

利用色选机清除异色米粒,可提高蒸谷米商品价值,其结构见图1-8。

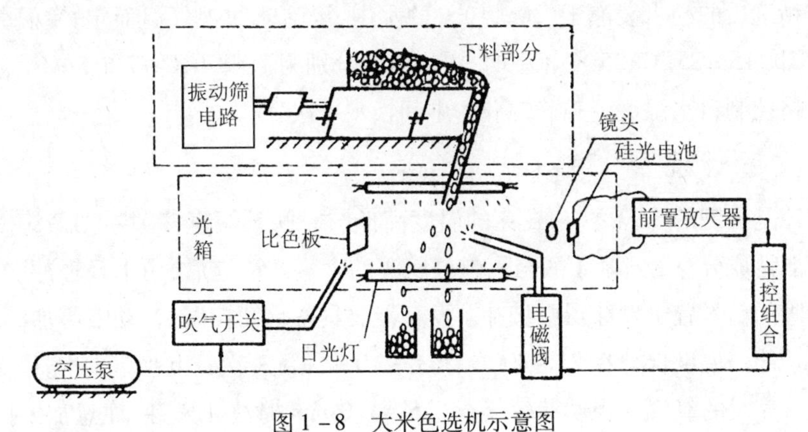

图1-8　大米色选机示意图

二、发芽糙米生产技术

糙米的最大特点是其含有胚芽，是一颗完整的、有生命活力的种子。将糙米在一定温度、湿度下进行培养，待糙米发芽到一定程度时将其干燥，所得到的由幼芽和带皮层的胚乳组成的制品即为发芽糙米。发芽糙米的生产过程是在一定的生理活化工艺条件下，糙米含有的大量酶，如淀粉酶、蛋白酶、植酸酶等被激活和释放，并从结合态转化为游离态的酶解过程。正是由于这一生理活化过程，发芽糙米的粗纤维外壳被酶解软化，部分蛋白质分解为氨基酸，淀粉转变为糖类，使食物的感官性能和风味得以改善，而且在保留了丰富的维生素、矿物质、膳食纤维营养成分的同时，产生了多种具有促进人体健康和防治疾病功能的成分，如γ－氨基丁酸、六磷酸肌醇、谷胱甘肽等。所以说，发芽糙米及其制品是一种食用性接近大米，营养成分大大超过大米，具有广泛的功能性疗效的新一代“医食同源”的主食产品。

（一）工艺流程

选料→检验→优质糙米→人工精选→浸泡→发芽→水洗→干燥→轻碾→干制品、湿润品

（二）操作要点

1. 选料

选用当年产的采用自然干燥至标准水分的新鲜稻谷加工的糙米为原料，切忌用陈粮。要求稻谷籽粒饱满、粒度整齐、粒质成熟、完善粒高、无黄粒米。

2. 浸泡

将精选后的糙米浸泡于(30±1)℃的水中，浸泡时间视气温而定，室温分别在15 ℃以下、15～25 ℃、25 ℃以上时，浸泡时间分别为7～8 h、6～7 h、5～6 h。浸泡期间严格控制料水温度，室温较高时，中间换水1次。

3. 发芽、水洗

发芽是关键的步骤之一，发芽的温度高低与时间长短直接关系到最终成品中特殊功能性成分γ－氨基丁酸与六磷酸肌醇的含量。浸泡后，用水轻轻冲洗，沥干后将膨胀的糙米置于发芽器中催芽。发芽器要具备自动控温、自动喷雾加湿、通风换气的功能。温度保持在25～30 ℃，每8～10 h漂洗1次，1 h换气1次，以保持发芽室内有充足的氧气。当幼芽生长至0.5～1.0 mm时终止发芽，注意加工做主食

用的发芽糙米应控制不长须根。终止发芽后，用水将发芽糙米漂洗干净，离心脱水。

4. 干燥

如需加工干制品，将脱水的芽体进行低温干燥。最好采用真空干燥技术，芽体水分含量控制在15% ±0.5%，并冷却至室温。

5. 轻碾

目的是碾去发芽糙米部分外层组织，以提高成品的口感。轻碾采用砂辊喷风碾米机，有条件时可采用立式砂辊碾米机，并将机内压力调到最小状态，轻碾后除去碎粒即得成品。

第四节　胚芽米生产和大米后加工技术

目前，稻谷加工的产品除了大米、蒸谷米、发芽糙米外，还有胚芽米、免淘洗米、强化米等。胚芽米的生产方法与大米基本相同。对常规碾制的大米进行再加工，便可生产出免淘洗米、强化米；对大米进行深碾，可得到高蛋白米粉；这些都可称作大米后加工。

一、胚芽米生产

胚芽米最早由日本研制生产，是指稻谷在加工过程中保留胚芽部分，其他部分与大米完全相同的一种精制米。胚芽在一粒大米中按质量计算只占3%，但其营养价值却占一粒米的50%，被誉为“天赐营养源”。胚芽蕴含丰富的蛋白质及维生素，尤其是维生素B和维生素E。因为胚芽米价值较高，所以被称为具有生命力的“贵族米”。另外，由于胚芽米在加工过程中碾磨得没有普通大米精细，保留了胚芽和一部分胚乳等成分，因此在蒸熟时能散发出大米的天然米香。

（一）胚芽米的营养价值

胚芽米是一种天然的营养保健食品，与普通大米相比较含有丰富的维生素B_1、维生素B_2、维生素E和食物纤维等，见表1－4。

表 1－4 胚芽米和普通大米的成分比较

成分	胚芽米	普通大米
水分(%)	15.5	15.5
蛋白质(%)	6.3	6.2
脂肪(%)	1.1	0.8
纤维素(%)	0.4	0.3
灰分(%)	0.6	0.6
糖分(%)	76.2	76.6
维生素 B_1($\mu g/g$)	2.9	0.9
维生素 B_2($\mu g/g$)	0.8	0.3
维生素 E($\mu g/g$)	16.0	—

胚芽米中多数营养成分高于普通大米，特别是维生素 B_1、维生素 B_2、维生素 E 等，而这些成分都是现代饮食生活中不可缺少的营养元素，对许多疾病具有预防和治疗作用，同时，胚芽米中还富含优质的蛋白质、脂肪，常量元素钙、镁和微量元素锌等，因此，胚芽米比一般大米营养价值高，食用胚芽米有助于人体健康。营养学专家早已提出：长期食用胚芽米能够降低血清胆固醇、软化血管、提高人体的新陈代谢能力；并对肠癌、便秘、痢疾、脂血症、动脉硬化、肥胖、糖尿病、高血压等具有一定的预防作用；同时还有减肥、排毒、美容养颜、保持青春活力之功效；对预防和治疗失眠、神经过敏，强化自律神经等也有着很大的帮助。

(二)胚芽米的生产工艺

胚芽米的生产工艺与普通大米生产工艺基本相同，也需经过清理、砻谷和碾米，不同点主要在碾米部分。

为了保留 80% 以上的胚芽，对于加工原料和碾米工艺有以下要求：

①加工胚芽米的原料，应尽可能选择胚芽保留率在 90% 以上的糙米，胚芽保留率低于 80% 的糙米不适合用来加工胚芽米；

②最好选用当年产的稻谷作为加工胚芽米的原料，随着稻谷陈化，胚芽容易脱落，特别是经过梅雨期和气温高的夏季以后，胚芽更容易脱落；

③用来加工胚芽米的糙米，水分含量一般在 14% 左右为宜；

④采用轻机多碾、多机出白的碾米工艺；

⑤选用砂粒粒度较细的金刚砂辊筒碾米机进行碾米；

⑥碾米机的转速不宜过高，且应根据碾米的不同程度由高向低改变转速。

其工艺流程如下：

稻谷→清理→砻谷→谷糙分离→糙米精选→糙米调质→碾米→抛光→胚芽米分级→色选→成品入仓→计量包装→成品胚芽米

生产胚芽米的关键是碾米机参数的选择。有研究表明，碾米机辊长、转速和碾白室间隙对留胚率影响显著。在辊长为 200 mm、转速为 977 r/min、碾白室间隙为 8 mm 时，经 4 次循环碾米可得标准一等胚芽米，胚芽保留率达 80% 以上。绥化市小型拖拉机厂与哈尔滨工业大学合作，成功研制出 6NPY－600 型立式胚芽精米机（见图 1－9），该机在两个多月的试生产中，胚芽保留率一直稳定在 80% 以上。

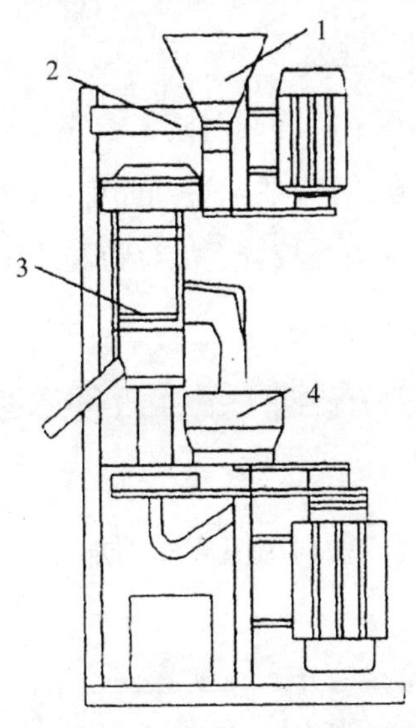

图 1－9　6NPY－600 型立式胚芽精米机结构简图

1. 进料系统；2. 碾削系统；3. 擦离系统；4. 风机

胚芽米须保留胚，在温度、水分适宜的条件下，微生物容易繁殖，脂质容易氧化。因此，小包装（1.0 千克/袋）要采用真空包装或充气（二氧化碳）包装，防止胚芽米品质降低。

二、免淘洗米生产

免淘洗米是指符合卫生要求、不必淘洗就可直接炊煮食用的大米。

(一)免淘洗米的优点

1.提高大米的营养价值

研究表明,大米在淘洗时,米糠及淀粉随水流失,营养成分损失也很大,其中损失无氮浸出物1.1%~1.9%、蛋白质5.5%~6.1%、钙18.1%~23.3%、铁17.7%。

2.节时节水

免淘洗米不仅可以避免在淘洗过程中干物质和营养成分的大量流失,而且可以简化做饭的工序,节省做饭的时间,同时还可以节约淘米用水。

(二)免淘洗米的标准

免淘洗米精度相当于特等米标准,此外,米粒表面要有明显光泽。免淘洗米除允许每千克含砂石不超过1粒以外,要求达到断糠、断稗、断谷、不完善粒含量小于2%,每千克成品中的黄粒米少于5粒,成品含碎总量小于5%,不含小碎米。

(三)免淘洗米生产方法

生产免淘洗米的方法主要有湿润法、渗水法和膜化法三种。

1.湿润法

湿润法是在糙米湿润状态下,利用擦离作用加工免淘洗米的方法,它把碾米和淘洗有机地结合在一起。

糙米湿润后,皮层与胚乳容易分离,皮层松软、粗糙,胚乳坚实、细密,皮层吸水量大于胚乳吸水量,皮层摩擦系数随吸水量增大而增大。湿润法就是利用糙米的这些特性进行碾米,碾米时轻机多碾,这样可增加摩擦次数,提高出糠效率。

湿润法生产免淘洗米分两道工序。第一道工序是碾米和除糠,用喷雾使糙米着水,使糙米皮层在短时间内均匀吸水,利于皮层从胚乳上剥离,在米粒强度下降以前完成碾米。一般着水量在0.5%~2.0%(质量比)范围内比较合适。着水1 min后开始碾米,着水后10 min以内完成整个碾米过程。第二道工序是添加有黏着力的糖类(葡萄糖、乳糖、麦芽糖等单糖,蔗糖、果糖等二糖,糊精、淀粉、阿拉伯树胶等胶质类多糖)、蛋白质类(蛋白质、明胶、大豆蛋白等)的水溶液湿润米粒表面,利用其摩擦系数显著增加的性质,进行摩擦轻碾,进一步提高出糠效率。经过第一道工序后米粒摩擦系数下降,大部分摩擦成为无效摩擦,当用糖类等水溶液把米粒湿润后，米粒摩擦系数增加，摩擦力加大，只要给予适当的压力，残留在凹陷部分的少量米糠就可以去掉。但是，溶液添加不能过量，否则容易产生碎米，甚至导致部分米的品质下降，一般情况下，添加量控制在1%（质量比）以下为宜。溶液的浓度要适当，避免米粒在料斗内结拱和湿润不匀。溶液浓度一般以20% ~50%为宜。湿润搅拌3 ~5 min进行摩擦除糠。

湿润法生产免淘洗米时，溶液的浓度及添加量见表1－5。

表1－5　湿润法使用的溶液浓度及添加量

碾米道数	溶液浓度	每千克糙米添加量(g)
1	水100%	10
2	饴糖40%，明胶2%	5
3	蛋白质50%	5
4	葡萄糖40%，酒精10%	3

2. 渗水法

渗水法是指糙米经碾制后，擦米时渗水精碾以洗去米粒表面附着的糠粉的方法。此法生产的大米含糠粉少，米质纯净，米色洁白，光泽度好，有“水晶米”之称，为我国大米出口的主要产品。其工艺流程如下：

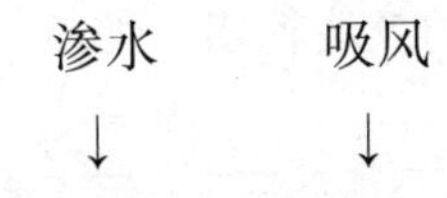

糙米→砂辊碾米→铁辊擦米→冷却流化槽→分级筛→水磨米

↓

糠粉细粒

糙米经砂辊碾削碾米后，进入擦米室内，由铁辊擦米机进行擦米，在擦米室末端进行渗水精碾。渗水的目的主要是利用水分子在米粒与碾磨室工作构件之间、米粒与米粒之间形成一层水膜，有利于碾磨光滑细腻，如同磨刀时加水一样；另一目的是借助水的作用对米粒表面进行清洗，将黏附在米粒表面上的糠粉去净。为了提高渗水碾磨的工艺效果，碾磨时最好渗入热水，因为热量可以加速水分子的运动，使水分子迅速渗透到米粒与碾磨室工作构件之间、米粒与米粒之间，更好地起到水磨作用。此外，热水有利于水分的蒸发，使渗水碾磨时分布在米粒表面上的水分在完成水磨作用后能迅速蒸发,不向米粒内部渗透,以保证大米不因渗水碾磨而增加水分含量。

渗水碾磨目前尚没有定型的专用设备,一般使用铁辊碾米机,但需拆除碾米机出口并退出米刀,转速调至800 r/min。渗水装置是在铁辊碾米机出口一端的米筛上装一个至少8 mm长的喷水头,喷水孔直径为3 mm,喷水头装在米筛中部偏上1/3处,外接皮水管,可调节流量。渗水量视大米品种与原始水分含量而定,以米粒面纵沟内的糠粉能除净为准,一般为大米流量的0.5% ~0.8%。此外,也可将双辊碾米机下部的擦米室改进后用于渗水碾磨。改进的要点是在擦米室出料口的一张米筛上钻一个圆孔,插入内径为3 ~4 mm的钢管,钢管另一端用胶管与水箱相连。擦米室前端进行擦米,后端进行渗水碾磨。

为了降低渗水碾磨后的米温,免淘洗米需进入流化槽进行冷却。流化槽的主要工作部件是冲孔底板。冲孔底板上有的地方的孔眼密一些,有的地方疏一些,从而使免淘洗米由进料斗向出料斗移动的同时,被自下而上的室温空气冷却。使用流化槽进行冷却,不仅可降低免淘洗米的温度,使其失去水分,而且还可以吸走浮糠。冷却流化槽宽400 mm、长2 500 mm,用B24低压风机吸风,风量4 200 m^3/min。流化槽工作时,风量要掌握适当,以使米粒在底板上呈流化状态,以波浪形前进,与室温空气充分接触。

渗水碾磨后的免淘洗米中常夹有糠块粉团,应在冷却后进行筛理,上层筛面与下层筛面孔径不同,分别筛去大于米粒的糠块粉团和细糠粉。使用的设备有溜筛、振动筛等。

最终得到的大米如同经过淘洗一样。

3. 膜化法

将大米表面的淀粉粒通过预糊化作用转变成包裹米粒的胶质化淀粉膜,从而生产出免淘洗米,这种方法称为膜化法。其工艺流程如下:

滴加上光剂
↓
大米→精选机→精碾机→抛光机→保险筛→成品米
↓ ↓ ↓
杂质、碎米 残余糠粉 残留碎米或杂质

上光是膜化法生产免淘洗米的关键工序,上光就是利用大米表层淀粉粒在抛光机内产生预糊化作用,使米粒表面形成一层极薄的胶质化淀粉膜。原理如下:大米在抛光机内受到剧烈搅拌,温度上升,同时将上光剂(糖类等水溶液)加进抛光机内。这样,米粒表面淀粉粒就不可逆地吸收一定量的水分,体积一定程度地膨胀,并有一定量淀粉糊渗出,从而使米粒表面形成一层薄膜。米粒在抛光机内搅拌,表层淀粉粒不同程度地受到机械损伤,破坏了淀粉分子间的联系,从而使其更易于预糊化。在上光剂的作用下,淀粉预糊化的温度有所降低。

抛光设备有 MP－18/15 大米抛光机(见图 1－10),其产量为 0.6 t/h;还有 CM16×2 双辊大米抛光机,产量为 2.5～3.0 t/h。

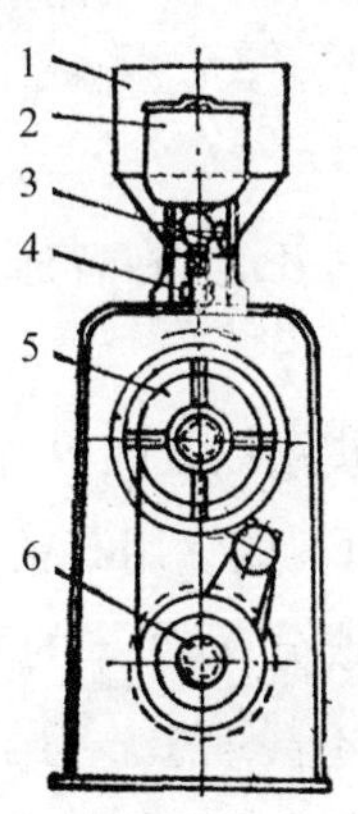

图 1－10　MP－18/15 大米抛光机

1. 进料斗;2. 水液箱;3. 水液开关;4. 水液微调开关;5. 预抛光室;6. 抛光室

抛光后的大米要进行筛选,除去其中的少量碎米,按成品等级要求分出全整米和一般的免淘洗米。目前广泛使用的设备是平面回转筛、振动筛等。

三、深碾

除去胚乳周围各层的工艺称作深碾。胚乳外部各层的蛋白质含量较高,将各层碾制下来便是高蛋白米粉,营养价值极高,可制作多种食品,特别是婴儿食品,而且剩余米粒的蒸煮品质可有所提高。但是,如果深碾过度,剩余米粒的蒸煮品质便会下降,一般以碾去 4%～9% 为宜。

以特等米为原料的深碾工艺如下:

特等米→第一道碾米机→第二道碾米机→剩余米粒

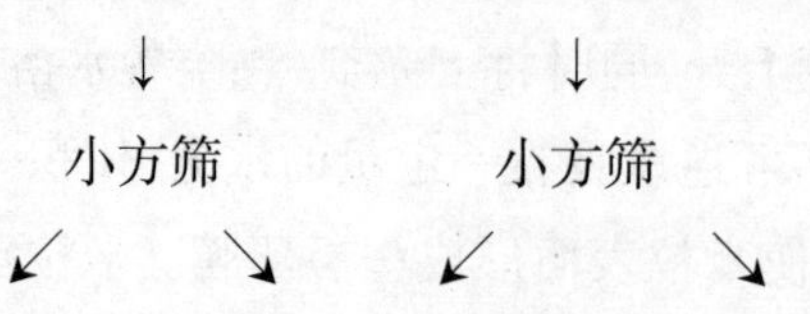

高蛋白米粉 1　　糠粉　高蛋白米粉 2　　糠粉

每道碾米机碾下的米粉占进机特等米质量的 4% 左右,这样可保证剩余米粒具有最佳的蒸煮品质。高蛋白米粉 1 的蛋白质含量比高蛋白米粉 2 高,两种米粉可分别用于加工不同的食品,也可以合在一起使用。

四、营养强化米生产

营养强化米指通过一定的加工工艺,在普通大米中添加某些营养成分或特需的营养成分而制成的米。

稻谷的营养成分大多分布在皮层以及胚中,在加工过程中会大量损失,而这些营养成分往往是人体必需的,因而长期食用高精度大米会引起某些营养成分的缺乏。同时稻谷本身缺乏一些营养成分,如大米的蛋白质含量较低,氨基酸的组成不理想,不含某些维生素,营养价值不甚理想。为了提高大米的营养价值,生产营养强化米是一种行之有效的技术途径。包括大米在内的谷物营养强化已是当今发达国家和发展中国家发展营养强化食品的主要方式。

目前用于大米营养强化的强化剂有维生素(维生素 B_1、维生素 B_2、维生素 B_6、维生素 C、维生素 A、维生素 D、维生素 E 等)、氨基酸(赖氨酸、苏氨酸等)、营养无机盐(钙、铁、锌等)和蛋白质(大豆蛋白、食用明胶等)。食用营养强化米时,可按 1∶200或 1∶100 的比例与普通大米混合煮食,也可与普通大米一样直接煮食。

生产营养强化米的方法归纳起来可分为内持法、外加法和造粒法。内持法借助保存大米自身某一部分的营养成分达到营养强化的目的,蒸谷米就是以内持法生产的一种营养强化米。外加法是将各种营养强化剂配成溶液后,由米粒吸进去或涂覆在米粒表面,然后干燥制成,具体有浸吸法、涂膜法、强烈型强化法等。造粒法则将各种粉剂营养成分与米粉混合均匀,在双螺杆挤压蒸煮机中经低温造粒成米粒状,按一定比例与普通大米混合煮食。

(一)浸吸法

浸吸法是国外采用较多的强化米生产工艺,其强化范围较广,可添加一种强化剂，也可添加多种强化剂。

1. 工艺流程

维生素 B_1　　维生素 B_6　　维生素 B_{12}

↘　　↓　　↙

溶解

↙　　↘

大米→浸吸→初步干燥→喷涂→干燥→二次浸吸→汽蒸糊化→喷涂酸液→干燥→营养强化米

↑

溶解

↗　　↖

维生素 B_2　　各种氨基酸

2. 操作要点

（1）浸吸与喷涂

先将维生素 B_1、维生素 B_6、维生素 B_{12} 称量后溶解于复合磷酸盐中性溶液中（复合磷酸盐中性溶液可用多磷酸钾、多磷酸钠、焦磷酸钠或偏磷酸钠等制得），再将大米与上述溶液一同置于带有水蒸气保温夹层的滚筒中。滚筒轴上装螺旋叶片，起搅拌作用，滚筒上方靠近米粒进口处装 4 ~ 6 只喷雾器，可将溶液洒在翻动的米粒上。此外，也可由滚筒另一端吹入热空气，对滚筒内的米粒进行干燥。浸吸时间为 2 ~ 4 h，溶液温度为 30 ~ 40 ℃，大米吸附的溶液质量为大米质量的 10%。浸吸后，鼓入 40 ℃的低温热空气，启动滚筒，使米粒稍稍干燥，再将未吸尽的溶液由喷雾器喷洒在米粒上，使之全部被吸收，最后鼓入热空气，使米粒干燥至含有正常水分。

（2）二次浸吸

将维生素 B_2 和各种氨基酸称量后溶于复合磷酸盐中性溶液中，再置于上述滚筒中与米粒混合进行二次浸吸。溶液与米粒之间比例及操作与上次浸吸相同，但最后不进行干燥。

（3）汽蒸糊化

取出二次浸吸后较为潮湿的米粒，置于连续蒸煮器中进行汽蒸。连续蒸煮器为具有长条运输带的密闭卧式蒸柜，运输带低速向前转动，运输带下面装有两排蒸汽喷嘴,蒸柜上面两端各有蒸汽罩,将废蒸汽通至室外。米粒通过加料斗以一定速度加至运输带上,在 100 ℃下汽蒸 20 min,使米粒表面糊化,要防止米粒破碎及水洗时营养成分的损失。

(4)喷涂酸液及干燥

将汽蒸后的大米仍置于滚筒中,边转动边喷入一定量的醋酸溶液,醋酸作为媒介物,使维生素渗透到胚乳内部。然后鼓入 40 ℃的低温热空气进行干燥,使米粒水分含量降至 13%,最终得到营养强化米。

(二)涂膜法

涂膜法是在大米表面涂上数层黏稠物质,这种方法生产的营养强化米在淘洗时损失的维生素比不涂膜的减少 1/2 以上。

1. 工艺流程

强化剂→溶解

↓

大米→干燥→真空浸吸→冷却→汽蒸糊化→冷却→分粒→干燥→一次涂膜→

↑

果胶、马铃薯淀粉

汽蒸→冷却→通风干燥→二次涂膜→汽蒸→冷却→分粒→干燥→三次涂膜→干燥

↑ ↑

蔗糖脂肪酸酯、马铃薯淀粉、阿拉伯胶 火棉乙醚

→营养强化米

2. 操作要点

(1)真空浸吸

需强化的维生素、矿物盐、氨基酸等按配方称量,溶于 40 kg 的 20 ℃水中。大米预先干燥至水分含量为 7%,取 100 kg 干燥后的大米置于真空罐中,同时注入强化剂溶液,在真空条件下搅拌 10 min,米粒中的空气被抽出后,各种营养成分即被吸入米粒内部。

(2)汽蒸糊化与干燥

自真空罐中取出米粒,冷却后置于连续蒸煮器中汽蒸 7 min,再用冷空气冷却。使用分粒机使黏结在一起的米粒分散,然后送入热风干燥机中,将米粒干燥至水分

含量为15%。

(3)一次涂膜

将干燥后的米粒置于分粒机中,与一次涂膜溶液共同搅拌混合,使溶液覆在米粒表面。一次涂膜溶液的配方是:果胶1.2 kg和马铃薯淀粉3 kg溶于10 kg的50 ℃水中。一次涂膜后,将米粒自分粒机中取出,送入连续式蒸煮器中汽蒸3 min,通风冷却。接着在热风干燥机内进行干燥,先以80 ℃热空气干燥30 min,然后降温至60 ℃连续干燥45 min。

(4)二次涂膜

将一次涂膜并干燥后的米粒,再次置于分粒机中进行二次涂膜。二次涂膜的方法是:先用1%阿拉伯胶溶液将米粒湿润,再与含有1.5 kg马铃薯淀粉及1 kg蔗糖脂肪酸酯的溶液混合浸吸,然后与一次涂膜工序相同,进行汽蒸、冷却、分粒、干燥。蔗糖脂肪酸酯是将蔗糖和脂肪酸甲酯用碳酸钙作为催化剂,以甲基甲酸胺为溶剂,减压下反应,浓缩,再用精制乙醇结晶制成。

(5)三次涂膜

二次涂膜并干燥后,进行三次涂膜。将米粒置于干燥器中,喷入火棉乙醚溶液10 kg(火棉胶溶液与乙醚各1/2),干燥后即得营养强化米。

(三) 强烈型强化法

强烈型强化法是将各种强化剂强制渗入米粒内部或涂覆于米粒表面。将大米和按标准配制的强化剂溶液分别加入强化机内,在米粒与强化剂混合并于强化机中剧烈搅拌过程中,利用强化机内的工作热(60 ℃左右),各种强化剂迅速渗入米粒内部或涂覆于米粒表面。同时强化剂中的水分迅速蒸发,经适当缓苏,便能生产出色、香、味与普通大米相同的营养强化米。食用时,营养强化米不用淘洗便可直接煮食。

强烈型强化法是国内研制的一种大米强化工艺,比浸吸法和涂膜法工艺简单,设备少,投资小,便于大多数碾米厂应用。其工艺流程如下:

赖氨酸　维生素B　　矿物盐
↘　↓　　↙
大米 → 1号强化机 → 2号强化机 → 营养强化米

该流程只需两台大米营养强化机,强化系统工艺简单,可实现赖氨酸、维生素、矿物盐等多种强化剂对大米的营养强化。据测定,赖氨酸的强化率可达90%以上，维生素强化率可达60%～70%，矿物盐强化率可达80%。

（四）造粒法

该法是由日本研制的一种营养强化米加工方法，是将经过一定孔径筛的米粉与营养强化剂按一定比例混合均匀，水分含量控制在30%～35%，采用双螺杆挤压蒸煮机，调节进料速度、螺杆转速、工作温度（100 ℃以下）、出料口切刀转速，使挤出的物料糊化而不膨胀，近似大米的形状，然后经风干（水分含量保持在14%）、冷却、筛理得到可包装出售的人工制作的营养强化米。

第五节　米粉、方便米饭及其他米制品的加工

米制品是以大米为主要原料，经过加工而成的产品。米制品是我国传统食品的一个重要组成部分，历史悠久。其中，米粉在米制品中占有重要地位，是大米深加工后的精美食品，产量大，品种多。此外，大米还可用于生产糕点、焙烤制品、膨化食品、婴儿食品、饮料、发酵制品等。

一、米粉

米粉是以大米为原料，经过蒸煮糊化制成的条状或丝状的制品。米粉按照成型工艺可分为切粉和榨粉两大类。切粉是以大米为主要原料，经水洗、浸泡、磨浆、蒸浆，最后切成细条状的米粉，横截面为正方形或长方形；榨粉是指大米经水洗、浸泡、磨浆（或粉碎）、蒸坯、压榨，再经蒸熟（或煮熟），用挤压成型得到横截面为圆形或扁形状的米粉。切粉和榨粉的加工方法均有湿法和干法之分。湿法生产工艺流程是将经过去杂精碾的大米清洗浸泡后，按一定的米水比例混合送到磨浆机内研磨成米浆，然后脱水成大米粉末，再经过一系列工序，最后加工成米粉。湿粉现做现吃，不宜久存。干法生产工艺流程是将经过去杂精碾的大米清洗浸泡后，沥干水，由粉碎机粉碎成粉末状，然后经过一系列工序生产出米粉。干粉可贮存一段时间，携带方便，食用时加水浸泡、略煮即可。二者主要区别在于制取大米粉末（浆）的方法不同。

切粉按花式又可分为沙河粉、方便河粉（方便卷粉）等；榨粉按花式分有桂林米粉、常德米粉、过桥米线、新鲜米粉、直条米粉、方便米粉、保鲜方便米粉、速冻米粉等。

(一)切粉的生产

1.工艺流程

原料米→洗米→浸泡→磨浆→滤布脱水(俗称上浆)→落浆蒸煮→冷却→

↗切条(连续生产)

湿米切粉→切割→叠粉→压片切条→干燥→干米切粉

↘切割→卷粉(肠粉)

2.操作要点

(1)原料米

选用早籼米和晚籼米,按一定比例搭配,直链淀粉含量大于23%,将大米粉碎或磨浆,制出的米粉质量最好。

(2)洗米

目的是除去米粒表面糠粉及夹在米中的杂质,保证产品的质量。大米洗得越干净,加工出来的米粉品质也就越好。洗涤效果一般以洗米水变清、无混浊为标准。洗米方法有人工洗米、机械洗米和射流洗米。其中,射流洗米比较先进,在产量较大的米粉生产中普遍使用。射流式洗米机见图1-11。洗米机由水泵和桶体两大部分组成。复碾过的米经输料管送到桶中,水泵送来的水高速流过桶底的开槽水管。当水流速度增加时压力减小,米被吸入管中,经外循环管从桶顶部返回桶中,混浊的水从溢流管排出。经过30 min即可将米洗干净。

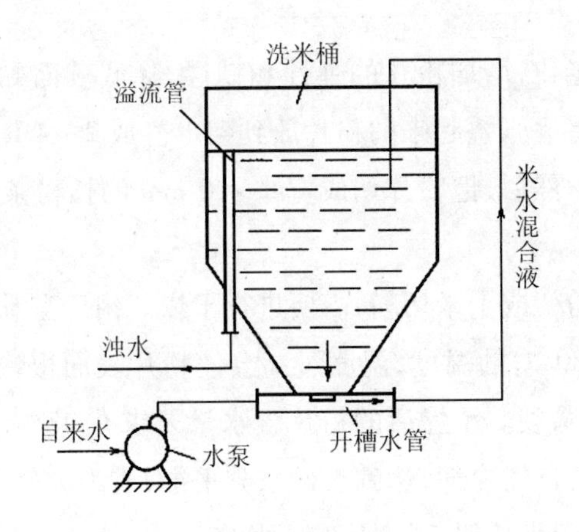

图1-11 射流式洗米机

(3)浸泡

目的是使大米充分吸水膨胀,使米粒的含水量达到35% ~40%,以便磨浆。浸米的水量一般要求高出物料表面5 cm以上,浸泡时间为1 ~12 h,时间长短应根据大米品种和空气温度来决定。每隔0.5 h更换清水1次,以防止大米酸败使制品有酸味,浸泡到能用手指把米粒捏成粉末即可。浸泡设备一般分上池箱、下池箱,上池箱装水浸米,下池箱贮米备用。

(4)磨浆

磨浆是把浸泡好的大米加水混合磨成介于固体与液体之间的可流动的糊状米浆。磨浆要求进料与进水均匀,米浆的含水量为50% ~60%。由于米浆不易筛滤,通常采用绢筛。磨出的米浆颗粒太粗,可能是浸泡时间不够,吸水膨胀不均匀,动磨碟与静磨碟之间间隙太大,压力不足,进料或进水过多,米粒没有充分研磨就流出等原因引起的。磨浆设备国内多采用钢磨和砂轮磨的定型产品。

(5)落浆蒸煮

落浆蒸煮是使米浆在蒸粉机内受热糊化。把磨好的米浆抽送到拌浆桶内,调好浓度,加油备蒸,然后输入蒸汽,使蒸槽升温至96 ~99 ℃。装好落浆槽,开动蒸粉机把米浆注入落浆槽,让米浆均匀地流到蒸料带上,进入蒸粉糊化带。接着开动输送带及冷风扇,把蒸熟的粉片送到输送带上,然后把割断的粉片叠好放至架上,常温冷却。蒸粉机结构见图1 -12,由电机带动,蒸料带循环运转,蒸槽内加热而达到连续蒸煮要求。

(6)冷却、切粉

冷却可使淀粉老化,增加粉片的弹性和韧性,降低表面黏性,在蒸粉机输送带上进行这一过程。将逐张叠起来的粉片放到架上静放2 ~4 h,经过机械吹风,使粉片温度冷却到室温。然后,把粉片切成宽8 ~10 mm的长粉条。

(7)干燥、切粉

如果把湿米切粉变成干米切粉,需要进行干燥。由于湿粉片表面有大量水分,干燥时可选择70 ~80 ℃的温度,温度过高会使粉片表面很快结膜,影响粉片内部水分继续蒸发,产生暗裂。干燥后的粉片含水量要求在28% ~30%。如果粉片表面干硬、凹凸不平,需自然冷却,达到表面水分平衡,成为柔软平滑的粉片。粉片干燥后逐张扬散,堆叠起来放置3 ~4 h,以便切条。

切条由切条机完成,切好条后需进行第二次干燥,干燥条件为温度高于室温

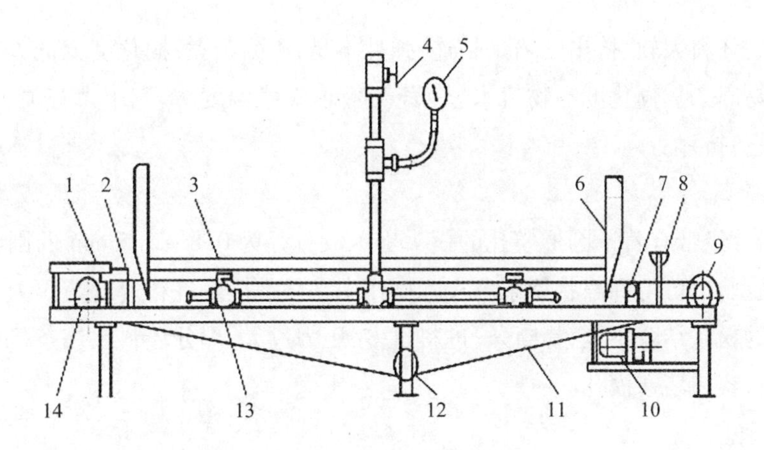

图1－12 蒸粉机结构示意图

1. 浆托；2. 落浆槽；3. 蒸汽室；4. 闸阀；5. 气压表；6. 排气管；7. 调节阀；
8. 滴油器；9. 驱动轮；10. 电机；11. 蒸料带；12. 张紧辊；13. 分气阀；14. 从动轮

10～15 ℃，时间为40～50 min。设备普遍用隧道式单层或多层网带输送干燥机，最终产品水分含量为13%左右。

（二）榨粉的生产

1. 工艺流程

原料→洗米→浸泡→磨浆→脱水→混合→蒸坯→挤片→榨条→蒸煮→冷却→疏松成型→湿榨粉→干燥→冷却→干榨粉

2. 操作要点

榨粉的原料选择、洗米、浸泡和磨浆工序与切粉完全一样。现将不同的工序分述如下。

（1）脱水

脱水以米浆的含水量降到35%～38%为好。含水量过高会造成榨条时出现糊状倒流现象，榨出的粉条互相粘连，表面不光滑；含水量过低，蒸坯时难以糊化。米浆脱水方法有布袋入浆压滤脱水、筛池过滤排水、真空脱水，其中真空脱水效果最好，但投资较大。

（2）蒸坯、挤片

蒸坯使脱水后的粉团受热初步糊化，粉团由松散变成黏合，便于挤片。蒸坯设备多采用隧道式输送蒸槽。105 ℃条件下汽蒸约2 min，糊化度达75%～80%。糊化度太高，坯料太软，挤出的粉条粘连，弹性不足，不耐蒸煮；糊化度太低，坯料缺乏韧性，容易断条。糊化度与物料水分、蒸煮时间、蒸煮温度、蒸汽压力有关。蒸粉后用挤片设备挤片。

(3)榨条

将粉片经带有若干圆形模孔的模头挤压成直径为0.8～2.5 mm的圆长条，改变模板孔型，也可得到扁状粉条。实际操作中必须掌握好进料速度与压力，进料不足，挤出的粉条结合不紧，易断条；进料过多，压力过大，部分坯料在榨条机内回流，造成粘连，容易堵塞模孔。

(4)蒸煮

为了使榨条成型的米粉糊化度达90%～95%，含水量控制在45%～62%，保证成品糊汤率低，米粉表面光滑、韧性好、咬劲足，通常还要进行蒸煮。操作方法是把榨条成型的粉条排列在网带输送蒸槽内，通过95～99 ℃的蒸汽加热10～15 min。蒸煮时间要适当，时间过长，温度过高，米粉会过分糊化，表面产生糊液；时间过短，温度太低，米粉糊化不完全，会产生白芯，易碎断。

(5)冷却、疏松成型

经过蒸煮的粉条，表面带有胶性溶液，黏性较大，要及时冷却松条。操作方法是使粉条通过冷水槽，降温松散或通过冷风道冷透后再送入松条机松散。

(6)干燥

经过两次蒸煮的粉条含水量仍在45%以上，必须把水分降到13%～14%。一般干燥温度控制在40～45 ℃，时间为3～8 h。温度低，时间长，产品质量好。经过烘干的产品要及时冷却，使粉条内外温度和湿度达到平衡，与气温接近，然后进行包装。

二、方便米饭生产

方便米饭是一种浸泡或短时间加热后便可食用的方便米制品。由于具有省时、省力、携带方便、保质期长、卫生经济等特点，它是旅游、出差、野外作业、上班时的理想食品，越来越受到现代人的喜爱。

(一)速煮米饭的生产

速煮米饭又叫脱水米饭，食用方便，不需蒸煮，仅用热水或冷水浸泡就可成饭。最早由美国某食品公司发明。

1. 工艺流程

大米→清理→淘洗→浸泡→加抗黏结剂→搅拌→蒸煮→冷却→离散→干燥→冷却→检验→包装→封口→成品→入库

2. 操作要点

(1)选料

大米品种对速煮米饭的影响很大。如果选用直链淀粉含量较高的籼米为原料,制成的制品复水后质地较干硬,口感不佳;若用支链淀粉含量高的糯米为原料,加工时黏度大,米粒易黏结成团,不易分散,从而影响加工操作和成品品质。通常,生产速煮米饭选用精白粳米。

(2)清理

通常采用风选、筛选和磁选等干法清理手段去除大米中混入的糠粉、尘土、泥沙以及金属杂质。

(3)淘洗

经干法清理后的大米原料在洗米机中淘洗,可将大米表面黏附的粉末杂质、灰土等淘洗掉并降低霉菌等微生物携带量,常采用射流式洗米机或螺旋式连续洗米机。射流式洗米机是利用急速的水流来淘洗大米;螺旋式连续洗米机是利用转动的绞龙叶片在将大米向前推进过程中,引起大米与水、大米与绞龙叶片、大米与大米之间的摩擦而起到淘洗作用。淘洗用水应符合饮用水标准。

(4)浸泡

目的是使大米充分吸水,有利于蒸煮时充分糊化。浸泡可采用常温浸泡和加温浸泡两种方法。常温浸泡时间一般为2~4 h,因浸泡时间长,大米易发酵而产生异味,影响米饭质量。而加温浸泡可避免发酵带来的不利影响,但浸泡温度不能超过淀粉糊化温度(约75 ℃)。若温度高于淀粉的糊化温度,大米水分将随着浸泡时间的延长而急速增加,使米粒膨胀过度、破裂,造成营养成分损失和操作困难。因此,加热浸泡水温以50~60 ℃为宜。

为提高大米浸泡时的吸水速率,还可进行真空浸泡,米粒组织细胞内的空气被水置换,从而促进水分的渗透,有效缩短浸泡时间。

(5)加抗黏结剂

在蒸煮前加抗黏结剂是为了防止饭粒相互粘连甚至结块,影响饭粒后续均匀干燥和颗粒分散,导致成品复水性降低。添加方法有两种:一种是在浸泡水中添加柠檬酸、苹果酸等有机酸,可防止蒸煮过程中淀粉过度流失,但成品易残留有机酸味,并影响复水后米饭的口感;另一种是在米饭中添加食用油脂或乳化剂与甘油的混合物,此法虽可以防止米饭结块,但易引起脂肪氧化而影响产品的货架寿命。

(6)蒸煮

蒸煮即用蒸汽进行汽蒸,是整个工艺中最为重要的一步,直接影响到产品的复水性。蒸煮的目的是使大米在水、热和时间的作用下,吸收水分并使淀粉糊化、蛋白质变性(即大米蒸熟)。蒸煮时间与加水量对米饭品质有较大的影响。一般米水的比例控制在1.0: 1.4 ~1.0: 1.7,不同品种的大米稍有不同,如果加水比例过大易造成米饭含水量大,口感软烂;加水量过小,米饭含水量低,口感变硬。蒸煮时间一般为15 ~20 min,如果时间过短,米饭会夹生;时间过长,米饭饭粒会膨大、弯曲、表面开裂,降低米饭的质量。

(7)离散

经蒸煮的米饭,水分可达65% ~70%,虽然在蒸煮前加了抗黏结剂,但由于米饭糊化后有黏性,仍会互相粘连,为使米饭均匀干燥,必须使结团的米饭离散。离散就是将米粒一粒一粒地分散,较为简单的方法是将蒸煮后的米饭用冷水冷却并洗涤1 ~2 min,以除去溶出的淀粉,达到离散的目的。将蒸煮后的米饭经短时间冻结处理(-18 ℃下冻结3 min),也有利于米饭的离散,但必须掌握恰当方法,不然会造成米饭回生,影响制品的品质。

(8)干燥

将离散后的饭粒置于筛网上,利用顺流式隧道热风干燥器进行干燥。目的一方面是脱水,使之易储藏且难返生;另一方面是迅速固化米饭的淀粉状态,使之形成多孔状结构,有利于复水。一般采用较高的热风温度(进口温度达140 ℃以上),当米粒水分含量降到6%以下时,干燥过程结束。

(9)冷却、包装

干燥后的米饭温度冷却到40 ℃以下后整理包装,冷却过程采用自然冷却,强制冷却会使米粒内外压力不均,容易造成米粒破碎,影响方便米饭复水后的观感。包装时可封入脱氧剂或天然抗氧化剂等延长产品在常温下的储藏时间。

(二)软罐头米饭

软罐头米饭又称蒸煮袋米饭,是将炊煮的米饭或半生半熟的米饭充填密封在蒸煮袋内，经过高温高压蒸煮灭菌，再通过热风处理将蒸煮袋表面的水分去掉后所得到的产品。软罐头米饭不必经过干燥等特殊处理，既能保留米饭原有的营养成分与风味，又可长期保存。软罐头米饭具有质量轻、便于携带的特点，但生产设备投资较高。软罐头米饭产品水分含量约60%，常温下可贮存1年。食用时，将蒸煮袋直接置于开水中加热5～10 min，或用微波炉加热2 min即可。

1. 工艺流程

配菜、调味品

↓

大米→淘洗→浸泡→预煮→混匀→装袋密封→装盘→蒸煮灭菌→蒸煮袋表面脱水→软罐头米饭

2. 操作要点

(1)预处理

大米经筛选除去杂质，配菜洗干净并烹饪好。

(2)淘洗

除去黏附在大米表面的粉末杂质和碎米糠，为避免降低成品的营养价值，应控制淘洗的次数。

(3)浸泡

为使米粒充分吸水湿润，原料米在蒸煮前必须进行浸泡。浸泡用水为酸性，可以使米粒的白度增加。浸泡后用山梨聚糖单油酸酯乳化剂漂洗，不仅可以减少米粒相互黏结，而且可以防止米饭回生。

(4)预煮

预煮是将原料米预先煮成半生半熟的米饭。经过预煮，即使不采用回转式高压灭菌釜进行蒸煮杀菌，也能克服蒸煮袋内上、下层米水比例差别显著这一弊端，避免产品复水后软硬不匀、夹生等现象。预煮时间一般为25 min左右，至米粒松软即可。

(5)混匀

将预煮以后的大米与调味品、烹饪好的配菜混合均匀。

(6)装袋密封

按一定质量要求，将搅拌均匀后的大米和配菜的混合物逐一装袋、密封。包装材料应选择耐热,耐油,耐酸,耐腐蚀,热封合性、气密性俱佳,化学性能稳定的塑料复合薄膜或镀铝薄膜,目前常采用的是聚酯－聚丙烯复合薄膜、聚酯－铝箔复合薄膜。

蒸煮袋密封要在较高温度(130～230 ℃)下进行,压力是 3×10^5 Pa,时间0.3 s以上;密封部位不要沾染污物,以免蒸煮袋裂口,影响产品外观,同时应尽可能减少袋中残存的空气。此外,还需注意充填要均匀,特别是在装入配菜时,要根据其性质采取对应的措施。对于黏度低的液状配菜与酱状配菜,要防止其从喷嘴上滴下,需要适当增减流动速度。固状配菜和液状配菜混合充填时,如固状配菜密度大,可先将其放入袋内,然后充填液状配菜,同时要注意防止粘在固状配菜旁的油和汁弄脏密封面。固状配菜大小如在15 mm以下,可与液状配菜同时充填。此外,应掌握好食品的温度,一般在40～50 ℃时进行充填为好。

(7)装盘

将袋装的半成品人工转入长方形的蒸煮盘内均匀排列,然后逐盘装入专用的蒸煮推车中。

(8)蒸煮灭菌

将装好半成品的蒸煮推车送入高压灭菌釜内进行蒸煮灭菌。此工序既要使淀粉全部糊化,又要达到高温灭菌的目的。蒸煮灭菌时温度一般为105 ℃,时间为35 min。蒸煮时米饭水分含量在60%～65%时饭粒较完整,不糊烂,贮存期中较稳定,不易回生;水分含量低于60%时,饭粒僵硬易回生;水分含量高于65%时,饭粒糊烂,商品价值明显降低。因此,为保证米饭含水量在60%～65%,通常采用米和水的比例为1.0∶1.0～1.0∶1.4。

(9) 蒸煮袋表面脱水

经高温蒸煮灭菌后的蒸煮袋表面附着水分,会给之后的装箱造成困难。因此,必须在脱水机中进行蒸煮袋表面脱水。脱水机的主要结构是一对用特殊的海绵体制成的轧辊,并装有两条进料、出料的输送带。灭菌后的蒸煮袋通过海绵轧辊,就可除去附着在表面的水滴。如需要完全干燥,可用热风机将蒸煮袋吹干,然后装箱。

(三)冷冻干燥米饭

将大米蒸煮成米饭后,先将其冷冻至冰点以下,使水分变成固态冰,然后在真空条件下,将冰升华成蒸汽而除去,即成为冷冻干燥米饭。由于冷冻干燥米饭的操作是在真空和低温下进行的，投资与操作费用大、产品成本高、实用性小，国内很少有厂家生产。

三、其他米制品的制作

（一）锅巴的制作

锅巴味道鲜美，营养丰富，是一种受人们喜爱的休闲小食品。

1. 工艺流程

淘米→浸泡→蒸煮→冷却→拌油→拌淀粉→压片→切片→油炸→喷调料→包装

2. 操作要点

（1）淘米

用清水将米淘洗干净，去掉杂质。

（2）浸泡

目的是使米粒充分吸水，在蒸煮时充分糊化、煮熟。浸泡至米粒呈饱满状态，水分含量达30%，浸泡时间为30～45 min。

（3）蒸煮

蒸煮是使大米中的淀粉糊化的过程，通常采用常压蒸煮或加压蒸煮。蒸煮到大米熟透、硬度适当、米粒不糊、水分含量达50%～60%为止。若蒸煮时间不足，米粒不熟，没有黏结性，不易成型，容易散开，且做成的锅巴有生硬感，口感不佳；反之，米粒煮得太烂，容易成团，并且水分含量太高，油炸后的锅巴不够脆，影响成品质量。

（4）冷却

将蒸煮后的米饭自然冷却，使水汽散发，米饭松散，不黏成团，也不粘压片器具，既便于操作，也可保证产品质量。

（5）拌油

加入等于大米原料质量2%～3%的氢化油或起酥油，搅拌均匀。

（6）拌淀粉

淀粉和大米的比例为1∶8，拌淀粉温度为15～20 ℃，搅拌均匀。

(7)压片、切片

在预先涂有油脂的不锈钢板上将米饭压成5 mm厚的薄片,然后切片。

(8)油炸

油温控制在240 ℃左右,薄片炸成浅黄色时捞出,沥去多余的油。

(9)喷调料

喷不同的调料,可制成各种风味的锅巴。调料要干燥,喷洒要均匀。

(二)米饼的制作

米饼是一种日式米制糕点,通常用粳米或糯米制作。目前市场上较流行的"雪米饼"即为粳米米饼。

1. 工艺流程

粳米→淘洗→浸米→沥水→制粉→蒸捏→冷却→成型→干燥→烘烤→调味→成品

2. 操作要点

(1)淘洗、浸米、沥水

在洗米机中洗净大米,浸米6~12 h,然后在金属丝网或箩中沥水约1 h,米粒含水量为20%~30%。

(2)制粉

粉碎前先适当喷水,将大米粉碎至一定细度。生产质地疏松型的米饼时粉碎的细度可粗一些,生产质地紧密型的米饼时粉碎的细度可细一些。

(3)蒸捏

在搅拌蒸捏机中先加水调和米粉,再开蒸汽蒸料捏和,110 ℃条件下进行5~10 min,使米粉糊化,水分含量达40%~45%。

(4)冷却

用螺旋输送机将糊化后的粉团送入长槽中,槽外通以20 ℃的冷却水,使粉团温度降至60~65 ℃。

(5)成型

粉团用成型机压片、切块、切条,制成饼坯。

(6)干燥

采用带式热风干燥机,热风温度70~75 ℃,饼坯水分平衡后进行第二次干燥,热风温度 70～75 ℃，饼坯水分 10%～12%。

（7）烘烤

在链条烤炉中，炉温 200～260 ℃，开始用小火，品温达 80 ℃时改用大火。品温升至 100 ℃左右时膨胀结束，再改用小火。出炉前恢复大火使米饼表面上色。

（8）调味

用调味机将调味液涂在米饼表面，必要时进行再干燥，热风温度 80 ℃。

第六节　稻谷副产品的综合利用

在稻谷加工成大米的过程中，会得到稻壳、米糠、碎米等副产品。将稻谷副产品综合利用，可以使稻谷物尽其用，丰富粮食工业产品的品种，提高经济效益。

一、稻壳的综合利用

稻壳作为谷物加工的主要副产品之一，约占稻谷质量的 20%，其主要成分是粗纤维、木质素和多缩戊糖等（见表 1－6），是一种量大价廉的可再生资源。合理利用稻壳不仅可以推动我国农产品的深加工，还可以减少污染。

表 1－6　稻壳的化学成分（%）

水分	粗蛋白	粗脂肪	粗纤维	多缩戊糖	木质素	灰分
7.5～15.0	2.5～3.0	0.04～1.70	35.5～45.0	16.0～22.0	21.0～26.0	13.0～22.0

（一）作为食用菌栽培的培养基料

稻壳作为基料，经加工处理后灭菌，可接种、培养食用菌。

（二）作为大棚旱育稻秧的基质

以稻壳为基质（替代苗床土），采用现代无土栽培、人工合成土壤制造技术，可育出水稻壮苗。

（三）作为生产酵素有机肥的原料

引进日本酵素菌制造有机肥，酵素菌中含有多种微生物群落和酶类，通过堆腐可把稻壳制成有机肥。

(四)作为能源发电

以稻壳在空气有限供给情况下燃烧产生的一种混合气体(即煤气)为能源发电,是一种很好的稻壳利用的方式。

(五)用于制造纤维板

以稻壳为原料,加入相关辅料和黏合剂,压制成的具有一定强度的纤维板,广泛应用于家具和建筑行业。

(六)用于制造环保型一次性餐具

以稻壳为主要原料,经过粉碎、混合、制片、成型、固化、表面喷涂等工序,制得的一次性餐具安全、无毒、可降解、成本低、表面光洁、外形美观,可以取代造成污染的塑料餐具,具有很大的市场推广前景。

(七)用于制备白炭黑

稻壳充分燃烧后的灰中富含非晶态二氧化硅,含量占94% ~96%,对其合理地研发与应用不仅可降低污染、净化环境,同时也可创造较为可观的经济效益,符合国家绿色经济、绿色产业的总体思想。稻壳灰是生产精细化工产品白炭黑的理想原料。白炭黑是一种重要的化工产品,又称水合二氧化硅,由于其具有补强性和分散性等多种性能,被广泛应用于橡胶、塑料、涂料、农药、牙膏、树脂及食品等领域。

1. 工艺流程

稻壳→去杂→水洗→酸浸→复洗→烘干→炭化→灰化→碱溶反应→抽滤→水玻璃→熟化(加金属螯合剂)→沉淀反应(加硫酸)→陈化→离心洗涤→干燥→白炭黑

2. 操作要点

(1)预处理

将稻壳过筛去杂,在50 ℃、搅拌的条件下用水清洗30 min,以双层尼龙滤布滤去水分后,在50 ℃、搅拌条件下以盐酸调节至pH = 1.0,并在此条件下静置,过滤后洗涤至洗出液为中性,烘干后于通风橱中炭化至无烟为止,放入干燥器内保存备用。

(2)灰化

取4 g预处理得到的炭化稻壳置于箱式电阻炉中燃烧,控制一定温度,打开炉门恒温燃烧一段时间。燃烧的温度对其内部所含的非晶态二氧化硅的结构影响甚大,燃烧温度不得高于600 ℃,否则二氧化硅不易与碱液发生反应,此外灰化4.5 h后稻壳灰已基本燃烧完全。经过试验发现,最佳的灰化温度为598 ℃,灰化时间为4.4 h。

(3)水玻璃的制备

在配有搅拌桨、铁架台、电热套的装置上固定一个磨口锥形瓶,在锥形瓶中加入稻壳灰和1.5 mol/L的氢氧化钠溶液,其料液比为1g∶25mL,记下反应起始高度,调节转速,加热至溶液开始沸腾,撤去搅拌桨,加冷凝装置,同时记录起始时间。反应过程中应及时补水,保证固定的溶液高度,在此条件下反应3.5 h。反应结束后,自然冷却,经抽滤瓶抽滤,将滤液转移至洁净的塑料瓶中即得水玻璃。

(4)白炭黑的制备

将上述水玻璃溶液置于四口烧瓶中,加入1%的EDTA于65 ℃左右条件下熟化30 min,然后用恒流泵加入浓度为15%左右的硫酸溶液,根据所取水玻璃的量控制滴加水玻璃,控制终点pH=7.0~10.0,反应完成后将沉淀体系静置陈化2 h后,离心分离,调节白炭黑离子酸度至pH=7.0后将所得的沉淀物多次洗涤,直至无硫酸根离子后,离心干燥得白炭黑。

稻壳中含有丰富的木质素、二氧化硅等成分,是制备活性炭的良好原料。此外,稻壳还可用于生产糠醛、制醋、酿酒和养殖行业。稻壳中还含有多种维生素、酶及膳食纤维等,日本的一些企业已经利用稻壳生产出日化产品。

二、米糠的综合利用

米糠是糙米的皮层。碾米时产生的米糠量因稻谷品质及大米的加工精度而异,一般占糙米质量的4%~7%。

米糠的营养价值较高,是食品、医药和化工制造业的重要原料,其主要化学成分见表1-7。对米糠进行综合利用,可取得一系列产品,增值创收。

表1-7 米糠的化学成分(%)

水分	粗蛋白	粗脂肪	粗纤维	无氮浸出物	灰分
10.0~15.0	12.0~16.0	13.0~22.0	8.0~10.0	35.0~41.0	8.0~12.0

(一)米糠油的生产

由米糠生产的米糠油,含有38%的亚油酸和42%的油酸等不饱和脂肪酸。与其他食用油相比，米糖油具有清除血液中的胆固醇、降低血压、加速血液循环、刺激人体内激素分泌，促进人体发育等作用。因此，米糠油是一种保健食用油，其营养价值和市场价格超过豆油、花生油和菜籽油。

1. 毛油的生产

毛油的制取方法有压榨法和浸出法两种。

压榨法是采用机械方法，通过油压机、水压机、螺旋榨油机等产生的压力压榨米糠，得到毛油。压榨法生产工艺流程简单，生产设备和技术要求比较低，因而生产成本低。浸出法是利用有机溶剂（如己烷等）将米糠中的油脂浸出。溶剂可以反复回收，循环利用。浸出法出油率高，但设备复杂，技术要求高。

（1）压榨法工艺流程

米糠→清理→蒸炒→压榨→毛油

（2）操作要点

① 清理

通过圆筒筛、振动筛处理米糠，除去杂质。

② 蒸炒

蒸炒是保证油、饼质量和提高出油率的重要一环。蒸炒起软化米糠的作用，可创造最适宜的入榨条件。采用平底锅蒸炒，装料厚度在 13 cm 左右为宜，若料太少，锅中心部位的料坯易焦化。蒸炒开始时，火可大些，待水分大量蒸发后，再采用小火慢炒，每锅蒸炒 15 ~ 20 min，温度控制在 125 ~ 130 ℃。在料坯炒至深黄色，手抓不粘手、不成团时，拌入毛油中沉淀下来的油渣，做到均匀不结团。拌渣后再炒几分钟，即可出锅。出锅动作要快，一般要求 2 min 内出净，米糠出锅时温度控制在 100 ~ 105 ℃，水分含量为 9.5% ~ 11%。

③ 压榨

压榨分预压和压榨两个过程。预压是将熟料坯预压成饼形，以便搬运、装垛和压榨。预压过程中尽量保持米糠料坯的温度，不要散热太多。压榨时为了缩短压榨时间，提高出油率，可在米糠中加入 5% ~ 15% 的稻壳，并翻拌均匀。

2. 毛油的精炼

由米糠直接制取的毛油含有糠蜡、磷脂、蛋白质、色素和较多的游离脂肪酸，影响人体对它的消化吸收。因此，作为食用油，它还要进一步提纯精炼。

(1)毛油精炼的工艺流程

毛油→过滤→水化→碱炼→水洗→脱水→脱色→脱臭→米糠油

(2)操作要点

① 过滤

将毛油加热到85～90 ℃时,到达糠蜡熔点,这时采用压滤机或布袋进行过滤。过滤时温度不宜过高,否则油色变深。过滤后的油冷却至20 ℃,使糠蜡凝固,再过滤即可除去糠蜡。

② 水化

将油加入水化罐中,加热至65～70 ℃,边搅拌边加入约等于油质量5%的同等温度热水,搅拌40～60 min。当温度升高到80 ℃时,停止升温,勿使水分蒸发,然后再搅拌25 min左右,速度由慢至快,再慢下来,静置4～6 h,使油中胶凝性杂质凝聚、沉淀分离。

③ 碱炼

中和油中的游离脂肪酸,使其生成皂脚,从油中沉淀分离。碱炼前先测定油的酸价,按下式算出加碱量:碱的用量(kg)＝油质量(t)×酸价×0.713。然后配成18～20 °Bé的稀碱液。

将水化后的油送入碱炼罐内升温至35～40 ℃,将配好的稀碱液均匀地喷入油中,持续搅拌1 h,搅拌速度60 r/min。如加入碱液搅拌40 min后尚无皂脚分离出来,应再加入适量碱液不断搅拌,直至有皂脚明显生成时通气升温。每分钟升温1 ℃,当温度升至70～80 ℃,油与皂脚明显分层时,停止加温,搅拌速度降到40 r/min,并注入浓度为3%～5%的热盐水。皂脚呈黑色并下沉时,停止加盐水,再搅拌10 min。待皂脚全部沉底、油呈稀稠状时,可放出皂脚。

④ 水洗

目的是洗去油中悬浮的微量皂脚。将碱炼后的油升温至80～90 ℃,边搅拌边加入占油质量10%～15%的沸水,搅拌15 min后,静置1～2 h。当废水的pH值接近7时,即可放掉。若废水滴加酚酞指示剂显示红色时,尚需继续洗涤几次,直到滴加酚酞后不显示红色为止。

⑤ 脱水

将油加热到105～110 ℃,不停地搅拌,直至油面无泡沫出现为止。脱水可在普通大铁锅中进行。脱水后油的水分含量应低于0.2%。

⑥ 脱色

脱水后的油进入脱色罐内，加热至95～100 ℃，边搅拌边加入干燥的活性炭或酸性白土。加入量约为油质量的2%，搅拌20～30 min后，取样观察，油呈黄色、透明就可进入下一道工序。

⑦ 脱臭

将脱色的油吸至脱臭罐内，在真空状态下通入蒸汽，使油温升至220 ℃以上，处理4～6 h。油温降至40～60 ℃时，转入冷却罐自然冷却，即得米糠油。

（二）糠蜡的制取

糠蜡是精炼食用米糠油时所得的副产品。毛油中有3%～5%的糠蜡，它是高碳一元醇与高碳一元脂肪酸结合而成的酯类，人体不能消化吸收，无食用价值。为提高米糠油的质量，要将糠蜡从米糠油中分离出来。糠蜡的用途很广，一般的糠蜡可照明用，质量高些的糠蜡可用作电气的绝缘材料，还可用来制造蜡纸、复写纸、蜡笔、地板蜡、皮鞋油、车用上光蜡、抛光膏、胶膜剂、唱片材料、纤维用乳剂、水果喷洒保鲜剂等。

1. 工艺流程

毛油→热滤→冷滤→水化→压榨→皂化→脱色→精制糠蜡

2. 操作要点

(1)热滤

毛油送至加热罐中，加热到90 ℃，用压滤机或布袋过滤。

(2)冷滤

热滤后的毛油投入冷却罐，降温到20 ℃，然后再过滤，滤出的毛油供精炼用，留存在过滤机或布袋上的物料即为粗糠蜡。

(3)水化

粗糠蜡在水化罐中加热熔化，通入等于粗糠蜡质量11%的饱和水蒸气，在85～90 ℃条件下水化2 h后放出下层沉淀物，用沸水洗涤1次，静置1 h，放出下层废水。

(4)压榨

水化后的粗糠蜡放在帆布袋内，外包纱布，在油压机上压榨10 h。

(5)皂化、脱色

将粗糠蜡放在皂化罐中,加热熔化,然后加 10 ~ 12 °Bé 的碱液。每 100 kg 粗糠蜡加入 80 ~ 100 kg 碱液,95 ℃皂化 2 ~ 4 h 后,停止搅拌,静置 20 ~ 60 min,在皂脚与糠蜡完全分离后放出皂脚。用糠蜡体积 1/3 ~ 1/2 的沸水喷淋糠蜡 6 ~ 7 次,直到洗液基本清亮、不呈碱性为止。取出糠蜡在真空干燥器内干燥,即得精制糠蜡。

(三)谷维素的制取

谷维素是以三萜(烯)醇为主的阿魏酸酯混合物,毛油中谷维素含量为 2% ~ 3%。谷维素是一种自主神经调节剂,可治疗自主神经功能失调、更年期障碍等疾病,还具有降血脂、降胆固醇的功效。谷维素在食品生产中可作为营养饮料、老年食品的添加剂和含脂糕点的抗氧化剂。谷维素的制取采用皂脚甲醇碱液皂化分离法。

1. 工艺流程

皂脚→补充皂化→皂胶→甲醇碱液皂化、分离→酸析、分离→粗谷维素→洗涤、干燥→谷维素粉

2. 操作要点

(1)皂脚的选择

如果毛油的酸价高于 30 mg KOH/g,则需要进行头道碱炼,其皂脚用作肥皂或脂肪酸的制作原料。在进行二道碱炼时的皂脚才用作制取谷维素的原料。二道碱炼是制取谷维素生产过程的关键环节。二道碱炼的油酸价必须低于 0.5 mg KOH/g,碱量要适当,而且二道碱炼的终温宜低(50 ~ 60 ℃),不得超过 64 ℃,温度过高,会使谷维素转溶到油中。二道碱炼时加水量控制在油重的 10%,以形成较好的皂化环境,利于收集谷维素。

(2)补充皂化

为了使二道皂脚便于分离谷维素,往往要把中性皂转化成肥皂。补充皂化的加碱量为皂脚中油脚补充皂化理论加碱量的 50% 左右。皂脚加热到 50 ℃左右,开始均匀地加入碱液,不断地搅拌,当温度升高到 95 ℃左右时开始计时,皂化 2 h,控制 pH 值为 8 ~ 9。

(3)甲醇碱液皂化、分离

向皂胶中加入5~6倍量的甲醇,再加入理论量的碱液,混合均匀,逐渐升温至60~70 ℃,且不断搅拌,皂化30 min即可停止加热和搅拌。调节pH值为8.8~9.3。然后将皂化液冷却至50~55 ℃进行过滤,滤渣中有5%~6%的谷维素,可再回收。

(4)酸析、分离

皂化液的滤液在不断搅拌中加热至50~60 ℃,用盐酸调节滤液pH值为7.0,然后定量加入弱酸或弱酸盐(硼酸、柠檬酸、醋酸等),调节pH值为6.5~6.7,搅拌30 min,冷却至45~50 ℃,保温过滤,所得滤液即为粗谷维素。

(5)洗涤、干燥

根据粗谷维素的色泽,加入适量的石油醚进行洗涤,然后用蒸馏水洗涤,除去大部分水溶性皂脚和盐类。最后将谷维素滤干,粉碎,过筛,将筛出的粉末装在盘内(厚2~3 cm),在70~80 ℃的温度中干燥24 h。如果采用真空干燥,可大大缩短时间。如制成片剂,需配备淀粉、糊精、糖粉等辅料,混匀、压片即可。此外,利用谷维素在不同极性溶剂中、不同酸碱度状态下溶解度不同的性质,采用甲醇对米糠油直接进行提取,也可获得谷维素产品,此法简便且谷维素产率较高。

(四)谷甾醇的制取

谷甾醇是植物甾醇中最常见的一种。谷甾醇在毛油中占2.17%,在米糠油中占1.05%。谷甾醇能治疗心血管病,治疗人体血清胆固醇升高及防止冠状动脉粥样硬化发展,同时对慢性支气管炎、支气管哮喘均有疗效。

1. 工艺流程

皂渣→干燥→萃取→冷却→压滤→浓缩→结晶→压滤→干燥→粗谷甾醇→脱色→热过滤→结晶→过滤→干燥→谷甾醇

2. 操作要点

(1)干燥

将皂渣(米糠油皂脚提取谷维素的副产物)在60 ℃的恒温条件下干燥,皂渣的水分含量控制在1%以下。

(2)萃取

以1:8的比例将干皂渣与脱水的工业丙酮加入搪瓷反应釜中,以95 r/min的速度搅拌。夹套蒸汽加热，温度控制在 50 ~ 55 ℃，在冷凝器回流情况下，保持微沸 3 ~ 4 h，使谷甾醇溶于热丙酮中。

(3)冷却

向夹套中通入冰盐水，搅拌，冷却至 10 ~ 15 ℃，静置 1 h，压滤。

(4)压滤

冷却后的料液放入压滤器内，通过压缩空气压滤，压力为 4 ~ 5 kg/cm^2，滤液接入贮槽。滤渣中含 50% 的丙酮，可回收。

(5)浓缩

将滤液吸入浓缩锅中，回收大部分丙酮，浓缩至原液的 1/5 左右。

(6)结晶

将浓缩液压入粗制品结晶锅中，在室温下冷却结晶 8 ~ 10 h。

(7)压滤

结晶母液在压滤器中以 3 ~ 4 kg/cm^2 的压力压滤。

(8)干燥

压滤后的粗制品，置于 60 ℃烘箱内干燥，将母液中的丙酮回收。

(9)脱色

将粗制品投入搪瓷反应釜内，加入 30 倍量的 95% 乙醇，夹套蒸汽加热，控制温度在 70 ~ 78 ℃。待溶解后，加入约为粗制品量 5% 的活性炭，在冷凝器回流情况下，搅拌脱色约 20 min。

(10)热过滤

趁热将料液放入夹套加热过滤器内，以 1 ~ 2 kg/cm^2 的压力过滤，热滤液压入成品结晶锅内。

(11)结晶

滤液在成品结晶锅内室温下冷却结晶 12 h，放置过夜。

(12)过滤

将上述结晶液在 1 ~ 2 kg/cm^2 的压力下压滤。

(13)干燥

湿结晶在 100 ℃下干燥，即得白色针状、鳞片状结晶或粉末结晶的谷甾醇成品。

(五)植酸钙的制取

植酸钙是植酸与钙、镁形成的一种复合盐,可以作为药物和营养剂促进人体的新陈代谢,恢复体内磷的平衡。米糠中含有9.5% ~14.5%的植酸盐,在米糠制油后几乎全部留在糠饼中,因此可以从糠饼中提取植酸钙。

1. 工艺流程

糠饼→粉碎→酸浸→过滤→中和、沉淀→压滤失水→含水膏状植酸钙

2. 操作要点

(1)粉碎

将糠饼粉碎过筛,制成糠饼粉。

(2)酸浸

将脱脂后的糠饼以1∶8的比例投入0.1 g/mol左右的盐酸溶液(即50 kg水加60 kg 30%工业盐酸),再加水浸泡,浸泡液pH=2~3,浸泡温度30 ℃。浸泡时不断搅拌,冬季浸泡6~8 h,夏季浸泡4~6 h。浸泡后加3倍清水进行水洗,糠渣可作为饲料出售。

(3)中和、沉淀

酸浸后的浸泡液和水洗液放至储液池中,用泵将其送入中和池,加入新石灰乳(配制方法:将10倍体积的水缓缓加入到石灰中进行消化溶解,上层石灰乳用钢丝布过滤),控制pH值为5.8~6.0,边加入边用压缩空气搅拌,静置沉淀2 h。

(4)压滤

中和池内料液静置分离后,通过虹吸作用弃去上层液体(此液体可作为农用核苷酸原料),下层白浆用泵打入压滤机压滤去水,所得膏状物即为植酸钙,在干燥室内80 ℃条件下烘干后包装便可出售。

药用植酸钙需将含水膏状植酸钙进行酸化、钙化、脱色、过滤、中和、过滤、水洗,压滤去水或离心去水后再经过粉碎、烘干。

(六)肌醇的制取

肌醇在外观上类似糖类,为白色结晶粉末,味微甜,甜度是蔗糖的1/2。肌醇具有与生物素、维生素B_1等类似的作用,广泛用于医药工业,多用于治疗肝硬化、脂肪肝、四氯化碳中毒等疾病。据报道,肌醇还具有防止脱发、降低血液中胆固醇含量等作用。植酸钙中含肌醇20%左右,是制取肌醇的主要原料。

1. 工艺流程

植酸钙→水解→中和→脱色→浓缩→冷却结晶→分离→粗制品→精制→冷却结晶→分离→再精制→烘干→包装

2. 操作要点

(1)水解

按照植酸钙与水1.0∶3.0~1.0∶3.5的比例,把水先放入水解罐中,开始搅拌后加入植酸钙,徐徐加热。投料量不得超过水解罐容积的80%。搅拌轴转数为50~70 r/min,压力为5~8 kg/cm^2,6 h后取样检验。当水解液pH值达2.5~3.0时,水解完成,即可出料。

(2)中和

将水解液送入中和罐,边搅拌边加入石灰乳,使pH值达8~9。继续搅拌并升温煮沸15 min后立即用离心机或压滤机进行分离。滤渣是磷酸钙和磷酸二氢钙的混合物,可以用作磷肥。

(3)脱色

将滤液升温至90 ℃,加1%的活性炭对滤液进行脱色。滤液脱色后抽滤,除去活性炭。

(4)浓缩

将滤液浓缩至1.25~1.30 °Bé时即可出料,放入不锈钢桶中进行冷却,降到32 ℃有大量晶体出现时,便可离心分离。分离后的母液继续浓缩,离心分离得到的晶体即为粗肌醇。

(5)精制

粗肌醇中含钙、氯和硫酸根等离子,需用水洗除。将粗肌醇按粗肌醇与蒸馏水1.0∶1.2的比例投入精制罐,徐徐加热,待物料全部溶解后加入5%活性炭,煮沸15 min,再用砂芯滤棒抽滤,所得滤液冷却至32 ℃时进行分离。在分离物快干时用肌醇量0.2~0.3倍的75%乙醇冲洗一次。50~80 ℃的干燥室内干燥,即得成品。

(七)米糠酿酒

米糠内含有35%~41%的糖类,这些糖类经过糖化酶糖化再经酒曲中酒化酶的作用,可制得白酒,酒糟还可用作饲料。一般每100 kg米糠可制得47°白酒7~

8 kg。

1. 工艺流程

米糠→润料→蒸糠→糖化→发酵→蒸馏→白酒

2. 操作要点

(1)备料

米糠 600 kg,拌入 120 kg 稻壳,充分拌匀,分成两堆。

(2)润料

备水 660 kg,向米糠堆泼水,边拌边泼,两堆并成一堆,反复拌匀,使米糠和稻壳可捏成团但不结块。拌匀后,湿润 90 min 左右。

(3)蒸糠

先将水煮沸,在箅层上轻轻加糠,加完后至糠面全冒蒸汽时开始计时,2 h 后出甑时,米糠应该黏而无硬芯,有香味。600 kg 米糠分两次蒸。

(4)糖化

将蒸好的米糠摊放在席上,降温至 36 ~ 38 ℃,均匀撒入小曲 13.5 kg(约占米糠原料质量的 2.2%),拌匀,刮平,在温度降至 30 ℃时打堆,在温度降至 26 ~ 27 ℃时入箱。箱内温度控制在 25 ℃左右,堆厚 13.3 cm 左右,8 ~ 10 h 开始升温,18 ~ 20 h 温度上升至 46 ~ 48 ℃时出箱。经过糖化的米糠有香气,不带酸味,铲时松泡成块,不起硬饼。摊凉至 27 ~ 28 ℃。

(5)发酵

酒糟量为原料量的 2 倍,事先铺于晾场上,温度为 25 ~ 26 ℃。将酒糟与已经糖化的红糟混匀,在品温为 26 ~ 27 ℃时装桶,再加 50 ℃的水 180 kg,然后封泥。装好后料温升高,24 h 后可升高 4 ~ 5 ℃,48 h 后可升至 29 ~ 30 ℃,以后逐渐降温。发酵 7 d,然后准备蒸馏。

(6)蒸馏

取出发酵后的原料,用蒸桶进行蒸馏。

(八)糠饼酿酒

糠饼是榨取米糠油以后的糠渣,通常含有 40% ~ 52% 的可溶性无氮浸出物,其中主要是淀粉。糖化酶可以使淀粉糖化,再以酵母发酵可制造白酒。一般每 50 kg 糠饼产 50°的白酒 12.5 ~ 15.0 kg。

1. 工艺流程

糠饼→粉碎→配料→润料→蒸料→配糟→接种→上池→发酵→蒸馏→白酒

2. 操作要点

(1)粉碎

将糠饼用粉碎机粉碎,过筛除去粗粒。

(2)配料

糠饼粉 350 kg,粗糠 17.5 kg,新鲜酒糟 700 kg,酒曲 30 kg,酵母液 100 kg。

(3)润料

向原料中加水,原料与水的质量比为 2.5∶1.0,加水时搅拌均匀,防止原料成团。

(4)蒸料

湿润后的原料放入甑中蒸料,原料上蒸时应轻撒匀装,加盖蒸 1 h。蒸汽要足,要求料坯熟透。

(5)配糟

在料坯出甑前将新鲜酒糟扬翻,使酒糟中水分及时挥发,当酒糟温度略高于室温时,立即摊平,然后将蒸好的料坯均匀覆在酒糟上面摊凉,使料坯迅速降温到接种温度。酒糟配量一般为 50 kg 糠饼配 50～100 kg 酒糟。

(6)接种

每甑用料 28～30 kg,酒曲 30 kg,酵母液 100 kg,加水 30～50 kg,接种温度 30 ℃以下,料坯、水、酵母液要搅拌均匀。

(7)上池

100%配糟的上缸料温为 22～23 ℃,200%配糟的上缸料温为 25 ℃,上缸后要加盖封好,不漏气。

(8)发酵

下池 24 h 后,料温上升至 36～37 ℃,开启缸盖,压紧料坯。48 h 后温度下降 1～2 ℃,此时不宜再启封。发酵期为 96 h。

(9)蒸馏

经过发酵的酒坯出缸后要迅速蒸馏,防止气不均匀和跑气现象。

(九)糠饼制醋

利用糠饼制得的食醋品质与一般粮食醋无异,口感也很好。

1. 工艺流程

糠饼→粉碎→搅拌→入缸→封缸→加色→淋醋→蒸煮→米醋

2. 操作要点

(1)粉碎、搅拌

把糠饼粉碎后磨细、过筛,制成糠饼粉。每 300 kg 糠饼粉加 200 kg 水,充分搅拌,使湿度均匀。

(2)入缸

将上述糠粉分成 4 份,每份加入 200 kg 鲜酒糟(23 ~ 30 ℃),搅拌均匀,装入缸中,盖上 5 kg 左右稻壳。以后 4 d 里,每天重复换缸和加酒精、酒糟,再盖上稻壳。5 d 以后,仍然翻缸,每天翻 1 ~ 2 次,共翻 14 d。

(3)封缸

翻缸结束后,用黏土封缸口。7 d 后,撬开黏土,再翻缸一次,翻后封缸。此后,隔 15 d 和 30 d 各翻一次,最后封缸。

(4)加色

在淋醋前,每 100 kg 原料加入 4 ~ 5 kg 炒干的籼米粉,籼米粉要用适量的水拌匀后加入原料中。

(5)淋醋

将 4 缸原料(醋醅)分 6 次放入淋醋缸中,进行淋醋。先塞住淋醋缸的放水孔,然后每缸淋水 200 kg,一段时间后打开放水孔放出醋液。醋液流完后再加入 250 ~ 300 kg 水,继续淋醋,淋至缸中基本无醋味为止。

(6)蒸煮

向淋出的醋液中加入食盐,然后把醋液倒进锅中蒸煮,煮到食盐溶解为止,即制成食醋。

(十)米糠蛋白制取

普通糠饼含有 16% ~18% 的粗蛋白质。米糠蛋白是一种黄褐色的粉末。用糠饼提取的米糠蛋白,其蛋白质含量达 94% ~99%,可用作各种营养食品的添加剂。

1. 工艺流程

糠饼→提取→分离→沉淀→洗涤→分离→干燥→米糠蛋白

2. 操作要点

(1)提取

将糠饼粉碎并过筛,加入糠粉质量5%的0.05%氢氧化钠溶液,可补加适量的水,于37 ℃条件下保温搅拌2 h后,用离心机分离。

(2)沉淀

提取液中加入盐酸(或硫酸、磷酸、醋酸中的任意一种)调至pH=4.5~5.0,因为在此条件下蛋白质溶解度最小,易凝聚沉淀。操作温度在60 ℃以下。

(3)洗涤

收集沉淀,用85%乙醇搅拌洗涤1 h。离心分离,收集沉淀并干燥,得米糠蛋白成品。

(十一)糠饼制饴糖

糠饼的主要成分是淀粉,加入麦芽浆可转化成饴糖。米糠饴糖主要用作糕点及饮料等的添加剂,以改善食品的风味。

1. 工艺流程

糠饼→粉碎→过筛→液化→糖化→压滤→饴糖

2. 操作要点

(1)过筛

糠饼粉碎过筛,过筛的细糠放入混合器中,粗糠送入浸渍槽中,温度调至40~45 ℃。将浸胀后的粗糠送至研磨装置中,带水反复细磨成淀粉乳液,经适当浓缩后,准备液化。

(2)液化

在糖化罐中加入细糠量2倍的水,用蒸汽直接加热到60 ℃,加入细糠并不断搅拌,形成米糠悬液,并添加少量的氯化钙和烧碱,调整pH值至6.5左右。加米糠时必须缓慢,加水必须足量,否则易使米糠结块,液化不彻底,而且米糠悬液易成糊状,易结底焦煳。通常在加米糠时添加适量的耐热液化酶。加热至85 ℃,不断搅拌,此时绝大部分米糠中的淀粉已液化。向罐内施加0.15 MPa的压力,以凝固分离蛋白质及其他成分。凝固结束后,调节温度至95 ℃、pH值至6.5左右,添加少量耐热液化酶,液化1 h,使淀粉全部液化。将液化的米糠液pH值调至4.5,停止液化酶的作用,使可溶性蛋白质再次凝固。将液化的米糠液投入离心分离机中进行固液分离,取滤液进行糖化,滤渣用作饲料或其他用途。

(3)糖化

液化的米糠液过滤后经脱色处理,脱色后进入糖化罐。蒸汽加热至 95 ℃,保温30 min,加冷却水降温至 50 ~ 60 ℃后加入淀粉酶和中性蛋白酶,糖化时间约 15 h。淀粉酶用量为每千克米糠 6 万单位,中性蛋白酶用量为每千克米糠 10 万单位。

(4)压滤

糖化后的米糠液装入压滤机中进行压滤。滤液进一步浓缩即为饴糖。

三、碎米的综合利用

随着人民生活水平的提高,稻谷加工精度不断提高,产品分级整理逐步加强,产生的碎米也越来越多。碎米的营养成分与大米相近,含有丰富的淀粉、蛋白质等营养成分,但价格仅为大米的 1/3 ~1/2。可以利用碎米酿酒、制取高蛋白米粉、制作饮料等。

(一)碎米酿酒

碎米中的淀粉经过各种微生物、糖化酶的作用可由淀粉变成糖分,再由糖分经过酵母发酵、酒化酶作用可变成酒。

1. 工艺流程

碎米→浸泡→蒸料→摊凉→加曲→糖化或培菌→发酵→蒸馏→白酒

2. 操作要点

(1)浸泡

将碎米摊在干净的地上,加入碎米质量 30% 的稻壳,同时泼入碎米质量 50% 的水,翻拌均匀,堆成堆,闷 12 h 左右,至米粒手搓即成粉的程度。

(2)蒸料

先将水烧热到 70 ~80 ℃,取出碎米质量 50% 的水,保持水温,避免很快冷却。然后把水烧开,铺于底箅,撒上一层稻谷。接着把浸泡过的碎米装入蒸甑,圆气后再蒸 1.5 h,碎米结成饭块,饭粒软而有弹性,随即取出一部分摊放在席上,翻动甑内和席上的米饭,泼入提前取出的热水(此时温度为 60 ~70 ℃)。翻动后将摊放在席上的米饭装回甑内,在上面撒一层稻壳,进行复蒸。复蒸时火要旺,1.5 h 后,稻壳已被蒸湿，碎米已软而透明，拍打时弹性大即可出甑。

(3)摊凉、加曲

碎米蒸透后摊在席上，翻动2~3次，第一次撒曲。当温度为36~37 ℃(冬季)或28~32 ℃(夏季)时，再翻动一次，随后第二次撒曲。搅拌均匀。拌曲后入箱糖化，温度控制在21~22 ℃。

(4)糖化或培菌

入箱糖化12 h后，碎米温度逐渐升高，拌曲入箱24 h后，温度可达37~40 ℃，碎米结成块，色黄，有光亮油质感并有甜香味，即可出箱。通常糖化时间为25~26 h。

(5)发酵

酒糟温度23 ℃，夏天酒糟温度高时，可加水降温，加水量为原料加入量的30%。发酵12 h后酒糟温度为26~27 ℃，24 h后为33~34 ℃，48 h后升至38~40 ℃，最后降至32~34 ℃就可进行蒸馏。通常发酵5 d便可进行蒸馏。

(二)制取高蛋白米粉

高蛋白米粉的蛋白质含量是普通米粉的3倍，8种氨基酸的含量大部分都超过联合国粮食及农业组织暂行规定食品氨基酸的含量标准。高蛋白米粉中只有麦芽糖，无乳糖。从生物学意义上讲，高蛋白米粉制成的食品不但营养丰富，而且更容易被婴幼儿吸收利用。

高蛋白米粉是将碎米磨碎(干磨或湿磨)制成米粉，加水制成米粉浆，pH值调到6.5，再用α-淀粉酶使之液化。液化后将分解的米粉浆离心分离，得到滤液和滤渣，将滤渣经过喷雾干燥和滚筒干燥即制得高蛋白米粉。滤液可制取酶、糊精和麦芽糖等。

(三)制作饮料

碎米经过浸泡、蒸煮、烘干后，接种柠檬酸产生菌(如米曲霉、黑曲霉和泡盛曲霉)。将柠檬酸产生菌中的一种与蒸煮过的碎米混合拌匀接种，加工酿造。向原料中添加耐酸乳酸菌培养液，经过6~10 d乳酸发酵后，用压滤机压滤，滤液经活性炭过滤而得发酵清凉饮料。此饮料的有机酸中以乳酸、谷氨酸、柠檬酸占多数，营养丰富，酸甜适宜。

第二章　玉米加工技术

玉米属禾本科一年生草本植物，有苞米、棒子、玉茭、苞谷、珍珠米等俗称。玉米是三大粮食作物之一，产量在世界排名第三，在我国排名第二。黑龙江省是我国重要的玉米商品粮生产基地，玉米种植自然条件优越，资源优势十分明显。玉米素有长寿食品的美称，其籽粒中含有 70% ~75% 的淀粉，10% 左右的蛋白质，4% ~5% 的脂肪，2% 左右的多种维生素及多糖等。玉米籽粒中的蛋白质、脂肪、维生素 A、维生素 B_1、维生素 B_2 含量均比稻谷多，具有开发高营养、高生物学功能食品的巨大潜力。应用传统工艺结合现代高新技术，对玉米进行合理开发与加工，将极大地丰富人们的饮食生活，提高玉米的利用价值，有利于实现农民的增产增收。近年来鲜食玉米因营养丰富、易消化吸收、口感好，成为许多国家和地区的主要食品。目前许多发达国家都把鲜食玉米产业列为重点产业，视鲜食玉米为黄金食品、长寿食品。发展中国家对鲜食玉米的重视程度也在提高。玉米作为食品，从过去的主食角色逐渐向现代的蔬菜角色转变，而且转变十分迅速。玉米美味、营养、食用方式多样化的优点，促使人们积极发展鲜食玉米产业。

第一节　玉米的营养价值及用途

一、玉米的营养价值

玉米被称为“黄金作物”，这是因为它有较高的营养价值。据报道，美国白宫营养师给美国总统奥巴马的每周食谱中安排有两顿玉米粥。营养学家一致公认，在人类所有的主食中，玉米的营养价值和保健作用是最高的。

玉米中纤维素含量高，是大米的十倍。大量的纤维素能刺激胃肠蠕动，缩短食物残渣在肠道内的停留时间，加速粪便排泄并把有害物质带出体外，对防治便秘、肠炎、直肠癌具有重要的意义。

玉米中含有丰富的维生素,专家们对玉米、稻谷、小麦等进行了营养价值和保健作用各项指标的对比。研究发现,玉米中的维生素含量非常高,为稻谷、小麦的5~10倍。每100 g玉米含叶酸12μg,是稻谷的3倍;含钾238~300μg,是稻谷的2.45~3.00倍;含镁96μg,是稻谷的3倍,镁一方面能抑制癌细胞的发展,另一方面还能促使体内废物排出体外,起到预防癌症的作用。玉米中的天然维生素E有促进细胞分裂、延缓衰老、防止皮肤病变的功能,还可减轻动脉硬化和脑功能衰退。玉米中含有维生素B_6、烟酸等成分,它们具有刺激胃肠蠕动、加速排便的作用。玉米中丰富的烟酸是葡萄糖耐量因子(GTF)的组成成分,是可增强胰岛素作用的营养成分,用玉米替代主食,有助于人体血糖的调节。玉米含有的叶黄素和玉米黄质(胡萝卜素的一种)可以对抗眼睛老化,刺激大脑细胞,增强记忆力。但需要注意的是,只有黄色的玉米中才有叶黄素和玉米黄质,而白玉米中没有。因此,出租车司机、中小学生、作家等经常用眼的人,应多吃一些黄色的玉米。叶黄素能够预防大肠癌、皮肤癌、肺癌和子宫癌;玉米黄质则能够预防皮肤癌和肺癌。玉米中所含的“生命元素”硒,能加速体内过氧化物的分解,使恶性肿瘤因得不到氧分子供应而受到抑制。玉米中钙含量接近乳制品,科学检测证实,每100 g玉米能提供近300 mg的钙,与乳制品中所含的钙差不多。丰富的钙可起到降血压的功效,如果每天摄入1 g钙,6周后血压能降低9%。玉米中还含有谷胱甘肽,它能使致癌物质失去活性并通过消化道排出体外,它又是一种强力的抗氧化剂,可以加速老化的自由基失去作用,是人体内最有效的抗癌物,同时它在硒的参与下,生成谷胱甘肽氧化酶,具有延缓衰老、恢复青春的功能。

中医认为,玉米性平味甘,有开胃、健脾、除湿、利尿等作用,主治腹泻、消化不良、水肿等。玉米中含有丰富的不饱和脂肪酸,尤其是亚油酸的含量达60%以上,它和玉米胚芽中的维生素E协同作用,可降低血液胆固醇浓度并防止其沉积于血管壁。因此,玉米对冠状动脉粥样硬化、脂血症及高血压等都有一定的预防和治疗作用。而丰富的钙、磷、镁、铁、硒、维生素A、维生素B_1、维生素B_2、维生素B_6、维生素E和胡萝卜素等对胆囊炎、胆结石、黄疸型肝炎和糖尿病等有辅助治疗作用。

二、玉米的用途

玉米籽粒和植株在组成成分方面的许多特点,决定了玉米的利用价值极高。世界上玉米直接用作粮食的只占总产量的三分之一,大部分用于其他方面。

(一)食用

玉米是世界上最重要的粮食之一,现今全世界约有三分之一的人以玉米籽粒作为主要食粮,其中亚洲人的食物组成中玉米占50%,多者达90%以上,非洲人的食物组成中玉米占25%,拉丁美洲人的食物组成中玉米占40%。玉米的营养成分优于稻谷、薯类等,缺点是颗粒大、食味差、黏性小。随着玉米加工工业的发展,玉米的食用品质不断改善,发展出了种类多样的玉米食品。

1. 特制玉米粉

玉米籽粒脂肪含量较高,在贮藏过程中会因脂肪氧化作用产生不良味道。经加工而成的特制玉米粉,含油量降低到1%以下,粒度较细,适宜与小麦面粉掺和做各种面食。由于富含蛋白质和较多的维生素,添加特制玉米粉制成的食品营养价值高,是儿童和老年人的食用佳品。

2. 膨化食品

玉米膨化食品是20世纪70年代以来兴起且迅速盛行的方便食品,具有疏松多孔、结构均匀、质地柔软的特点,不仅色、香、味俱佳,而且提高了营养价值和食品消化率。

3. 玉米片

玉米片是一种快餐食品,便于携带,保存时间长,既可直接食用,又可制作其他食品,还可采用不同配料制成各种风味的方便食品,用水、奶、汤冲泡即可食用。

4. 甜玉米

甜玉米可用来充当蔬菜或鲜食,加工产品包括整穗速冻、籽粒速冻、罐头三种。

5. 玉米啤酒

玉米因蛋白质含量与稻谷接近且低于大麦,淀粉含量与稻谷接近且高于大麦,所以是比较理想的啤酒生产原料。

(二)饲用

世界上大约65%的玉米都用作饲料,在发达国家,80%的玉米用作饲料,玉米是畜牧业赖以发展的重要基础,有“饲料之王”之美称。

1. 玉米籽粒

玉米籽粒特别是黄粒玉米是良好的饲料,可直接作为猪、牛、马、鸡、鹅等畜禽饲料，这些饲料特别适用于肥猪、肉牛、奶牛、肉鸡。随着饲料工业的发展，浓缩饲料和配合饲料广泛应用，单纯用玉米做的饲料量已减少。

2. 玉米秸秆

玉米秸秆是优良饲料，能量很高，可以代替部分玉米籽粒。玉米秸秆的缺点是蛋白质和钙含量少，需要加以补充。秸秆青贮不仅可以保持秸秆鲜嫩多汁，而且在青贮过程中经微生物作用产生乳酸等物质，增强了秸秆适口性。干玉米秸秆经过氨化处理，可以弥补养殖后期粗饲料供应不足等问题。

3. 玉米加工副产品

玉米在制取淀粉、啤酒、糊精、糖等加工过程中产生的胚、麸皮、浆液、酒糟等副产品，也是重要的饲料资源，在美国占饲料加工原料的5%以上。用酒糟育肥黄牛，在吉林省榆树市的五棵树镇已经形成规模，养牛成为当地住户的主要收入来源之一。

（三）工业加工

玉米籽粒是重要的工业原料，初加工产品和深加工产品有几百种。初加工产品和副产品可作为基础原料进一步加工利用，用于食品、化工、发酵、医药、纺织、造纸等工业生产。

穗轴可生产糠醛。玉米秸秆的作用同样不可忽视，秸秆发电、秸秆气化、秸秆饮料、秸秆饲料等行业发展十分迅速。

另外，玉米秸秆和穗轴可以培养生产食用菌，苞叶可编织提篮、地毯、坐垫等手工艺品。

1. 玉米淀粉

玉米在淀粉生产中占有重要位置，世界上大部分淀粉是用玉米生产的。美国等一些国家则完全以玉米为原料生产淀粉。特别是在发达国家，玉米淀粉加工已形成重要的工业生产行业。

2. 玉米的发酵加工

玉米为发酵工业提供了丰富而经济的碳水化合物。玉米酶解生成的葡萄糖，是发酵工业的良好原料。玉米加工的副产品，如玉米浸泡液、粉浆等都可用于发酵工业生产酒精、啤酒等多种产品。

3. 玉米制糖

随着科技发展,以淀粉为原料的制糖工业正在兴起,其中以玉米淀粉为原料的制糖工业尤为引人注目。专家预计,未来玉米糖将占甜味市场的50%,玉米将成为主要的制糖原料。

4. 玉米油

玉米油是由玉米胚加工制得的植物油脂,主要由不饱和脂肪酸组成。其中含有的亚油酸是人体必需脂肪酸,是人体细胞的组成部分,在人体内可与胆固醇结合,有防治动脉粥样硬化等心血管疾病的功效。玉米油中的谷固醇具有降低胆固醇的功效。玉米油富含维生素E,有抗氧化作用,可防治眼干燥症、夜盲、皮炎、支气管扩张等,并具有一定的抗癌作用。玉米油由于具有上述优点,而且营养价值高,不易变质,深受人们欢迎。

第二节　玉米淀粉加工

玉米是加工空间较大、产业链条较长的大宗粮食作物,特别是玉米淀粉可以制成多种工业基础原料,经过深加工后用途更为广泛。玉米淀粉是以玉米籽粒为原料,通过亚硫酸浸泡、破碎、筛分、分离、洗涤、脱水、烘干制成的产品。该产品主要用于医药、食品、化工、纺织等行业,可生产饴糖、葡萄糖、变性淀粉、可溶淀粉、环状糊精、酸性淀粉、氧化淀粉,还可用作酶制剂生产的原料,如味精、氨基酸及抗生素发酵的原料等。近年来,随着各行各业生产的发展,玉米淀粉因用途广泛、性能优良、价格适中而备受青睐。

玉米淀粉提取采用湿磨工艺,自1842年开始在美国应用以来,人们对玉米湿磨工艺进行了许多改进。中国玉米淀粉工业起步较晚,湿磨工艺是1956年从苏联引进的,直到20世纪80年代末,中国的玉米淀粉工业才开始有较大幅度的发展。现在,我国淀粉年产量约400万吨,其中玉米淀粉约占80%。

一、玉米淀粉生产工艺流程

玉米淀粉生产工艺流程大致可分为四个部分:①玉米的清理去杂;②玉米的湿磨分离;③淀粉的脱水干燥;④副产品的回收利用。其中,玉米的湿磨分离是该工艺流程的主要部分。

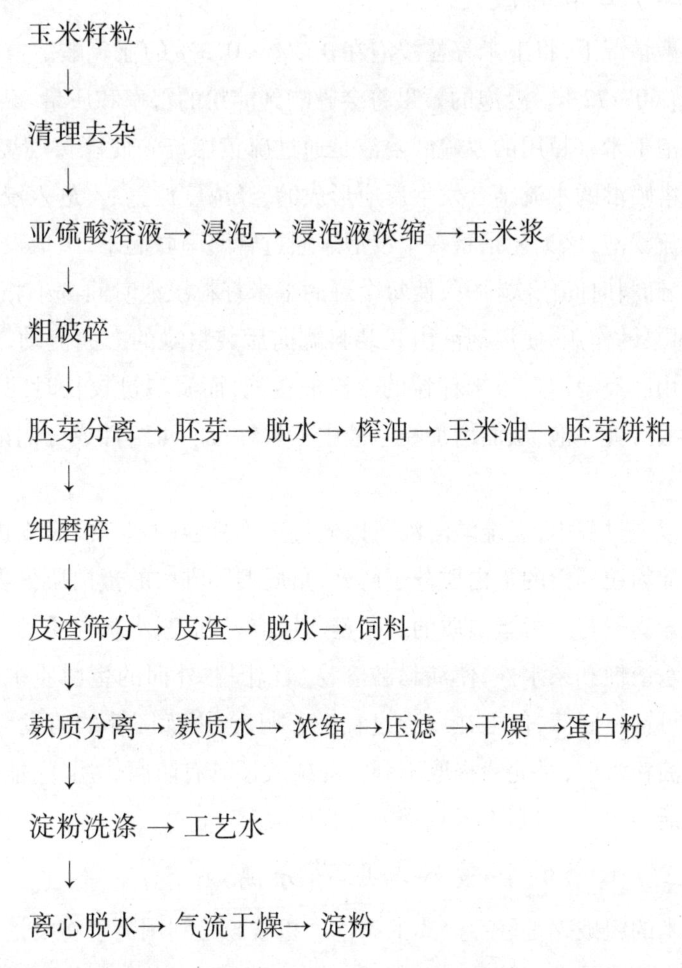

二、操作要点

(一)玉米原料的选择

选择清除杂质、颗粒饱满、无虫蛀、无霉变的玉米籽粒,且要求玉米要充分成熟,含水量符合标准,储存条件适宜,储存期较短,未经热风干燥处理,具有较高的发芽率。因为饱满、充分成熟的玉米籽粒是保证淀粉得率的基础。含水量过高的玉米籽粒容易变质;未成熟的和过干的玉米籽粒加工时会遇到困难,影响技术经济指标;发芽率过低的玉米和经热风干燥过的玉米籽粒中淀粉老化程度高,蛋白质不易与淀粉分离,这些会给淀粉的得率和质量带来不利的影响。

（二）玉米的浸泡

一般情况下，将玉米籽粒浸泡在0.2%～0.3%的亚硫酸溶液中，在48～55 ℃下，保持60～72 h。浸泡的效果将会影响到淀粉的得率和质量。

浸泡玉米籽粒用的亚硫酸溶液是通过硫黄燃烧炉使硫黄燃烧产生的SO_2气体与吸收塔喷淋的水流结合发生反应形成的，经浓度调整后，进入浸泡罐。浸泡方法采用逆流浸泡，该工艺是将多个浸泡罐通过管路串联起来，组成浸泡罐组。各个罐的装料、卸料时间依次排开，使每个罐的玉米籽粒浸泡时间都不相同。在这种情况下，通过泵的作用，使浸泡液由先装料罐向后装料罐的方向流动，使最新装罐的玉米籽粒用已经浸泡过玉米籽粒的浸泡液浸泡，而浸泡过较长时间的玉米籽粒用新的亚硫酸溶液浸泡，从而增加浸泡液中玉米籽粒的可溶性成分的浓度差，提高浸泡效率。

在浸泡过程中，亚硫酸溶液可以通过玉米籽粒的基部及表皮进入籽粒内部，使包围在淀粉粒外面的蛋白质分子解聚，角质型胚乳中的蛋白质失去结晶型结构，亚硫酸氢盐离子与玉米蛋白质的二硫键起反应，从而减小蛋白质的分子质量，增强蛋白质的水溶性和亲水性，使淀粉粒容易从包围在外面的蛋白质中释放出来。同时亚硫酸可钝化胚芽，使之在浸泡过程中不萌发，因为胚芽的萌发会使淀粉酶活化，进而使淀粉水解，对淀粉提取不利。亚硫酸还具有防腐作用，它能抑制霉菌及其他杂菌的活力，从而抑制玉米在浸泡过程中发酵。

（三）玉米的粗破碎与胚芽分离

玉米的粗破碎是胚芽分离的条件。粗破碎是利用齿磨将浸泡后的玉米籽粒破碎成大小符合要求的碎粒。一般经过两次粗破碎，第一次破碎可将玉米籽粒破碎成4～6瓣，经第一次胚芽分离后，再进一步将其破碎成8～12瓣，将其中的胚芽再次分离。破碎后的浆料中，胚乳碎粒与胚芽的密度不同，胚芽的相对密度小于胚乳碎粒，在一定浓度的浆液中处于漂浮状态，而胚乳碎粒则下沉，可利用旋液分离器（见图2－1）进行分离。

进入破碎机的物料，固液相之比应为1∶3，以保证破碎要求。如果物料含液相过多，通过破碎机的速度快，达不到破碎效果；如果物料含固相过多，会因稠度过大而导致过度破碎，使胚芽受到破坏。

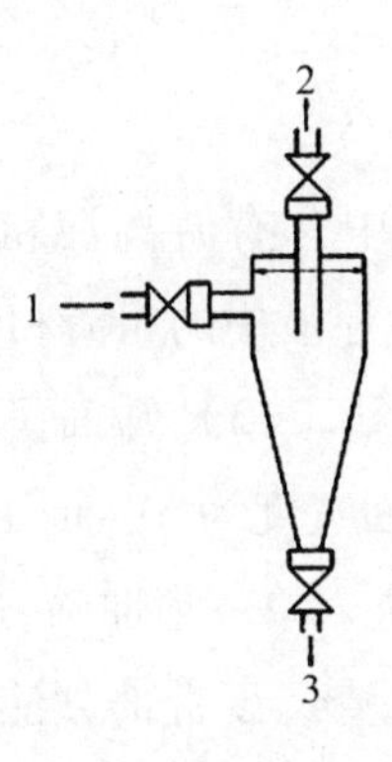

图 2-1　旋液分离器结构示意图

1. 进料口;2. 胚芽出口;3. 胚乳碎粒出口

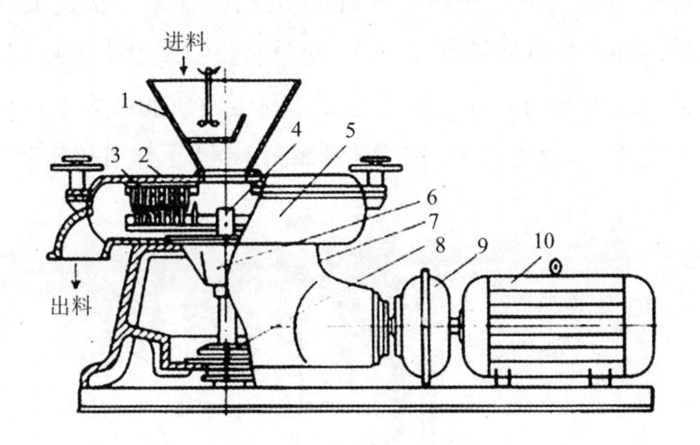

图 2-2　卧式冲击磨结构示意图

1. 供料器;2. 上盖;3. 定针压盘;4. 转子;5. 机体;
6. 上轴承座;7. 机座;8. 底轴承座;9. 液力耦合器;10. 电机

(四)浆料的细磨碎

经过粗破碎和胚芽分离之后,由淀粉粒、麸质、皮层和含有大量淀粉的胚乳碎粒等组成的破碎浆料,需经过卧式冲击磨(见图 2-2)精细磨碎,目的是最大限度地释放与蛋白质和纤维素联结的淀粉,为组分的分离创造条件。物料进入冲击磨,经过强力的冲击,玉米淀粉释放出来,而这种冲击作用,可以使玉米皮层及纤维素部分保持相对完整,减少细渣的形成。为了达到磨碎效果,浆料温度应为 30 ~ 35 ℃,稠度为 120 ~ 220 g/L。用符合标准的冲击磨,浆料可经一次磨碎就达到要求的磨碎效果。

(五)皮渣的筛分

磨细后的浆料形成悬浮液,其中含有游离淀粉、蛋白质和纤维素(粗渣和细渣)等。为得到纯净的淀粉,需将悬浮液中的粗渣和细渣分离出去。一般大型工厂采用曲筛。曲筛又叫压力曲筛(见图2-3),筛面呈圆弧形,浆料冲击到筛面上的压力要达到2.1~2.8 kg/cm^2。筛面宽度为61 cm,由6或7个曲筛组成筛洗流程(见图2-4)。磨细后的浆料首先进入第一道曲筛,通过筛面的淀粉与蛋白质混合的乳液进入下一道工序。筛出的皮渣还裹带部分淀粉,要经稀释后进入第二道曲筛,而稀释皮渣的正是第二道曲筛的筛下物,第二道曲筛的筛上物再经稀释后送入第三道曲筛,稀释第二道曲筛筛出的皮渣用的又是第三道曲筛的筛下物,以此类推。最后一道曲筛的筛上物皮渣则引入清水洗涤,洗涤水依次逆流,通过各道曲筛。最后一道筛的筛上物皮渣被洗涤干净,淀粉及蛋白质最大限度地被分离进入下一道工序。曲筛逆流筛洗流程的优点是淀粉与蛋白质能最大限度地分离回收,同时节省大量的洗渣水,分离出来的皮渣(纤维)经挤压干燥可用作饲料。

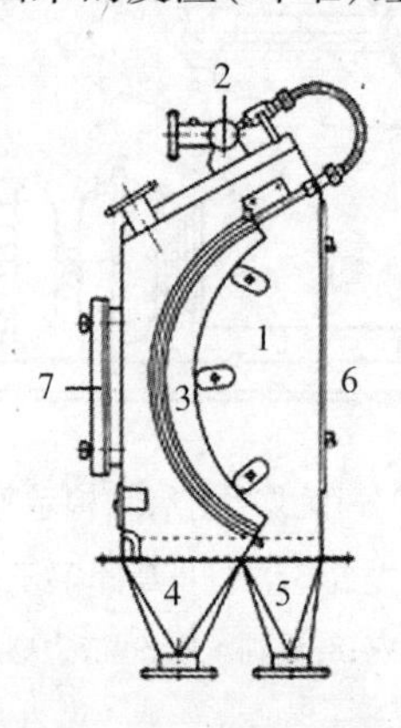

图2-3 压力曲筛结构示意图

1.壳体;2.给料器;3.筛面;4.淀粉乳出口;5.皮渣出口;6.前门;7.后门

(六)麸质分离

皮渣筛分工序得到的淀粉悬浮液中的干物质是淀粉、蛋白质和少量可溶性成分。经过浸泡,蛋白质与淀粉已基本分离开来,利用离心机可以使淀粉与蛋白质分离。在分离过程中,淀粉乳的pH值应调到3.8~4.2,稠度应调到0.9~2.6 g/L,温度在49~54 ℃,最高不要超过57 ℃。

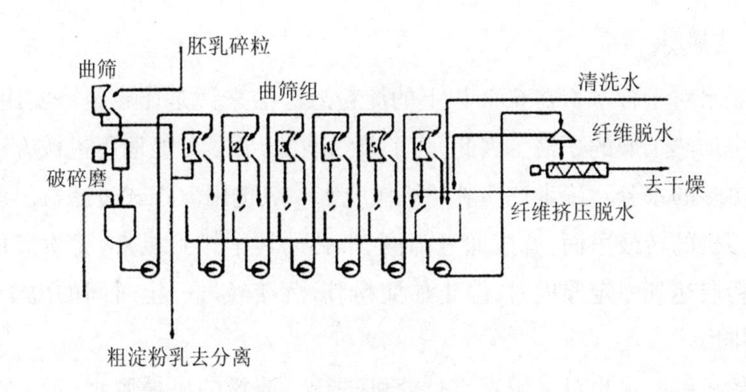

图2-4　皮渣曲筛筛洗流程

离心机分离的原理是蛋白质的相对密度小于淀粉,在离心力的作用下蛋白质形成清液与淀粉分离,麸质水和淀粉乳分别从离心机的溢流出口和底流出口中排出。一次分离不彻底,还可将第一次分离的底流再经另一台离心机分离。分离出来的麸质(蛋白质)浆液,经浓缩干燥制成蛋白质粉。

(七)淀粉洗涤

分离出蛋白质的淀粉悬浮液中含干物质33%~35%,其中还含有0.2%~0.3%的可溶性物质。可溶性物质的存在,对淀粉质量产生一定的影响,特别是对于加工糖浆或葡萄糖来说,可溶性物质含量高,对工艺过程不利,严重影响糖浆和葡萄糖的产品质量。为了去除可溶性物质、降低淀粉悬浮液的酸度、提高悬浮液的浓度,可利用真空过滤器或螺旋离心机进行洗涤,也可采用多级旋流分离器进行逆流清洗。生产干淀粉所用的湿淀粉通常清洗2次,生产糖浆所用的淀粉清洗3次,生产葡萄糖所用的淀粉清洗4次。清洗时的水温应控制在40~50 ℃。

上述工序即从玉米浸泡到玉米淀粉的洗涤,整个过程都属玉米湿磨分离,在这个阶段中,玉米籽粒的各个部分及化学组成实现了分离,得到湿淀粉浆液、浸泡液、胚芽、麸质水、湿皮渣等。

(八)脱水、干燥

湿淀粉不耐储存,特别是在高温条件下会迅速变质。从上述湿磨工艺流程中分离得到的湿淀粉浓度一般为36%~38%,要立即输送至干燥车间。淀粉脱水要经过机械脱水和加热干燥两个工序。

1. 机械脱水

机械脱水对于含水量在60%以上的淀粉悬浮液来说是比较经济实用的方法，脱水效率是加热干燥的3倍。因此，为了节约能源，要尽可能地用机械方法从淀粉乳中排除更多的水分。玉米淀粉乳的机械脱水一般选用离心式过滤机。湿淀粉乳泵入到离心机的转鼓里面，滤液通过筛网、带孔的转子排到机外，淀粉沉积在滤布上。当淀粉层达到一定厚度时，停止加淀粉乳，沉淀经过一定时间的甩干后刮下，从离心机排出。

淀粉的机械脱水也可采用真空过滤机进行。淀粉的机械脱水虽然效率高，但达不到淀粉干燥的最终要求，离心式过滤机只能使淀粉含水量达到34%左右。真空过滤机脱水只能使淀粉达到40%～42%的含水量。而商品淀粉要达到12%～14%的含水量，必须在机械脱水的基础上，再进一步采用加热干燥法。

2. 加热干燥

淀粉在经过机械脱水后，还含有较多水分，这些水分均匀地分布在淀粉各部分之中。加热干燥要迅速干燥淀粉，同时又要保证淀粉在加热时保持其天然淀粉的性质不变，主要采用气流干燥法。

气流干燥法是让松散的湿淀粉中的水分在运动的热空气气流中蒸发掉，达到快速干燥淀粉的目的。经过净化的空气一般被加热至120～140 ℃作为热的载体。在淀粉干燥过程中，热空气与被干燥介质之间进行热交换，淀粉及所含的水分被加热，热空气被冷却；淀粉粒表面的水分由于从空气中得到热量而蒸发，这时淀粉的含水量下降，水分由淀粉粒中心向表面转移。采用气流干燥法，由于湿淀粉粒在热空气中呈悬浮状态，受热时间短，仅3～5 s，而且120～140 ℃的热空气因淀粉中的水分汽化而降温，所以淀粉既能迅速脱水，同时又保证了天然性质不变。

玉米淀粉是以玉米为原料，通过上述工艺提炼成的淀粉，其成分只有淀粉，没有玉米中的其他成分，它不同于玉米面。玉米面是纯玉米粒（晒干）磨成的粉，没有添加其他任何东西，玉米面里的维生素要比大米、白面多。玉米面没有等级之分，只有粗细之别。玉米面中的蛋白质不具有形成面筋弹性的能力，持气性能差，需与面粉掺和后方可制作各种发酵点心。

第三节　玉米制糖

随着科学技术的发展,以玉米为原料生产糖品的工业正在兴起。特别是近年来研究成功的一些淀粉糖生产新技术,如淀粉的酶法糖化工艺、无机分子筛分离葡萄糖和果糖新工艺等,使淀粉糖的品种增多,产量增加。专家预计,未来玉米糖将占甜味市场的50%,玉米在21世纪将成为主要的制糖原料。

目前我国玉米淀粉糖产业加工品种已发展到了24个,如木糖醇、麦芽糊精、液体葡萄糖、饴糖、果葡糖浆、低聚异麦芽糖(50型)、糊精、山梨醇等,尤其是木糖醇不会导致龋齿,甜度高,代谢无需胰岛素的调节,被用作代糖广泛应用于糖果、牙膏、饮料等的制作。玉米淀粉糖附加值很高,如木糖醇的价格是蔗糖的10倍,而其原料玉米来源丰富、价格低廉。我国玉米的产量比甘蔗的产量大得多,是制糖和乙醇的主要原料,特别是在甘蔗无法生长的北方,玉米更是担当"主角"。

玉米糖基本上分为四大类:一是传统的玉米糖浆,即玉米淀粉经不完全糖化而得到的产品,糖分组成主要有葡萄糖、麦芽糖、低聚糖和糊精等;二是结晶葡萄糖,这种糖主要采用酶法制取,使淀粉的水解程度大大提高,目前产量最大的是含有1个水分子的α-葡萄糖,另外还有无水α-葡萄糖和β-葡萄糖;三是固体玉米淀粉(全糖),是通过酶法将淀粉转化为含95%~97%葡萄糖的糖化液,这种糖化液纯度高、甜味正,能省去结晶工序,可直接喷雾或切削成粉末状产品,适于食品工业应用;四是果葡糖浆,它是近年来发展最快的一种新型甜味剂,其风味优于蔗糖,营养价值如蜂蜜,所以称为果葡糖浆。另外玉米中还含有多糖,研究表明,多糖是一类具有生物活性的物质,它能激活免疫细胞,提高机体的免疫功能,有的还具有抗病毒、抗衰老以及降血糖的作用。因此,从玉米中提取多糖具有很高的开发价值。

一、玉米渣制作饴糖

饴糖又叫糖稀或麦芽糖,主要成分是50%的麦芽糖、30%的糊精。其具有吸湿性,可防食品干燥,使食品食味柔和,因此是生产糕点、糖果、罐头的甜味剂,尤其是生产糕点和糖果必需的原料。生产饴糖的传统方法是先将原料加工成淀粉,然后再经液化、糖化、过滤、熬制制成饴糖。用玉米直接制作饴糖,省去了玉米加工成淀粉的工序,工艺简单,成本低,对设备的要求不高。生产饴糖的下脚料是优质畜禽饲料。用玉米直接制作的饴糖，颜色微黄，呈透明状，具有糖稀风味，无异味，无明显可见杂质。

（一）工艺流程

玉米→清选→破碎→去皮、去胚→粉碎→淘洗→浸泡→煮制（液化）→发酵（糖化）→过滤→熬制→灌装

（二）操作要点

1. 玉米渣的制备

选用粉质玉米为原料，经清选去杂后，先用破碎机破碎，除去玉米皮和胚，然后再粉碎成小米粒大小的玉米渣。

2. 淘洗、浸泡

取100 kg玉米渣，用清水淘洗两遍，倒入浸泡缸内，加入150 kg水。将200 g淀粉酶、200 g氯化钙分别用温水溶解，倒入浸泡缸内，混合均匀，浸泡2 ~ 3 h。

3. 煮制（液化）

在大锅内加入100 kg水，然后将水烧开。把浸泡好的玉米渣从浸泡缸内取出，倒入沸腾的锅内进行煮制，继续加热至沸腾，再煮30 ~ 40 min，然后停止加热。在煮制过程中需不停地搅拌，以防煳锅。

4. 发酵（糖化）

向锅内加入90 kg左右冷水，搅拌均匀。待玉米糊的温度降到60 ~ 70 ℃时，加入预先用温水溶解的淀粉酶（冬天加200 g，夏天加300 g），搅拌均匀，然后把玉米糊转移到发酵缸内，60 ℃下发酵2 ~ 3 h。

5. 过滤

发酵完成后用细布袋将料液挤压过滤，过滤出的即为糖液，把糖液倒入熬糖锅。剩余糖渣含有相当高的蛋白质，可做畜禽饲料。

6. 熬制

用大火将糖液加热至沸腾，待沸滚的糖液呈现鱼鳞状时，改用小火熬制。当浓度达到35 °Bé时（若无波美度计，可用小木棍挑起糖液观察，其不滴汤而拔丝时，即符合要求），立即停止加热。也可根据用途的不同按实际需要熬制成相应的浓度。在熬制中要不断搅拌，避免煳锅，否则熬制出的饴糖颜色深，有苦味。

7. 灌装

熬制好的饴糖倒入缸内,充分冷却后,即可装在卫生、干燥的桶内。

二、玉米穗轴制作饴糖

秋收以后,玉米脱粒所剩下的芯称玉米穗轴,老百姓俗称"棒子骨"。用它深加工制糖,可变废为宝,为农民增加收入。

(一)工艺过程

干玉米穗轴→粉碎→浸蒸→一次加凉水拌匀→二次加凉水拌匀→淋麦芽浆→发酵→熬糖→成品

(二)操作要点

取干玉米穗轴 60 kg、大麦 12 kg、麸皮或谷糠 20 kg,先把玉米穗轴碾压或粉碎成豆粒大小的碎屑,然后用清水浸泡 30 ~ 60 min,入屉蒸。蒸前要在蒸箅上均匀地铺上玉米穗轴屑,并在上面盖一层麸皮,蒸 15 ~ 20 min 后,加凉水 5 kg 拌匀(两次),以产生大量的蒸汽而使玉米穗轴中的淀粉进一步得到糊化(两次蒸的时间约为 1 h),使玉米穗轴屑软化、熟透。停火后稍晾至不烫手时即可淋入预先制好的麦芽浆(将浸好的麦芽加入 15 ~ 20 kg 水,磨制成浆),再填入淋缸,微火保温 2 ~ 4 h,即可发酵转化成糖液。最后淋出糖液并入锅熬制成糊,待稠度浓厚时即成饴糖。

此法工艺简单,原料易得,可广泛应用于制药与食品加工。该产品为透明的淡黄色,呈浓稠状,具有纯正而柔和的甜味,制糖后的渣可做饲料。

三、玉米淀粉制麦芽糖浆

(一)工艺流程

淀粉浆→调浆→液化→糖化→除渣、脱色→过滤→离子交换→浓缩→成品

(二)操作要点

1. 调浆

将淀粉浆调节至适合液化的条件,加入高温液化酶,其浓度控制在 18 °Bé,浆液的 pH 值控制在 5.5 左右。

2. 液化

将调节好的淀粉乳通过喷射口与蒸汽充分接触,快速升温,使淀粉充分液化。

喷射温度为 110 ℃左右,闪蒸温度为 96 ℃左右,出料浓度控制在 33% 左右,出料 pH 值控制在 5.5 左右。

3. 糖化

利用糖化酶的作用将淀粉制成目标糖。料液采用高温巴氏灭菌后,经换热器降温至 60 ℃左右,添加糖化酶,并搅拌 20 min,同时控制料液的 pH 值。

4. 除渣、脱色

利用活性炭除去料液中的蛋白质及少量色素,使料液变得纯净透明。在不断搅拌的情况下,添加活性炭并控制脱色温度,脱色时间不少于 40 min。

5. 离子交换

利用离子交换树脂去除糖液中的离子。树脂还有吸附色素大分子的作用,可以达到去除离子和色素的作用。

6. 浓缩

采用多效蒸发系统,使糖液在较低的温度下蒸发掉水分,从而达到浓缩的目的。

四、玉米淀粉制果葡糖浆

(一)工艺流程

玉米淀粉乳→液化→糖化→过滤、脱色→离子交换→浓缩→异构化→二次离子交换→脱色→浓缩→果葡糖浆

(二)操作要点

1. 液化

将浓度为 20 ~ 22 °Bé 的淀粉乳用碳酸钠调节 pH 值至 6.0 ~ 6.5,倒入反应罐内,加入 α - 淀粉酶及一定量的氯化钙,快速加热至 90 ~ 95 ℃,保持一定时间,使淀粉完全糊化,碘反应呈棕色即可(若呈蓝色说明淀粉未完全糊化)。随即110 ℃灭酶5 min,冷却至 60 ℃,把料液输入糖化罐。

2. 糖化

将液化后的料液用稀盐酸调节 pH 值至 4.2 ~ 4.5,加入糖化酶,温度控制在 60 ℃,搅拌反应 60 h,使葡萄糖值(DE)达到 93 ~ 97。

3. 过滤、脱色

先将糖化液的温度升至80 ℃,然后用真空过滤器过滤,将脂肪、蛋白质等杂质除去。将澄清的料液送入有活性炭的料罐中,使料液与活性炭混合,在85 ℃条件下作用30 min,然后压滤除去活性炭,从而达到脱色的目的。

4. 离子交换

离子交换树脂采用阴阳两种,工艺为阳—阴—阳—阴4支离子柱串联,料液连续流经4支离子柱,依次交换离子。离子交换的目的是除去料液中的有机离子和无机离子。

5. 浓缩

浓缩是为了使异构化达到最好的效果。一般在异构化前先将料液通过浓缩蒸发器进行浓缩,浓缩后的料液浓度由原来的25%左右提高到35%~40%。

6. 异构化

异构化的作用是将料液中的部分葡萄糖转化成果糖,使料液成为果糖、葡萄糖的混合糖浆。采用丹麦固定化异构酶(Sweetzyme T)催化D-葡萄糖和D-果糖间的异构化反应。将其加入浓缩后的料液中,加入50 mg/L的镁离子作为稳定剂,进柱糖浆用氢氧化钠调pH值至7.5~7.8,温度为55~60 ℃。

7. 二次离子交换

二次离子交换的目的是除去料液中的杂质(包括在异构化时带进的一些离子)。使用的设备和方法与前次离子交换相同。

8. 脱色

将经过离子交换的果葡糖浆送入贮罐中,趁热加入活性炭,充分混匀,进行脱色处理,过滤后即可进行浓缩。

9. 浓缩

经过上述工序处理后的果葡糖浆,真空浓缩至糖液浓度为70%~75%,即得到含果糖42%的果葡糖浆。

如果将此时的果葡糖浆中部分葡萄糖结晶分离出去,可得到含果糖55%的果葡糖浆,再进行吸附分离可得到含果糖90%的果葡糖浆。

五、玉米制多糖

(一)工艺流程

玉米→整理去杂→粉碎过筛→超声辅助酶处理→离心取上清液→浓缩→醇沉→静置过夜→离心→沉淀加无水乙醇、丙酮、乙醚洗涤→离心→干燥→多糖

(二)操作要点

超声辅助酶提取多糖的最佳提取条件为超声作用时间 33 min,提取温度 59 ℃,纤维素酶添加量 1.23%,中性蛋白酶添加量 0.93%。按此工艺,玉米粗多糖提取率达 46.01%。该方法具有提取率高、工艺简单等优点,可为多糖的工业化生产提供理论基础。

第四节　玉米食品加工

随着人们健康意识的增强和各种专用型玉米的推广种植,玉米的营养价值和食用价值逐渐被重视,由于玉米含有谷胱甘肽这种特殊的抗癌因子及丰富的胡萝卜素和膳食纤维等,运用现代食品工程技术生产多种多样的玉米食品显得尤为重要。新型玉米食品主要包括早餐谷物食品、挤压食品、休闲食品和以特种玉米为原料制作的罐头食品、饮料等。

一、大楂粥

大楂粥就是用大颗玉米粒煮成的粥,东北地区俗称"大楂子粥"。它是东北的传统主食。改革开放后,因为生活水平提高,人们多吃精米细面,大楂粥逐渐被遗忘。如今,营养学上倡导吃"粗粮",大楂粥又受到了重视,成为了养生保健粥,摆上人们的餐桌。

大楂粥制作工艺简单,即将玉米籽粒加工成两瓣,成为大楂子,煮制时根据个人喜好添加其他配料(如芸豆、花生、薏米等)一起淘洗好,预先浸泡,待大楂子与配料充分吸水膨胀后,放进锅里,加水,大火加热,沸腾之后,改用小火,加热 2 ~ 3 h 后,整个屋里都会飘满粥的扑鼻香气。现在生活节奏快,制作大楂粥时更多的是使用高压锅,煮上几十分钟就好了。煮大楂粥时不要加食用碱,虽然加食用碱可以增

加大糙粥的黏稠度,也省时,但会破坏玉米中的维生素。

二、速溶玉米脆质薄片

速溶玉米脆质薄片是将玉米膨化粉调浆,用面包酵母发酵后,经滚筒干燥制成的多孔疏松并具有烤面包和爆米花混合香味的薄片食品。这种薄片复水性优良,用热水冲调成半流质或浓汤状即可食用,具有良好的口味且利于消化吸收。

(一)配方

玉米85%,活性干酵母3%,葡萄糖8%,食用大豆磷脂2%,脱脂乳粉或大豆蛋白2%。如加工混食强化型产品,则将玉米减为70%,食用大豆磷脂加至17%,其他不变。

(二)工艺流程

玉米→膨化粉碎→调浆→蒸煮、冷却→加食用大豆磷脂→胶磨→调制→发酵→灭酶→滚筒干燥→后处理→包装→速溶玉米脆质薄片

(三)操作要点

1. 调浆、蒸煮与冷却

将膨化粉碎的玉米粉置于调和机中加饮用水调浆,粉浆含固形物30%左右为宜,用浆泵打入蒸煮锅内,边加热边搅拌至料温为90~95 ℃时,保持30 min,充分糊化并冷却至45 ℃左右成粉浆糊。

2. 胶磨、调制

在粉浆糊中加入食用大豆磷脂,搅匀后用胶体磨进行两道超微细磨和均质,磨后加入活化的酵母、葡萄糖、脱脂乳粉或大豆蛋白,充分搅匀。

3. 发酵、灭酶

将调制好的粉浆糊置于发酵罐中,在温度35~40 ℃下发酵2.5~3.0 h。发酵是关键工序,发酵不足制品难以形成多孔疏松结构,影响复水性并难以生成面包特有的香味;发酵过分会使制品变酸。理论发酵终点应是葡萄糖耗尽。发酵后,将发酵物放入蒸煮锅内边搅拌边加热,至料温为85~90 ℃,保持30 min,使酵母失活。

三、速食玉米片

速食玉米片是将脱皮(包括胚芽和根冠)玉米粒蒸煮、压片、干燥制成的松脆

而有爆米花香味的薄片食品。片体厚度为0.5 mm左右，含水量为3%～5%。其组织膨化，具有良好的贮藏性和复水性，可以用开水、热牛奶、热豆乳、热咖啡冲调后食用，也可加入热米粥中食用。

（一）工艺过程

玉米→预处理→调制→蒸煮→平衡→干燥→辊压→微波照射→冷却（强化调味）→计量、包装→速食玉米片

（二）操作要点

1. 预处理

预处理是去除玉米籽粒的果皮、胚芽和根冠部分。干法脱皮制得的玉米粒中，胚芽很难除尽，制品复水后呈黑色，口感粗糙，一般不宜采用干法脱皮。湿法脱皮制得的玉米粒中留有的主要成分为胚乳，制品的营养价值高。

2. 调制

在去皮玉米粒中按质量加入0.5%～1.5%的甘油酯、蔗糖酯等乳化剂及等量食盐，以防蒸煮黏结和压片粘辊，并可提高制品的复水性和口味，注意充分搅拌均匀。

3. 蒸煮

在蒸煮锅中以压力0.15 MPa的蒸汽加热3 h，水分增至35%左右。

4. 平衡

蒸煮后的半制品输入调节罐，闷3～4 h，使之分布均匀。

5. 干燥

平衡后的玉米粒用慢速转轮分散，转入干燥机中，把水分含量降至20%左右，出料后，将料温调节到30～40 ℃时即压片。

6. 微波照射

用微波器对玉米片进行照射处理，使水分含量降低至5%左右，玉米片膨化并有爆米花的香味。微波照射比其他的传统加热方法效果好。

四、速调玉米豆芽粉

采用发芽的玉米籽粒、红小豆、绿豆为原料，经干燥、膨化等工艺可制成速调玉

米豆芽粉,这种产品含有一些有益的活性物质如维生素等,可溶性糖含量也有较大幅度的增加。因此,食用这种产品利于营养成分的消化吸收。速调玉米豆芽粉在国外被视为理想的幼儿喂养食品,制品具有适口的香味。

(一)工艺过程

玉米、红小豆、绿豆→发芽→去芽除皮→清洗→干燥→配料混合→膨化→粉碎→包装→成品

(二)操作要点

1. 干玉米芽制备

将玉米籽粒用清水冲洗漂净并浸泡6 h,浸后置于27~29 ℃条件下。在发芽期每天漂洗3次玉米籽粒并挑出霉坏粒,当发芽后质量达干玉米籽粒的200%时终止发芽。除芽、除种皮,并用清水充分漂洗,接着用沸腾干燥机将制品以小流量通过50~60 ℃低温热风,将制品干燥至含水量15%左右,即制得干玉米芽。

2. 干豆芽制备

方法基本同上,发芽时间控制在48 h,红小豆发芽后质量为干红小豆的250%,绿豆发芽后质量为干绿豆的400%。

3. 配料混合

将干玉米芽和干红小豆芽、干绿豆芽按一定的比例混合均匀。

4. 膨化、粉碎

混合配料经粗粉碎后用挤压膨化机膨化并粉碎成粒径为125 μm的粉体,进行无菌包装后成为产品。

五、速溶玉米糁

玉米糁添加食用多糖胶,经快速热胶化,再经滚筒干燥和冷冻粉碎即得颗粒状的玉米产品速溶玉米糁,食用时用开水冲调可迅速复水达到理想的黏度,并发出诱人的香味,具有传统的风味和组织结构。

(一)工艺流程

玉米→粗粉碎→玉米糁→调制→热胶化→滚筒干燥→粉碎→计量包装→速溶玉米糁

(二)操作要点

1. 粗粉碎

将玉米籽粒粗粉碎成玉米糁。

2. 调制

可选用1% ~3%羧甲基纤维素(CMC)作为食用多糖胶进行调制。

3. 热胶化

在玉米糁中加入水和食用多糖胶后,调制均匀,快速加热到90 ~ 100 ℃,保持30 s,有条件的可采用蒸汽喷射器进行喷射热胶化。

六、玉米薄片粥

挤压膨化技术可使玉米产生一系列变化,糊化之后的α - 淀粉不易恢复成β - 淀粉的粗硬状态,并能赋予产品独特的焦香味道。在玉米挤压膨化的基础上,通过切割造粒与压片成型可生产冲调复水性好的玉米薄片粥,产品质地柔和,口感爽滑,易于消化,并具有传统玉米粥的味道。

(一)工艺流程

原料粉碎→混合→挤压→造粒→冷却→压片→干燥→调味→包装

(二)操作要点

选取去皮脱胚的新鲜玉米籽粒,将原料用磨粉机磨至粒径为245 ~ 270 μm 。挤压前调节水分含量至16% ~25%,然后经螺杆挤压机挤出,切断成粒。挤出温度为140 ℃,螺杆挤压机转速一般为100 r/min。压片由一对辊筒完成,再烘干至水分含量为8%左右,调味后即可包装。

七、甜玉米加工

甜玉米是我国特种玉米育种新产品的代表,一般含糖量是普通玉米的3 ~ 6倍。根据含糖量和基因型的差别,甜玉米可分为普通甜玉米、加强甜玉米和超甜玉米3种。普通甜玉米含糖量为10% ~15%,水溶性多糖较多,具有糯性和良好的风味。在普通甜玉米的基础上引入加强甜基因,育成了加强甜玉米,改善了其甜度和风味。超甜玉米含糖量30%,极甜,采收后糖分转化为淀粉的速度慢,因此对收获期要求不十分严格。

甜玉米除含糖量较高外,蛋白质、氨基酸、脂肪、膳食纤维、维生素等成分含量都比普通玉米高。甜玉米是一种集粮、果、蔬、饲为一体的经济作物。甜玉米除“青苞上市”可直接供应市场外,需要迅速加工,以保持甜玉米的高含糖量和鲜嫩程度。甜玉米的产品有甜玉米罐头、速冻甜玉米、脱水甜玉米、甜玉米饮料、甜玉米笋罐头等。甜玉米罐头是世界上较大的蔬菜罐头品种之一,仅次于芦笋罐头。美国甜玉米罐头占全部加工产品的25% ~30%,速冻甜玉米占70% ~75%,脱水甜玉米占的比例较少。甜玉米罐头又分为整粒类型、奶油状(糊状)类型和整穗类型。近年来,整穗类型的罐头已被速冻甜玉米所取代。速冻甜玉米又分整穗速冻、段状速冻、粒状速冻等类型。普通甜玉米以整粒速冻为佳,超甜玉米则以整穗速冻为宜。

(一)甜玉米粒罐头

1. 工艺流程

原料采摘→冷却→剥皮、去须→脱粒→清洗→预煮→冷却→装罐→注汤→真空封罐→灭菌→保温、检验→包装→成品入库

2. 操作要点

(1)原料

采收成熟度适中、新鲜的甜玉米穗,籽粒柔嫩饱满,未受病虫害。

(2)冷却

带苞叶果穗的含糖量比去苞叶果穗稳定。为保证质量,甜玉米应及时采收、及时加工,若不能及时加工,应带苞叶低温保存。

(3)剥皮、去须

要求将苞叶和穗丝去除干净。

(4)脱粒

采用机器脱粒,操作时要及时调整刀具中心孔基准,保证甜玉米籽粒完整。及时清理脱粒机是工艺中的重要环节。

(5)清洗

要洗去碎的甜玉米籽粒及残留的穗丝和杂质。

(6)预煮

甜玉米籽粒在装罐前必须经预煮处理。预煮的主要目的有:第一,软化组织,

排除原料组织中的空气;第二,破坏酶的活性,稳定色泽,改善风味;第三,脱除甜玉米籽粒中的部分水分,使开罐时固形物稳定;第四,消灭部分附着于原料中的微生物。

预煮时可适量添加柠檬酸或食盐进行护色,将甜玉米籽粒放入85~95 ℃的水中预煮5~7 min,然后进行振动沥水或低速脱水。

(7)灭菌

灭菌是甜玉米粒罐头生产中最关键的工序。甜玉米粒罐头属于低酸性(pH值在4.5以上)食品,所以灭菌温度为121 ℃。甜玉米粒罐头灭菌时要在10 min内把灭菌温度提高到121 ℃,然后在121 ℃维持30 min,接着在10 min内逐渐降到40 ℃的冷却终了温度。

(8)保温

甜玉米粒罐头如灭菌不充分,或由原料及水将微生物带入罐内,在适合的温度条件下,一般在3~5 d微生物就会大量繁殖,使甜玉米粒罐内汤汁变浑甚至发臭。除少数嗜热耐酸芽孢杆菌、嗜热脂肪芽孢杆菌变质不产气体外,一般的腐败微生物都能产生气体,使甜玉米粒罐头"胖听"。试验证明,在25~37 ℃条件下,3~5 d可使存活有微生物的甜玉米粒罐头"胖听",用肉眼可及时发现并剔除这些罐头。保温检查简单易行,效果可靠。几天的保温检查对整批产品的品质会稍有不良作用,但利大于弊。

(二)甜玉米笋罐头

甜玉米笋罐头是一种果蔬类罐头,是以"笋用甜玉米"的幼嫩果穗为原料加工而成的一种特殊食品罐头。甜玉米笋含有维生素C、维生素B_1等主要维生素,各种游离氨基酸及钙、磷、铁等矿物质,以其为原料制成的罐头是果蔬类罐头中的"后起之秀"。

1. 工艺流程

原料采收→修整挑选→漂洗→预煮→冷却→装罐→加汤汁→排气→封口→灭菌→冷却→成品

2. 操作要点

从原料采收到罐头加工完毕,最好在12 h内完成。当日的剩余原料,须放入温度为0~4 ℃、相对湿度为90%~95%的冷库中存放,以便下次利用。

(三)速冻甜玉米

速冻甜玉米可以分为整穗、段状和粒状等不同速冻类型。这种甜玉米的加工是将新采收的果穗或脱下的籽粒置于－35 ℃以下迅速冷冻,经包装后冷藏。速冻甜玉米一年四季均可供应市场,不受种植季节限制。其解冻后食用时,可保持冷冻前的形态、色泽和适口风味。

一般采用的冷冻程序是将采收的果穗按长度和质量分级,剥去苞叶并刷洗清除残存穗丝,水煮12 min,然后在8 ℃水中冷却,再吹干表面水分以防冷冻时果穗表面结冰霜。将果穗放入冷冻库,在－35 ℃下冷冻8~10 h或用速冻机在－45 ℃下处理30~45 min即完成冷冻程序。将速冻的甜玉米包装后存入冷库。段状速冻甜玉米食用方便,受到消费者的欢迎,切段规格为5~7 cm不等。粒状速冻甜玉米的加工则需要增加脱粒工序。制作速冻甜玉米,原料用超甜玉米要好于用普通甜玉米。

在制作粒状速冻甜玉米时,可将其与青豌豆、胡萝卜丁组成三合一速冻蔬菜,使之色、香、味俱全,又有丰富的营养价值,也可以采用软包装降低成本。

值得注意的是,甜玉米采收后,若在常温下存放,含糖量会迅速下降。一般每天可以下降2%左右。因此,采收后的甜玉米应及早加工,以不超过12 h为好。采收后若在0 ℃的条件下存放,在带苞叶的情况下,含糖量可以保持得较好,但存放5~7 d后籽粒颜色劣变;在去苞叶的情况下,存放3 d后糖分将大幅度下降。若采收量较大不能及时加工时,可以将果穗带苞叶在0 ℃的冷库中暂存3~4 d。下面以整穗速冻甜玉米为例加以阐述。

1. 工艺流程

原料采收→预冷→剥苞叶、去须→分选→漂烫→冷却→速冻→分级包装→装箱→入库冷藏。

2. 操作要点

(1)原料采收

采摘时为了最大限度地降低原料的机械损伤,要带苞叶采摘。并在通风凉爽处短时存放,有条件的加工厂要将原料放置在临时冷库中,切不可堆积存放。从采摘到加工的时间一般应控制在5 h之内,这样能够最大限度地保证甜玉米本身的食用品质。

(2)分选

分选在输送带上进行。用于整穗速冻的半成品标准较高,分选剩下的其他甜玉米果穗可用于加工粒状速冻甜玉米。

(3)漂烫

漂烫是整穗速冻甜玉米加工过程中关键的工序之一。一般使用热蒸汽,热蒸汽温度控制在 105 ℃左右,时间为 10 ~ 15 min。漂烫的目的:第一,由于甜玉米果穗内存在多种酶,即使在低温下也不失活,而酶的存在可使甜玉米的营养遭到破坏,为此,必须在冷冻前进行漂烫,使酶失活;第二,可以杀死附着在甜玉米果穗表面的微生物及虫卵,确保加工食品的卫生与食用安全;第三,使甜玉米果穗组织内的空气排出,以降低冻结时冰晶形成的膨胀压;第四,排出甜玉米果穗内的空气,相应减小原料的氧化程度,有利于保存产品的色泽及营养;第五,防止甜玉米加工产品的老化。

(4)速冻

速冻是确保产品质量的决定因素。速冻时间越短,产品质量越好,反之,缓冻或慢冻时间越长,产品质量越差。玉米在冷冻时,要以最快的速度通过 -5 ~ 0 ℃这一最大的冰晶生成带,使玉米中绝大部分水分变成直径为 100 μm 以下的微小冰晶,并使中心温度达到 -18 ℃,从而最大限度地保持食品原有的色、香、味和营养价值。一般以在 -40 ℃以下的速冻机中迅速冷冻,使甜玉米果穗的中心温度在 0.5 h 以内达到 -18 ℃以下为最佳。

(5)分级包装

日本市场将整穗速冻甜玉米分成 4 个等级,一级重 310 g 以上,长 21 cm 以上,二级重 270 ~ 309 g,长 19.0 ~ 20.9 cm,三级重 230 ~ 269 g,长 17.0 ~ 18.9 cm,四级重 190 ~ 229 g,长 15.0 ~ 16.9 cm。

(6)冷藏

-20 ℃冷藏,随售随取。

（四）甜玉米粒蜜饯

1. 工艺流程

原料采收→剥皮→预煮→脱粒→糖制→糖浸→沥糖→烘烤→回软→质检→称重包装→入库

2. 操作要点

（1）糖制

糖制是制作甜玉米粒蜜饯中的主要工序。糖制的目的是使糖液均匀、快速地进入到甜玉米籽粒内并占据组织内的空隙，从而使甜玉米粒蜜饯饱满而富有弹性，色泽透亮，具有上佳的口感及外观。糖制甜玉米粒蜜饯采用速煮法效果较好，即把甜玉米籽粒放入浓度为33.0%的糖液中，煮沸10 min后马上捞出，如此再反复进行4次，每次提高糖液浓度10.5%，当糖液浓度达到85.5%时完成煮制全过程。热膨胀、冷收缩的多次交替进行，保证了甜玉米籽粒快速达到饱和状态，这样可在1～2 h内完成糖制全过程。

（2）烘烤

烘烤时先将烘房温度调节为50～55 ℃，烘制2～4 h，再把烘房温度调节为55～60 ℃，烘制10～12 h，烘至甜玉米籽粒水分含量为18%～20%即可。在整个烘制过程中要进行两次翻盘，并注意整个烘烤环境的通风除湿，使甜玉米籽粒烘烤均匀、快速。

（3）回软

烘制完毕的甜玉米籽粒，必须在密闭条件下放置20～24 h，以达到水分的平衡。未经回软的甜玉米籽粒由于各个籽粒间含水不匀，会在袋壁上蒙上一层雾甚至水珠而引起粘连，影响产品的外观及保质期。

（五）甜玉米饮料

1. 工艺流程

原料采收→剥皮→脱粒→打浆→过滤→脱气→均质→配制→灌装→封口→灭菌→保温→贴标→入库

2. 操作要点

(1)打浆

打浆的目的是提高出汁率,尤其是对于皮层较厚的甜玉米籽粒,打浆工序更是必要。打浆机由带筛眼的圆柱体及打浆器组成,甜玉米籽粒进入打浆机内,打浆器的桨或刷子旋转,使果肉、浆液从筛眼中挤出,而皮层从出渣口排出,筛眼规格一般为4~5 mm。

(2)脱气

脱气又称去氧或脱氧,是生产中必经的一道工序。脱气可减轻或防止甜玉米饮料中色素、维生素C和其他营养物质的氧化,防止品质降低;去除附着于悬浮微粒上的气体,避免微粒上浮;减少或防止装罐和灭菌时产生泡沫影响产品外观。一般使用真空脱气罐进行脱气,真空度为90.7~93.3 kPa。

(3)均质

甜玉米饮料在制作过程中必须经过均质。均质的目的是使不同粒子的悬浮液均质化,使甜玉米饮料保持一定的混浊度,不易产生沉淀。均质是通过均质设备,使饮料中所含的甜玉米悬浮粒子进一步破碎,大小均一,均匀而稳定地分散于甜玉米饮料中,保持饮料均匀的混浊度。均质设备主要是高压均质机,其操作压力为9.8~18.6 MPa。

(4)灌装

采用灌装压盖机组定量灌装并封口。

(5)灭菌

在灭菌锅中加热灭菌,灭菌条件为95 ℃、15~20 min,灭菌后迅速冷却至35 ℃以下,保温检查后,贴标签即得成品。

八、黑玉米的加工

黑玉米的轴、须、根、叶、粒都是常用中药。如玉米籽粒可调中开胃、益肺宁心,玉米须有健胃利尿之功效。黑玉米可制成各种风味罐头,也可制成黑玉米保健粉。黑玉米保健粉的主要特点为蛋白质含量高,被称为“黑色蛋白营养粉”;含硒量高,被称为“富硒营养粉”,它还可进一步加工制成黑玉米糕点、黑玉米面包等。

第五节 玉米副产品的综合利用

一、玉米胚芽的综合利用

玉米胚芽的质量占整个籽粒的10%～15%，是玉米籽粒中营养最丰富的部分，其中蛋白质占16.46%，脂肪占28.60%，纤维素占20.40%，糖类占33.27%，还含有19种氨基酸和Ca、Fe、Zn等矿物质。然而利用玉米生产酒精和淀粉的行业却将含有丰富营养物质的胚芽废弃。从玉米胚芽中可提取玉米胚芽油。玉米胚芽油富含人体必需的维生素E和不饱和脂肪酸，其油脂含量达80%以上，主要为亚油酸和油酸，其中亚油酸占油脂总量的50%以上。

（一）玉米胚芽压榨法制油

目前，常用的玉米胚芽制油方法与其他油料基本相同，有压榨法、直接浸出法和预榨浸出法。其中压榨法需要经强烈湿热处理（蒸炒），出油率约为84%。直接浸出法和预榨浸出法得率较高，但使用的己烷有一定的毒性。下面就压榨法进行阐述。压榨法制玉米胚芽油的生产工艺流程和其他油料一样，需要经过预处理、轧胚、蒸炒和压榨等过程。

1. 工艺流程

玉米胚芽→预处理（筛选、磁选）→软化→轧胚→蒸炒→压榨→毛油→水化脱胶→碱炼→水洗（两次）→脱水→脱色→过滤→脱臭→精炼玉米油

2. 操作要点

（1）预处理

用于榨油的玉米胚芽应具有一定的新鲜度。存放时间短的玉米胚芽，新鲜度高，用其制油出油率高，毛油色淡清亮，油品质量好。干法脱胚芽所得的玉米胚芽夹杂着一些淀粉，在榨油前应将其去掉，否则影响玉米胚芽的出油率。湿法及半湿法所得玉米胚芽纯度较高，出油率也高。

（2）软化

软化的目的是调节玉米胚芽的温度和水分，降低其韧性，使胚片薄厚均匀。软化时温度过高，会使蛋白质过早变性，使料胚过早失去弹性，不利于轧胚和蒸炒。

软化温度一般为 50 ~60 ℃,软化时间 25 min。

(3)轧胚

轧胚使胚芽破碎,使其部分细胞壁被破坏,蛋白质变性,利于出油。轧成的胚厚度一般为 0.3 ~0.4 mm,薄而不碎,不露油。进料要均匀。

(4)蒸炒

该工序是最重要的一个环节。料胚蒸炒的好坏直接影响油的质量、榨油效果和出油率。在该工序中,加热可以使蛋白质吸水膨胀、变性和凝固,打乱蛋白质内部的稳定状态,使其重新组合,使脂肪渗透到表面,同时降低了油的黏度,油脂从细胞中很容易流出,利于提高毛油质量。蒸炒工序中,出料温度为 105 ℃,出料水分含量 6% ~8%,蒸炒时间 90 min。

(5)压榨

现在常采用螺旋压榨机,靠压力挤出油脂。压榨时提高入榨温度,一方面利于降低水分含量,调整料胚的塑性,另一方面使料胚中的蛋白质充分变性,增强料胚的弹性,使压榨机榨膛内的摩擦力提高,提高出油率。

(6)水化脱胶

毛油中含有磷脂、蛋白质等杂质,这些杂质以胶体状态存在于毛油中,在加热过程中会产生泡沫,在碱炼中会使油脂和碱液乳化,影响毛油的精炼,所以必须进行水化脱胶。水化温度 75 ~80 ℃,加水量为油量的 5% ~10%,加水同时需要搅拌,加水后继续搅拌 1 h,沉淀 3 ~4 h,然后将磷脂混合物取出。

(7)碱炼

毛油中通常含有大量的游离脂肪酸,碱炼过程使游离脂肪酸和碱发生中和反应。碱炼过程的加碱量由理论用碱和超量用碱两部分组成,超量用碱量一般为油重的 0.5%,理论用碱量由公式($0.713 \times 10^3 \times$ 油重 $\times$ 酸价)计算得出。

碱液浓度根据毛油酸价的高低和毛油的色泽来确定,毛油酸价低用较稀的碱液,毛油酸价高用较浓的碱液,毛油色深时用较浓的碱液,毛油色浅时用较稀的碱液。

(8)脱色

碱炼后的玉米胚芽油还要用活性白土进行脱色,活性白土除吸附油脂色素以外,还能去除油脂中少量的皂脚等胶体物。由于活性白土吸附水的能力比吸附色素的能力更强,水分的存在必然降低脱色效果,所以脱色前必须脱水。脱水时真空度在93.3 kPa左右，油加热到80 ℃以上，水分含量由0.5%降到0.1%以下，脱色锅内水汽消失表示达到了脱水要求。脱色时，一般控制温度在90 ℃左右，真空度在93.3 kPa左右，活性白土加入量为油重的3% ~5%，脱色时间30 min。脱色完成后，使油温迅速下降到40 ℃以下，用过滤机尽快将油与脱色剂分离。

(9)脱臭

玉米胚芽油经过水化、碱炼、脱色后，除去了大部分游离脂肪酸、磷脂、蛋白质和色素，外观黄色透明，但还保留有玉米胚芽油特有的异味，主要由黏烯、醛、酮等可挥发性物质导致，因此可采用间歇式脱臭生产工艺去除异味。脱臭温度控制在170 ~180 ℃，真空度保持在101.2 kPa左右，脱臭时间8 h，能得到比较理想的去除异味效果。

(二)玉米胚芽水酶法制油

水酶法是近年来开始研究和应用的新的提油工艺，由于其条件温和，特别适合直接用于高水分含量的原料，所需能量少，提取的油具有较好的品质。该法与传统工艺相比有着无可比拟的优越性，且有利于物料的进一步综合利用。

1. 工艺流程

玉米胚芽→浸泡→热处理→沥干→粉碎→酶解→离心→玉米胚芽油

2. 操作要点

(1)浸泡

称取解冻的湿玉米胚芽，于0.2 mol/L的柠檬酸－柠檬酸钠缓冲液中浸泡30 min。

(2)热处理

把浸泡物置于蒸汽消毒器中进行热处理，将温度控制为110 ℃、时间为20 min。此工艺过程使胚芽的蛋白质、淀粉和其他化合物部分溶解，使胚芽组织结构疏松，有利于油脂的释放，同时可以使胚芽中的酶(如过氧化酶)失活。

(3)沥干

冷却后，过筛使之尽量沥干。

(4)粉碎

将沥干的玉米胚芽在30 ℃烘箱中鼓风干燥至含水量为7%以下，粉碎至粒径为400 μm左右。

(5)酶解

料液比1∶3,添加纤维素酶1%,反应pH值5.5,温度55 ℃,酶解时间6 h。

(6)离心

离心后得到游离油、乳化层、水解液及沉淀。首次离心后,小心取出游离油及乳化层,再次离心,尽可能地将乳化层中的油分离出来 。

近几十年发展起来的超临界CO_2萃取技术可用于玉米胚芽油的提取,该技术工艺简单、省时节能、无溶剂残留,且油的理化性质优于传统溶剂萃取的油。它利用超临界状态下CO_2流体的密度和介电常数较大的特点,通过改变压力和控制温度、萃取时间、CO_2流量等手段来调整超临界CO_2流体的溶解能力,可以选择性地萃取有效成分。由于超临界CO_2流体化学性质稳定、无腐蚀性、安全无毒、临界温度低,可提供一个低温、无氧的惰性环境,避免产物氧化和见光反应,无溶剂残留,因此很适合用于玉米胚芽油的提取。

玉米胚芽油可经精制氢化,制成食品专用油脂,此油脂可以制成人造奶油、起酥油等。

(三)玉米胚芽提取蛋白质

玉米胚芽的蛋白质大部分是白蛋白和球蛋白,其中的赖氨酸和色氨酸含量很高,且富含其他人体必需的氨基酸。从玉米胚芽中提取的蛋白质生物学价值达64%~72%,是一种较好的营养强化剂。有研究报道,提取时采用固液比1∶10,浸提温度45 ℃,浸提时间60 min,有较高的抽提率。

(四)玉米胚芽粕的利用

玉米胚芽粕是以玉米胚芽为原料,经压榨或浸提取油后的副产品,又称玉米脐子饼。除极个别品种属于蛋白质饲料外,大部分产品属于能量饲料。

玉米胚芽粕中含粗蛋白质18%~20%,粗脂肪1%~2%,粗纤维11%~12%。玉米胚芽粕中的氨基酸组成与玉米蛋白质饲料的水平相似,其虽属于饼粕类,但按国际饲料分类原则,大部分产品属于中档能量饲料。

干法制得的玉米胚芽粕中的粗蛋白质和粗纤维含量均低于湿法制得的玉米胚芽粕中的含量。

目前,利用浸出法制油得到的玉米胚芽粕经脱臭处理,是营养价值很高的食品加工原料,可在饼干、面包等食品中添加使用。玉米胚芽粕于饼干中添加能提高饼干的松脆度;于面包中添加达20%时可使面包的蛋白质含量大大提高,而面包的外观、膨松度、口感等均和未添加时无大差异。

二、黄浆水的综合利用

黄浆水是玉米生产淀粉的副产品,它含有丰富的蛋白质和其他营养物质,目前主要是干燥后作为饲料蛋白质添加到饲料中。如果对黄浆水进行深加工,可得到多种物质。

(一)提取玉米黄色素

玉米黄色素在玉米籽粒中的含量为0.1~9.0 mg/kg,主要由叶黄素、玉米黄质和隐黄质等类胡萝卜素所组成。这些成分在湿法生产玉米淀粉时随蛋白质一起被分离出来。玉米黄色素的提取可用正己烷、醋酸乙酯、酒精等溶剂萃取。萃取液真空蒸发即得玉米黄色素。玉米黄色素是一种天然的食品着色剂,它既是一种天然色素,又是生产保健食品的添加剂,这种天然色素已被欧美等许多国家批准为食用色素。玉米黄色素可以用于人造黄油、人造奶油、糖果和冰淇淋等食品的着色。玉米黄色素是一种油溶性天然色素,无毒安全,具有着色与营养强化双重功效,近年来受到欢迎。

(二)制备玉米醇溶蛋白

黄浆水中含有丰富的蛋白质,研究回收和利用黄浆水中的蛋白质具有重要意义。玉米的蛋白质可分为4种,即白蛋白、球蛋白、醇溶蛋白和谷蛋白。玉米醇溶蛋白有着独特的溶解性,它不溶于水,也不溶于无水醇类,但可以溶于60%和95%的醇类水溶液中。玉米醇溶蛋白由特殊的氨基酸组成,其分子中不仅存在着大量的疏水氨基酸,还缺乏含极性基团的氨基酸,同时还含有较多的含硫氨基酸,这就是玉米醇溶蛋白需要在高pH值中才能溶于醇类水溶液中以及它在低浓度盐溶液中产生沉淀的原因。玉米醇溶蛋白的提取方法是:将含有0.25%氢氧化钠的浓度为88%的异丙醇水溶液于60 ℃下浸提黄浆粉(黄浆水浓缩后,经板框过滤机除去水分,得到湿滤饼,滤饼破碎后经气流干燥即得),用离心机分离残渣,澄清的浸出液冷却到-15 ℃,醇溶蛋白沉淀于底部,将上层清液除去,在真空下干燥,得到玉米醇溶蛋白。此法获得的醇溶蛋白含有3%~4%的油脂,可用醇类水溶液重新沉淀,使油脂降至1%~2%。玉米醇溶蛋白具有很强的耐水性、耐热性和耐脂性。

在食品工业中,醇溶蛋白可以作为被膜剂,即以喷雾方式在食品表面形成一个涂层,可防潮、防氧化,从而延长食品货架期,将其喷在水果上还能增加水果光泽。

(三)制氨基酸

黄浆粉中含有40%左右的粗蛋白质,其中亮氨酸达7%～13%。采用浓缩技术将粗蛋白质含量从40%提高到80%以上,然后进行酸水解、树脂脱色、滤液真空浓缩,获得粗结晶后进一步精制,亮氨酸平均得率57%,纯度大于98.5%。

三、玉米浸泡液的利用

玉米籽粒中的大部分可溶性成分在浸泡工序中都溶解于浸泡液,一般浸泡液中含干物质6.7%,其中包括可溶性多糖、可溶性蛋白质、氨基酸、肌醇磷酸等。浸泡液可提取植酸、浓缩制取玉米浆。玉米浆可做饲料,也可用于生产抗生素、酵母及酒精。

(一)从浸泡液中提取植酸

在浸泡液中加入0.1%的石灰和0.01%的氢氧化钠搅拌10 min,会出现植酸沉淀,通过过滤提取沉淀物再精制即可得到植酸。

(二)利用浸泡液制取玉米浆

玉米浆为棕褐色、黏稠状液体,将浸泡液通过双效或三效蒸发器处理即可制得玉米浆,玉米浆既可以做饲料,又可用于制取抗生素、酵母等。

四、玉米皮渣的综合利用

玉米皮渣是玉米淀粉加工的副产品,主要成分是玉米种皮。因加工方法不同,其营养成分略有差异。玉米皮渣的主要营养成分见表2-1。其有效能值与小麦麸相近,可以代替小麦麸用作饲料。

表2-1　玉米皮渣主要营养成分

水分	粗蛋白	粗脂肪	粗灰分	粗纤维	无氮浸出物	钙	磷	消化能	代谢能
11.07%	7.79%	5.70%	1.00%	16.20%	57.45%	0.28%	0.10%	8.54 MJ/kg	5.19 MJ/kg

(一)制饲料酵母

玉米皮渣经挤压脱水,再经加热干燥,成为干皮渣。干皮渣经过粉碎,按比例与胚芽粕、蛋白质粉、玉米浆等其他副产品调成配合饲料。如果按配方要求向配合饲料中再加入适量蛋白质粉，可成为优质配合饲料。

玉米皮渣中糖类含量较多，达50%以上，其中五碳糖和六碳糖各占50%左右。利用玉米皮渣水解培养饲料酵母，可得到高蛋白单细胞酵母，这是利用玉米皮渣的有效途径。

1. 工艺流程

玉米皮渣（湿粉渣）→水解→中和→过滤→繁殖→离心分离→干燥→粉碎→包装

2. 操作要点

（1）玉米皮渣的水解

首先，将硫酸加入清水中，配成稀酸溶液，然后把被筛分出来的玉米皮渣装入水解反应器中，按固液比1∶10的比例加入清水。在玉米皮渣装料完毕时，加入事先配制好的稀酸溶液，使水解物料中硫酸浓度达到0.7%～0.8%。从反应器底部通入蒸汽，均匀翻动物料，逐渐升温到125～127 ℃，使水解完全。

（2）中和、过滤

水解液含有硫酸，可在水解液冷却后用氨水中和，使硫酸生成硫酸铵，作为下一步发酵的氨源。如没有氨水，可以用碳酸铵代替，但要注意中和过程会产生泡沫，要防止溢罐。中和终点控制在pH值为5.5左右。中和完毕进行过滤，滤出的残渣可作为饲料使用。

（3）繁殖

利用玉米皮渣水解液培养酵母，需要适宜的温度、酸度、培养基浓度等条件。饲料酵母生长繁殖最适宜的温度因菌种不同而异，但一般在28～30 ℃较合适。温度较高时，酵母繁殖速度加快，但是所得酵母易分解，超过36 ℃，酵母繁殖速度反而减慢。酵母繁殖过程中，大约每降解1 kg糖，要放出5 024 kJ热量。因此，在酵母繁殖过程中，应打开冷却水，以保证酵母在最适的温度下繁殖。

大多数酵母适宜的pH值为5.5，除了一些特殊的菌株适合在低pH值中繁殖以外，一般的菌株在pH值为3时生长缓慢，细胞蛋白质发生分解，影响酵母质量。当pH值大于6时，能促使胶体沉淀，有利于酵母生长，但高pH值会使酵母色泽变深，繁殖过程中泡沫增加。

酵母繁殖过程中,糖浓度和酵母的转化率成反比,如果饲料生产时培养基糖浓度为2%,酵母的转化率能达45% ~50%。所以,在饲料酵母培养时,必须稀释水解液,使水解液的糖浓度适合饲料酵母的生长,并在繁殖过程中及时加入较高浓度的水解液,排出成熟的醪液。

(4)离心分离和干燥

发酵完毕的成熟醪液中含有0.2% ~0.3%的残糖和10 g/L的酵母菌体(以干物质计)。通过第一级酵母离心机使酵母浓度浓缩到7% ~9%,除去醪液。浓缩酵母液的20% ~30%返回发酵生成过程,其余70% ~80%的浓缩酵母液用水稀释2~3倍后进入第二级酵母离心机进行洗涤,除去洗涤水,获得酵母浓度为9% ~10%以上的浓缩酵母液。然后可直接通过压滤机滤去水分,得到含水分75%左右的压榨酵母,做配合饲料用。如需将酵母送往远处,则应将二级分离的酵母液采用滚筒蒸汽干燥法进行干燥,将水分干燥到10%以下。滚筒蒸汽干燥机表面温度在140 ℃,酵母液在其中经干燥后,从滚筒上刮下,再经粉碎,即可包装出厂。

饲料酵母含有45% ~50%的蛋白质,可作为蛋白质饲料添加到配合饲料中,具有和鱼粉相同的功效。试验表明,在猪饲料中加入10%的饲料酵母,可使猪增重15% ~20%,饲料耗重减少10%,肉质成品蛋白质含量相应提高,其效果超过豆饼、玉米等精饲料;饲料酵母用于奶牛饲料中,每千克饲料酵母可增产牛奶6~7 kg,奶汁中脂肪含量提高0.4% ~0.7%;饲料酵母用于鸡饲料,可使鸡加速生长,提高产蛋率和孵化率。此外,对貂、狐狸等使用饲料酵母可改善其皮毛质量,使皮毛光洁挺拔,并可促进其繁育,发育效果良好。饲料酵母的添加量应是饲料中各种蛋白质总量的25%,或是饲料总质量的5%,但幼畜幼禽应适当采用,饲料酵母用量不宜超过10%,否则有可能对动物生长产生不良影响。

(二)提取可溶性膳食纤维

可溶性膳食纤维是一种具有保健功能的特殊食品,可以补充人体所需的膳食纤维,清除体内垃圾,起到防止便秘等功效。玉米皮渣中的可溶性膳食纤维主要是半纤维素,若将其作为食品添加剂,可以发挥其生理活性,其口感也比不溶性膳食纤维好。

1. 工艺流程

玉米皮渣→粉碎→恒温浸泡→调温度、pH(60~70 ℃,pH=6.5)→酶解→灭

菌→洗涤离心→沉淀→烘干称质量(105 ℃)→不溶性膳食纤维→上层清液→过滤→烘干称质量→可溶性膳食纤维

2. 操作要点

(1)玉米皮渣的预处理

将玉米皮渣粉碎至粒径为 400 μm 左右,用无水乙醇浸泡洗涤除去蜡质。

(2)酶解

采用α-淀粉酶、木瓜蛋白酶和纤维素酶混合酶解,其比例为1.0: 0.8: 2.0,添加量为3%,酶解12 h,酶解温度50 ℃。酶解过程中用搅拌装置匀速搅拌,保证酶与原料充分接触,以反应完全。

用酶制剂酶解玉米皮渣,可使淀粉、脂肪、蛋白质降解后被除去,方法简便易行,不需特殊设备,投资少,污染少,且产品得率高。精制玉米纤维的半纤维素含量为60% ~80%,这种膳食纤维具有多孔性、吸水性好,若添加到豆类制品和肉类制品中,能保鲜并防止水渗出;用于粉状制品(汤料)中可做载体;用于饼干生产中可使生面易成型,以2%的比例添加于饼干中可使饼干口感良好。

五、玉米须的综合利用

玉米须是玉米的花柱及柱头,含有多种活性成分,如生物碱、肌醇、甾醇、多糖、皂苷等。现代药理研究证明玉米须提取物有降血糖、抗癌、抑菌、增强免疫功能等作用。因此,提取玉米须中的功能成分能使农业副产品得到更有效的利用。

(一)玉米须提取多糖

1. 工艺流程

玉米须→整理去杂→粉碎过筛→超声波辅助酶处理→离心取上清液→浓缩→加95%乙醇沉淀→静置过夜→离心→沉淀加无水乙醇、丙酮、乙醚洗涤→离心→冷冻干燥→多糖

2. 操作要点

称取玉米须粉,按一定比例加入蒸馏水,再添加纤维素酶1.35%、中性蛋白酶1.14%,超声波作用温度64 ℃、作用时间30 min,离心取上清液,减压浓缩后加入3倍体积的95%乙醇沉淀,静置过夜后离心,将沉淀用无水乙醇、丙酮、乙醚洗涤3次后离心,置于真空冷冻干燥机中干燥后即得产品。采用超声波辅助酶法提取技术

不仅可以节约提取时间,还可以提高产品的产量。

(二)玉米须提取皂苷

1. 工艺流程

玉米须→乙醇提取→离心取上清液→浓缩→加正丁醇→萃取→上层液→减压蒸馏→少量甲醇溶解→10倍体积丙酮→离心分离→沉淀物→烘干→大孔树脂纯化→皂苷纯品

2. 操作要点

称取玉米须粉,按一定比例加入浓度为60%的乙醇溶液。在60 ℃下超声波作用30 min,冷却后在转速为4 000 r/min的条件下离心20 min,将上清液浓缩至50 mL,用等体积饱和正丁醇溶液萃取过夜,取萃取液浓缩至呈褐色黏稠状时冷却,加入尽可能少的甲醇溶解,再加入10倍体积丙酮充分搅拌使之产生沉淀,离心分离后,将沉淀烘干,经D101大孔树脂纯化后,冷冻干燥即得玉米须皂苷产品。

六、玉米芯的综合利用

玉米芯是玉米果穗脱去籽粒后的穗轴,一般占玉米果穗的20% ~30%。玉米芯营养比较丰富,含有粗蛋白质、粗脂肪、粗纤维等,具有较高的可利用价值。我国每年有大量玉米芯被丢弃或当作燃料烧掉,造成很大浪费。若将其适当加工,就会变废为宝。

(一)玉米芯制作饲料

据测定,玉米芯含糖54.5%、粗蛋白质2.2%、粗脂肪0.4%、粗纤维29.7%、矿物质1.2%,玉米芯用粉碎机粉碎后是一种很好的猪饲料。喂猪前,先用水浸泡玉米芯粉,使之软化,然后按8% ~10%的比例掺在日粮中,此法不仅节省饲料,且对扩大猪胃容积等有良好的作用。

(二)玉米芯做农作物栽培料

随着科技发展,用玉米芯做营养钵培育农作物,既轻松又方便,而且投资低。其具体做法如下:选择直径1.5 cm以上的玉米穗轴,把柄和尖端用刀切断,用竹签或铁棒把玉米穗轴内芯钻空,再用钢刀把钻空的玉米穗轴按1.5 ~2.0 cm厚度切断,然后把已切成圆柱形的玉米芯营养钵用0.5%磷酸二氢钾水溶液浸泡24 h以上,准备好上述一切程序即待播种。

为了使苗壮、发芽率高，在播种前必须将种子晒干，使其含水量一致。然后，用清水漂去霉烂不饱满的种子，用0.2%磷酸二氢钾水溶液浸泡10 h左右，待种子吸足一定量水分后用清水漂洗一遍，即可将种子播入玉米芯营养钵穴内，最后用细泥土覆盖种子，就可送入温室或直接放入小拱棚内覆土催芽。在催芽期间，要经常给玉米芯营养钵喷水，以保持湿度，从而提高秧苗成活率，使苗壮、整齐一致。待苗长到二叶一心时，应立刻移栽使根系早日生达土壤。玉米芯营养钵施入土壤后，长期被氮肥浸蚀，易腐烂，不会影响农作物根系生长。

实践表明，利用玉米芯代料生产食用菌得到了广泛的应用。将玉米芯破碎后加入其他配料发酵，可栽培香菇、草菇、木耳、鸡腿菇、杨树菇等多种食用菌，特别是栽培平菇、金针菇效果更佳。以玉米芯为原料生产食用菌，成本低，产量高，质量优，效益好。

（三）玉米芯提取木糖醇

木糖醇属于多元醇，为白色晶体，易溶于水及乙醇中，其甜度高于蔗糖。玉米芯中含有30%～40%多缩戊糖，是制取木糖醇的良好来源。木糖醇易被人体吸收，代谢完全，不刺激胰岛素的分泌，不会使人体血糖急剧升高，是糖尿病人理想的甜味剂。木糖醇广泛用于国防、医药、塑料、皮革、涂料等方面。用玉米芯提取木糖醇，可提高玉米的经济效益，同时可减少环境污染。

1. 工艺流程

玉米芯→粉碎→预处理→水解→过滤→中和→过滤→洗涤→脱色→过滤→蒸发→木糖浆→纯化→氢化→脱色→浓缩→结晶→分离→成品→包装→贮存

2. 操作要点

（1）粉碎

将无杂质、无霉变的干玉米芯用清水洗净后干燥、粉碎。

（2）预处理

将粉状玉米芯投入处理罐内，加入4～5倍量的清水，用蒸汽间接加热至120 ℃，保温搅拌2.0～2.5 h，趁热过滤，滤渣用等量的清水洗涤4～5次，可得滤渣。

（3）水解

把滤渣放入水解罐内，加入3倍量2.0%的硫酸，搅拌均匀。用蒸汽将水解罐加热至罐内沸腾，当温度达100～150 ℃时保温搅拌，使其水解2.5～3.0 h，并趁热过滤，使水解液降温至75 ℃。

(4)中和、洗涤

向水解液中加入15%的碳酸钙悬浮液，调pH值为3.6，保温搅拌1.5 h后冷却至室温，静置12～16 h，抽滤或离心分离，再用清水洗涤滤渣2～3次，合并滤液。

(5)脱色

间接加热滤液，当温度达到70 ℃时，加入5%活性炭，保温缓慢搅拌1 h，趁热过滤，此时过滤液的透光度应达到85%以上，木糖浓度为70%～75%。

(6)蒸发

将脱色后的过滤液注入蒸发器内，用蒸汽加热蒸发其水分，当木糖含量达85%以上时停止加热，冷却至室温，过滤可得木糖浆。

(7)纯化

已蒸发浓缩的木糖浆先后流经732型阳离子交换树脂和阴离子交换树脂(一般阳、阴离子交换树脂比例为1.5∶1.0)，可得96%以上的无色透明流出液，流出液的pH值应不呈酸性。

(8)氢化

将上述纯化后的流出液稀释成木糖含量为13%左右的木糖液，然后用碱液调节pH值为8。用高压泵将流出液打入混合器，同时注入氢气，再打进预热器，升温至90～92 ℃，已预热的混合液再用高压泵打入反应器，继续升温至120～125 ℃，使用氢化催化剂(活性镍)进行氢化反应，所得氢化液流进冷却器降温至室温，再送进高压分离器，可得木糖醇含量为13%左右的氢化液，将氢化液再经常压分离器进一步除去剩余的氢气，最后可得折光率15%、透光度85%以上的无色或淡黄色透明液。

(9)脱色

将透明液移入夹层脱色罐内，并加热至80 ℃左右，在不断搅拌下加入5%活性炭，保温40～60 min，然后趁热过滤，可得脱色液。

(10)浓缩

把热脱色液移入夹层蒸发器中，用蒸汽加热浓缩，当蒸发液的折光率为60%时停止加热，趁热过滤，可得木糖醇含量为50%以上的浓缩液。

(11)结晶

将浓缩液移入另一夹层蒸发器中,继续加热浓缩至折光率为85%左右,此时木糖醇含量可达90%以上,然后把浓缩液降温至80 ℃,移入结晶器内,以每小时1 ℃的降温速率进行木糖醇结晶。当浓缩液温度降至40 ℃时,进行离心分离,分离液进入下一个夹层蒸发器中浓缩,并可得含木糖醇96%以上的白色晶体(成品)。

(12)贮存

把木糖醇晶体装入防潮、无毒塑料袋中,放在干燥、通风处贮存。

另外玉米芯还可以制取葡萄糖、饴糖,酿酒,发酵产生L－乳酸。玉米芯还可以制取糠醛,糠醛是一种优良的选择性溶剂,也是有机合成化学工业主要原料之一,其用途很广,可用于生产橡胶、塑料、农药、医药、涂料、化学试剂和各种助剂。

七、玉米秸秆的综合利用

(一)玉米秸秆制淀粉

选用新割下的玉米秸秆(陈秸秆含水量低不易剥皮),剥去硬皮后,将秸秆内的白瓤切成细片。切好的白瓤用清水浸泡至充分吸水泡胀。将浸好的白瓤用蒸锅蒸透,然后加适量水搅成糊状,再煮片刻。向糊状浆料中加适量清水,搅拌均匀后用细筛过滤,去除粗纤维和皮渣。将滤液装入布袋内,然后压榨,用适量清水清洗后,再次压榨,即得湿淀粉。每100 kg玉米秸秆可制得湿淀粉约80 kg。另外还可以将切好的白瓤放在锅内用文火炒至黄色,然后用石磨碾碎,再用细筛筛分,细粉可用于加工食品,筛出的粉渣可用来制作饴糖、酿酒或加工饲料。

(二)玉米秸秆制饴糖

选用新鲜纯绿色的玉米秸秆,截取下端5节以内含糖量较高的秸秆。先用铡刀将秸秆铡成约3.3 cm长的小段,然后用石磨磨成碎屑。向磨碎的粉料中添加麸皮、谷糠或高粱壳,拌和均匀后摊入笼屉中汽蒸约30 min,使秸秆的外皮和秆心完全软化。如果软化程度不够,可加入20 kg凉水,利用蒸汽焖透秸秆。蒸透后,出屉摊晾到60～65 ℃。再将大麦芽粉碎,加适量水浸成麦芽乳,拌入晾凉的料醅中,填放到瓷缸中,再加入75 ℃的热水,密闭保温一昼夜。将糖化好的料醅用滤布压滤取浆,滤渣加适量清水冲洗再压滤。滤液用细滤布精滤后放入夹层锅内,通蒸汽加热熬煮浓缩，至糖浆呈稀糊状时，取出冷却，即为饴糖。绿玉米秸秆 110 kg，大麦芽 23 kg，麸皮、谷糠或高粱壳 20 kg，75 ℃热水 50 kg，可制得饴糖约 35 kg，成品饴糖含糖量 40%左右。

（三）秸秆还田

还田是目前最直接也最容易实施的秸秆利用方式。还田之后，秸秆在土壤中通过微生物作用缓慢分解，释放出其中的矿物质养分，供作物吸收利用；分解时形成的有机质、腐殖质又可为土壤中微生物及其他生物提供养料，从而有效改善土壤结构，增强土壤肥力。土壤中微生物活跃，土壤系统生态平衡稳定，土地生产力就会稳固提高。

1. 直接还田

收获玉米籽粒后，先用秸秆粉碎机将秸秆打碎，再用深耕犁翻压，将粉碎后的秸秆埋于地下。

2. 高温堆肥

高温堆肥是将秸秆粉碎后洒水堆压，利用堆压产生的高温促进纤维素降解的生物转化过程。高温堆肥是秸秆利用的重要方式，是增强土壤肥力的有效方法之一。秸秆经高温堆压处理后，秸秆内的粗纤维成分分解，产生小分子的糖、醇等，并有一种特殊的肥香味，对土壤微生物的生长与繁殖、土壤理化性状改善、有机质含量增加均有着不可估量的作用。高温堆肥时辅之以禽畜粪便或生物菌肥等可以加速秸秆的分解腐化，提高堆肥效率。这样处理的秸秆，腐熟快，腐解充分完全，外观呈黑色，肥味浓，农民常称之为“有劲”。在堆肥的同时，添加适量的杀虫剂，可有效杀灭隐藏于秸秆内的蛴螬、金针虫等害虫。

3. 过腹还田

过腹还田指秸秆经过适当处理以饲料方式经过大牲畜消化降解，再以粪肥方式还入田中。这在农业机械化不太发达的山区乡镇仍是一种秸秆还田的主要方式。秸秆在大牲畜肠胃中经各种体内酶及微生物的降解，大分子碳氮化合物变为小分子，不能作为营养被吸收的剩余物质以粪便形式排出，其含氮量较高，微生物数量也大，还田的增产效果明显。秸秆过腹产生的肥料在改良土壤理化性状、增加土壤有机质含量方面，有着化学肥料不可替代的作用。

4. 秸秆饲料

玉米秸秆中含有丰富的碳水化合物、蛋白质、有机酸、醇类、脂类及无机矿物质等。经适当方式处理后，其适口性较好，营养价值也大为提高，因此玉米秸秆是发展畜牧业的良好原料。玉米秸秆作为饲料被利用后，其副产品粪便又是上好的肥料。

（1）青贮饲料

玉米收获后将青绿色的玉米秸秆经粉碎机粉碎，贮存于特定设备中充分压实，密封在无氧条件下，经发酵成青贮饲料。青贮发酵后的饲料松软可口，营养丰富，易被牲畜消化吸收，是优良的冬季饲料，为饲养牛、马、骡、驴等大牲畜之必备饲料。

（2）氨化饲料

氨化饲料是为适应牲畜营养及适口需要而采取特殊加工方法制成的饲料。将秸秆粉碎后按比例加入氨水或尿素，堆入氨化池进行氨化。秸秆经氨化处理后，气味微酸芳香，适口性好，牲畜喜食，消化率比普通秸秆饲料增加20%左右，是目前肉制品及奶制品产业的一种重要饲料来源。目前，奶制品产业采用氨化饲料取得了比较好的经济效益。

5. 生产食用菌

将玉米秸秆粉碎后按比例加入磷肥、氮肥、石灰及水，堆闷发酵，料内温度控制在60～65 ℃，每2～3 d翻一次以保证原料发酵均匀。发酵约半个月后，发酵好的熟料可装袋生产食用菌如平菇、鸡腿菇、蘑菇等，其生物转化率可达70%～100%。用后的废料可作为农家肥还田。

6. 秸秆产生能源

据测定，每公顷玉米秸秆平均可产热能1.26×10^{7} kJ，相当于3.8 t煤产生的热量。玉米秸秆是一个巨大的资源库，可以在很大程度上弥补能源的不足。秸秆可燃性好，但直接燃烧秸秆不仅利用效率低，而且污染环境。传统的直接以秸秆燃烧取暖或做饭的利用方式已不适应建设社会主义新农村的需要。秸秆可以被转化为固态、液态、气态燃料，美国等国家已研制成的螺旋式秸秆成型机械，在国际市场上受到广泛欢迎。将秸秆气化以及转化为酒精燃料等是秸秆利用的新方式。

（1）秸秆气化

将秸秆粉碎后放入气化炉，通过高温加热使之热解，产生的CO_2、H_2、CH_4等可燃性气体经风机送入储气柜,再分流到用户。另外,适合家庭使用的小型气化炉技术业已成熟,实用性较好,在有的地方已经普及。将秸秆粉碎后混入禽畜粪便等有机垃圾,填入沼气池,产出的沼气可用于做饭、照明等,这也是将秸秆作为能源利用的一种方式,并且是一种比较经济简便、干净卫生的方式。

(2)酒精燃料

将高糖分秸秆直接粉碎进行发酵,生产乙醇,再进一步脱水后与汽油混合成为乙醇汽油。乙醇汽油可替代汽油使用。这是一种环保的秸秆利用方法。

7. 秸秆造纸

秸秆纤维素含量高,是很好的造纸原料。用玉米秸秆生产的包装材料体积小,质量轻,压缩性好,可降解,无污染。造纸是一种可大力发展的玉米秸秆工业化利用方法。

八、苞叶的利用

(一)玉米苞叶制淀粉

选择无霉烂的玉米苞叶,新采收的或干的均可,将老嫩苞叶分开。将玉米苞叶用清水洗净,再放入水中浸泡 8 h 左右。新采收的绿色苞叶,可不浸泡。取相当于苞叶质量 2.5% 的纯碱放入沸水中溶解,然后将苞叶投入,加热煮沸 3 h 左右并定时搅拌,至苞叶可用手搓成丝时捞出苞叶,用清水淋洗去除碱液。煮透的苞叶放入缸内,用木棒捣烂,再加入适量清水搓压,使淀粉与纤维素分离,然后用清水搓洗,再用粗、细筛滤除纤维。滤液装入白棉布压滤袋中压榨去水,得到糊状淀粉。将糊状淀粉放入清水中清洗、沉淀,再用水冲洗,再次沉淀后放入压滤袋里压榨,得湿淀粉。每 100 kg 干玉米苞叶可得湿淀粉约 120 kg,此淀粉可用作食品和其他工业原料,也可作为精饲料。

(二)玉米苞叶编织工艺品

玉米苞叶编织的工艺品种类很多,主要有提篮、地毯、挎包、坐垫、礼帽、中国结等。不同种类工艺品的编织方法大同小异,只是用料的多少和花样不同而已。

1. 工艺流程

玉米苞叶→挑选→熏白→选料→染色→纺经→编织

2. 操作要点

(1)挑选与贮存

用来编织工艺品的玉米苞叶必须是白色、不发霉且软硬厚薄适宜的。在收获时去掉玉米外面一层老苞叶和紧贴玉米籽粒的嫩苞叶,中间部分便是理想的编织原料。苞叶选好后应注意及时晒干,然后捆成大捆,放在干燥通风且不易熏黑的地方。

(2)熏白

熏白的目的是提高玉米苞叶的白净度和编织性能,保持所编织产品的天然色泽。熏白的方法是用陶缸进行硫黄熏制。首先向要熏白的玉米苞叶上洒少许清水使其湿润,将放在碗内的硫黄点燃后放入缸底,用铁丝网或竹编制品罩住,然后将玉米苞叶松散地放入缸内,12 h 后可启封。硫黄的用量一般控制在每千克玉米苞叶使用 20 克。

(3)选料

将熏白的玉米苞叶分为两大类,纺经用的一般是小的、短的、软的、色泽稍差的;用于编织的选用大的、长的、色泽白的。将苞叶捆成小捆,放入塑料袋内,以免干燥。

(4)染色

为编织不同图案,将玉米苞叶染成红、黄、蓝、黑等不同颜色。

(5)纺经

将拣好的纺经皮剪去毛尖,然后用简易的小纺车纺成经绳,添皮时就将苞叶撕成 1 cm 左右的条子,光面向外,纺成直径约 2. 5 mm 的经绳。经绳表面应光滑无刺。

(6)编织

“编”就是用一根或几根原料按一定规律盘绕、掩压以构成无明显经纬分别的形式。“织”则要先立经,然后逐渐编纬。编织方法有平编、绞编、勒编、扣编等,编织时配以不同颜色的苞叶设计成五彩的图案。

第三章　大豆加工技术

大豆属一年生草本植物，原产我国，是一种种子含有丰富蛋白质的豆科植物。大豆根据种皮颜色和粒形分为五类：黄大豆、青大豆、黑大豆、其他大豆（种皮为褐色、棕色、赤色等单一颜色的大豆）、饲料豆（一般籽粒较小，呈扁长椭圆形，两片子叶上有凹陷圆点，种皮略有光泽或无光泽）。我国生产的大豆绝大部分是黄大豆，因此老百姓习惯称大豆为黄豆。黄大豆可以做成豆腐，也可以榨油或做成豆瓣酱；黑大豆又叫乌豆，可以入药，也可以充饥，还可以做成豆豉；其他颜色的大豆都可以炒熟食用。我国至今已有几千年的大豆种植史。现在大豆于全国普遍种植，在东北、华北、陕、川及长江下游地区均有出产，长江流域栽培较多，以东北大豆质量为最优。世界各国栽培的大豆都是直接或间接由我国传播过去的。大豆由于营养价值很高，被称为"豆中之王"、"田中之肉"、"绿色的牛乳"等，是数百种天然食物中最受营养学家推崇的。

第一节　大豆的营养成分及抗营养因子

一、大豆的营养成分

大豆的营养成分丰富，是植物性食物中唯一能与动物性食物相媲美的高蛋白、高脂肪、高热量的食物。

（一）蛋白质

大豆含35%～40%的优质蛋白质，是植物蛋白质的最好来源，其中东北大豆约含43.2%的粗蛋白质。按40%蛋白质含量计算，1 kg大豆的蛋白质含量相当于2.3 kg瘦猪肉或2 kg瘦牛肉的蛋白质含量，因此大豆有"田中之肉"的美誉。从大豆蛋白的氨基酸组成来看，大豆中除蛋氨酸以及胱氨酸含量略少外，其他氨基酸的含量都比较全面合理，尤其是与儿童生长发育密切相关的赖氨酸含量远高于谷类食物。食用大豆食物时应注意与含蛋氨酸丰富的食物搭配,如米、面等谷类及蛋类,这样可以提高其蛋白质的利用率。

(二)脂肪

大豆含15%～20%的脂肪,是重要的油料作物,其中东北大豆约含15.9%的粗脂肪。大豆油约含85%的不饱和脂肪酸、50%的亚油酸,有很好的降血脂、保护心血管作用,是优质食用油。美国新近一项分析表明,每天摄入30～50 g大豆能显著降低血清胆固醇、低密度脂蛋白胆固醇、三酰甘油水平,而不影响高密度脂蛋白胆固醇水平。另外,大豆油脂中还含有1.8%～3.2%的磷脂,能降低血液中胆固醇含量和血液黏度,促进脂肪吸收,有助于预防脂肪肝和控制体重,并且有溶解老年斑、促进腺体分泌等多种功能。同时磷脂是优良的乳化剂,在大豆制品特别是大豆饮料的稳定性和口感方面起着非常重要的作用。

(三)碳水化合物

大豆中的碳水化合物含量达20%～30%,其中约有一半为不能被人体消化和吸收的水苏糖和棉籽糖,因此,大豆制品是糖尿病患者的优良食物。大豆中的碳水化合物除淀粉和蔗糖外都难被人体消化和吸收,且在人体肠道细菌的作用下会发酵产生二氧化碳等,可引起腹胀。

(四)矿物元素与维生素

大豆除了含有大量的蛋白质和脂肪外,还含有人体必需的各种矿物元素,且其含量远远超过作为主食的大米和玉米。每100 g大豆中含钙200～300 mg,含铁6～10 mg,还富含磷、锌、钾、钠、镁、铜、锰等多种矿物元素,总含量一般为4.4%～5%。大豆是植物性食物中矿物元素的良好来源。其中东北大豆中矿物元素含量顺序是K > P > Mg > Ca > Fe > Rb > Mn≈Zn > Si≈Na≈Al≈Ba≈Ni≈Cu,有益微量元素B、Mo和Se含量在10～2 000 ng/g之间,Fe、Mn和Zn含量达到20～80 μg/g。每100 g大豆中含维生素B_1 0.3～0.8 mg,维生素B_2 0.15～0.40 mg,大豆中维生素B_1、维生素B_2的含量是谷类食物中含量的数倍,但大豆中的这两种维生素在加工过程中由于受热、精制或氧化等多被破坏或除去,很少转移到产品中。除此之外,大豆中还富含维生素E,在体内可以起到抗氧化作用。

二、大豆的抗营养因子

大豆中含有多种抗营养因子,如果加工不当会引起大豆食品的营养价值下降及风味品质劣变,食用这种大豆食品后会引起一些身体不适症状。大豆中抗营养因子有以下几种。

(一)蛋白酶抑制剂

蛋白酶抑制剂存在于一些植物中,其对蛋白酶有一定抑制作用。大豆中存在一定的蛋白酶抑制剂,可抑制蛋白酶的活性,尤其是以抗胰蛋白酶因子为最多,对人体胰蛋白酶的活性有部分抑制作用,会妨碍人体对蛋白质的吸收。钝化蛋白酶抑制剂的有效方法是常压蒸汽加热 30 min,或 98 kPa 下蒸汽加热 15 ~ 20 min,或用水浸泡大豆至含水量 60% 时水蒸 5 min。

(二)脂肪氧化酶

大豆中含有的脂肪氧化酶活性很高,当大豆的细胞壁破碎后,只需少量水分,脂肪氧化酶就会使脂肪氧化,产生豆腥味物质,影响食品口味。在加工时,采用 95 ℃加热 10 ~ 15 min 能够去除部分豆腥味。

(三)肠胃胀气因子

由于人体消化道不产生 α - 半乳糖苷酶和 β - 果糖苷酶,因此大豆细胞壁上存在的棉籽糖和水苏糖不能被机体消化吸收,成为肠胃胀气因子,在大肠细菌的发酵作用下,产生二氧化碳、氢气和少量甲烷,引起肠胃胀气现象,表现为恶心、腹泻及排气等。

(四)植物红细胞凝血素

大豆中存在一种能够凝集人和动物红细胞的蛋白质,湿热处理可使其完全失活。处理方法有常压蒸汽加热 1 h 或 98 kPa 下蒸汽加热 15 min。

由于大豆存在以上抗营养因子,其蛋白质消化率只有 65%,但是通过浸泡、研磨、加热、发酵、发芽等方法制作成豆制品后其蛋白质消化率则会明显提高,如豆浆蛋白质消化率约为 85%,而经过均质乳化后的豆奶蛋白质消化率可提高到 95%。

大豆经一系列加工,可制成豆浆、豆腐、腐竹等。经过加工后的豆制品,不仅去除了大豆中不利于营养吸收的成分,还将大豆中的蛋白质由密集状态变成疏松状态,使得大豆蛋白更容易被分解吸收,大大提高了大豆的营养。

第二节　大豆油脂加工

大豆油脂取自大豆种子,是世界上产量最多的油脂。其化学组成除主要的甘油酸酯外,还含有不皂化物(甾醇类,类胡萝卜素、叶绿素以及生育酚)和磷脂等。其中东北大豆油脂中的脂肪酸组成见表3-1。黑龙江省九三牌一级大豆油采用非转基因大豆精制而成,含有丰富的亚油酸、亚麻酸、维生素E等多种人体必需的营养成分,具有抗衰老、抗突变、提高人体免疫力等作用。幼儿缺乏亚油酸时皮肤变得干燥,鳞屑增厚,发育生长迟缓;老年人缺乏亚油酸会引起白内障及心脑血管病变。

表3-1 东北大豆油脂的脂肪酸组成

脂肪酸的种类	棕榈酸	油酸	亚油酸	花生酸	亚麻酸	硬脂酸
含量(%)	6~8	25~36	52~65	0.4~1.0	2.0~3.0	3~5

一、大豆油脂的制取

大豆制油方法有压榨和浸出两种。压榨法制油是借助机械外力把油脂从料坯中挤压出来的过程;浸出法制油用溶剂将含有油脂的油料料坯进行浸泡或淋洗,使料坯中的油脂被萃取溶解在溶剂中,经过滤得到含有溶剂和油脂的混合油,经加热使溶剂挥发得到油脂。两种工艺得到的油都是毛油,不可以直接食用,需经水化、碱炼、脱色等精炼工序处理,成为符合国家标准的食用油脂。

(一)压榨法制油工艺流程

清理→破碎→轧坯→蒸炒→压榨→毛油

(二)浸出法制油工艺流程

清理、分选→破碎→软化→轧坯→浸出→蒸发→汽提→毛油

(三)油脂精炼工艺流程

毛油→过滤→脱胶→脱酸→脱色→脱臭→成品油

压榨法工艺简单,配套设备少,油品质好、色泽浅、风味纯正,但压榨后的饼残油量高,出油率低,动力消耗大,零件易损伤;浸出法加工成本低,劳动强度小,粕中残油量可控制在1%以下,出油率高,且采用低温加工方法制取其中的油脂时大量水溶性蛋白得到保护,粕可用来制取植物蛋白质,油料资源得到了充分利用。大豆制油基本上采用浸出法。

(四)浸出工艺操作要点

1. 原料的清理

根据各种杂质与大豆籽粒间不同的物理性质,利用各种清理设备将杂质分离。筛选、风选、磁选、密度分选是最常用的原料清理方法。

2. 破碎

破碎是在机械外力作用下将油料粒度变小的工序。大豆要求破碎成6~8瓣,其设备常用辊式破碎机,结构见图3-1。

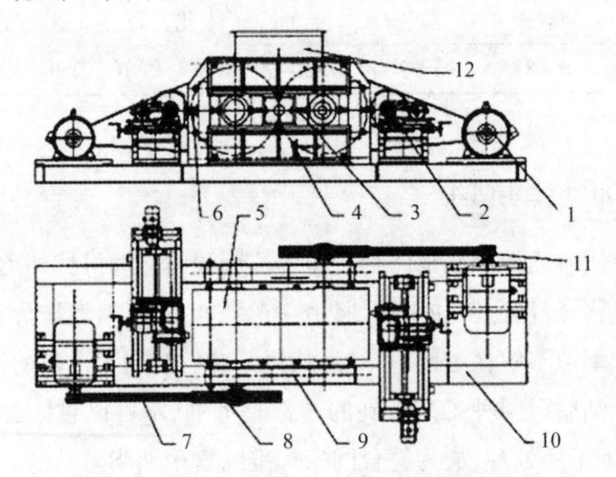

图3-1 辊式破碎机结构示意图

1. 电机;2. 磨削装置;3. 调整辊圈装置;4. 除料装置;5. 辊圈;6. 保险装置;
7. 三角带;8. 大皮带轮;9. 固定架;10. 地架;11. 小皮带轮;12. 进料斗

3. 软化

软化是调节油料的水分和温度,使油料可塑性增加的工序,为轧粒和蒸炒创造良好的操作条件。通过调温、调湿的方法使破碎的大豆变软,软化时间应保证大豆吃透水,水分最好在8%~12%,温度达到均匀一致。常用的软化设备有层叠式软化锅和卧式蒸汽绞笼。

4. 轧坯

轧坯是利用机械挤压力将颗粒状油料轧成片状料坯的过程,其目的是通过轧辊的碾压和油料细胞之间的相互作用,使油料细胞壁被破坏,同时使料坯成为片状,缩短油脂流出的路程,提高出油速度和出油率。料坯要厚薄均匀,大小适度,不露油，粉末度低，具有一定的机械强度，大豆生坯厚度一般为0.3 mm以下。常用设备是滚筒式轧坯机。

5. 浸出

我国目前普遍用于油脂浸出的溶剂是6号抽提溶剂油，俗称浸出轻汽油，是石油原油的低沸点分馏物，为多种碳氢化合物的混合物，在室温条件下可以任何比例与油脂互溶，且对油脂中的胶状物、氧化物及其他非脂肪物质的溶解能力较小，因此浸出的毛油比较纯净。6号抽提溶剂油物理、化学性质稳定，对设备腐蚀小，不产生有毒物质，与水互不相溶，沸点较低，易回收，来源充足，价格低，能满足大规模工业生产的需要。溶剂浸出温度55 ℃，浸出时间一般为90～120 min，溶剂比多选用0.8∶1.0～1.0∶1.0，浸出设备常用平转式浸出器（见图3－2）与拖链式环形浸出器（见图3－3）。

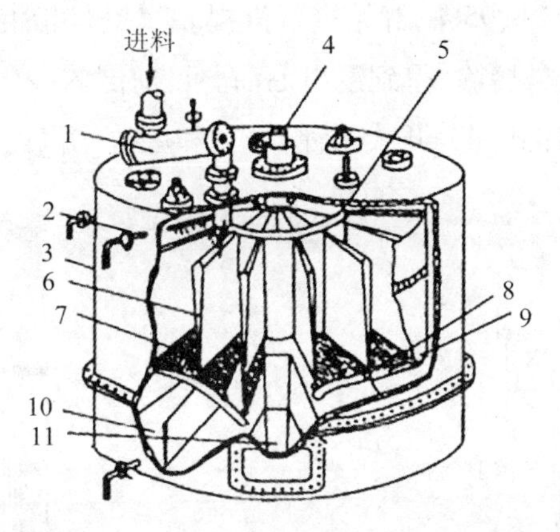

图3－2　平转式浸出器结构示意图

1. 进料绞笼；2. 混合油喷淋管；3. 外壳；4. 转动轴；5. 转动体；6. 隔板；7. 活动假底；8. 滚轮；9. 滚轮；10. 集油斗；11. 出料斗

6. 蒸发、汽提

从浸出设备中排出的混合油由溶剂、油脂、非油物质等组成，须把油脂从混合油中分离出来，才能得到浸出毛油。常用的分离方法就是蒸发和汽提。蒸发是利用油脂与溶剂的沸点不同，将混合油加热至沸点温度，使溶剂汽化与油脂分离。具体操作方法是将浸出器排出的浓度为20%～30%的混合油经过滤器过滤，再用5%的盐水盐析，除杂后的混合油经第一次蒸发，浓度提高到60%～65%，再经第二

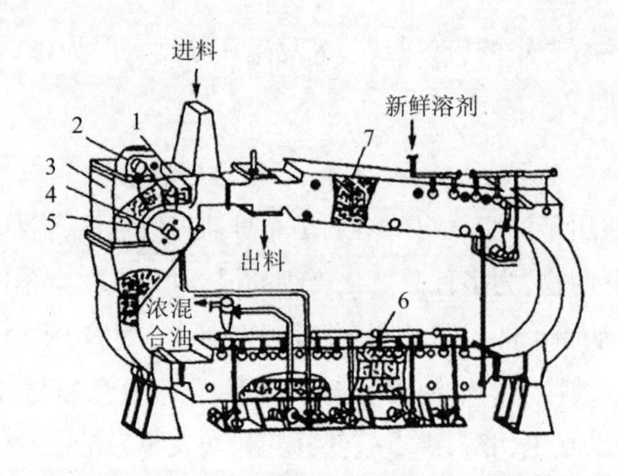

图3－3　拖链式环形浸出器结构示意图

1. 壳体；2. 减速箱；3. 浸出器；4. 转动轴；5. 链轮；6. 喷淋罐；7. 栅板

次蒸发，浓度达到90%～95%，开始进行汽提。汽提是指混合油水蒸气蒸馏，其中残留的少量溶剂完全被脱除，得到浸出毛油。目前国内混合油蒸发、汽提设备分别使用长管蒸发器（整体式和分开式两种形式）和层叠式汽提塔，见图3－4、图3－5、图3－6。

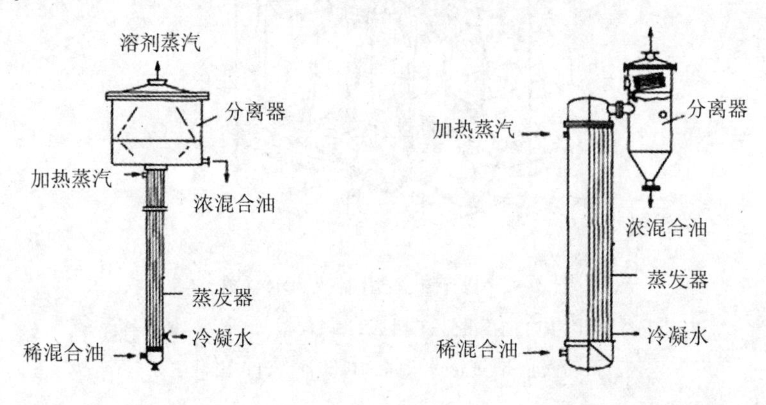

图3－4　整体式长管蒸发器结构示意图　　图3－5　分开式长管蒸发器结构示意图

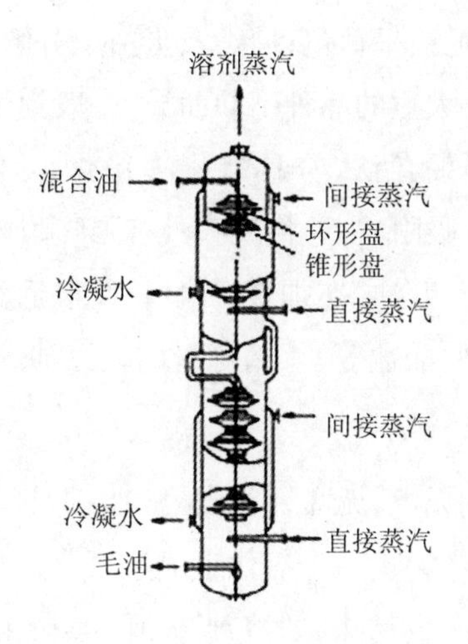

图3－6　层叠式汽提塔结构示意图

（五）毛油精炼操作要点

1.过滤

过滤是将毛油在一定压力（正压或负压）和温度下通过带有毛细孔的介质（滤布），使杂质截留在介质上，让油通过而达到分离油和杂质的一种方法。过滤设备有板框式过滤机、振动排渣过滤机和水平滤液过滤机。

2.脱胶

脱胶是脱除毛油中胶体杂质的工艺过程。通常采用的水化法脱胶是指将一定数量的热水或稀的酸、碱、盐及其他电解质水溶液加入毛油中，使胶体杂质凝聚沉淀而与油分离的一种去杂方法。脱胶时，凝聚沉淀的杂质以磷脂为主，故油厂常将脱胶称为脱磷。目前广泛使用的脱胶设备是水化锅。一般油厂配备2～3只水化锅，轮流使用。

3.脱酸

脱酸常采用碱炼法，是用碱中和毛油中的游离脂肪酸，生成脂肪酸盐（肥皂）和水，脂肪酸盐吸附部分杂质而从油中沉降分离的一种精炼方法。所用的碱有多种，例如石灰、有机碱、纯碱和烧碱等。国内油脂工业应用最广泛的是烧碱。

4.脱色

各种毛油都带有不同的颜色，这是因为其中含有不同的色素。例如，叶绿素使毛油呈墨绿色；胡萝卜素使毛油呈黄色；糖类及蛋白质分解而使毛油呈棕褐色。大豆毛油的颜色因大豆种皮及大豆的品种不同而异，一般为淡黄、略绿、深褐色等。

毛油脱色的方法有日光脱色法（亦称氧化法）、化学药剂脱色法、加热法和吸附法等。目前应用最广的是吸附法，即将某些具有强吸附能力的物质（酸性活性白土、漂白土和活性炭等）加入毛油，在加热条件下吸附毛油中的色素及其他杂质（蛋白质、黏液、树脂类及脂肪酸盐等）。精炼过的大豆油的颜色为淡黄色。

5. 脱臭

纯粹的甘油三脂肪酸酯无色、无味，但天然油脂都具有自己特殊的气味（也称臭味）。特殊的气味是氧化产物进一步氧化生成过氧化合物，分解成醛导致的。此外，在制油过程中油脂也会产生臭味，如溶剂味、肥皂味和泥土味等。除去油脂中导致特殊气味的物质的工艺过程就称为油脂的“脱臭”。浸出油的脱臭十分重要，在脱臭之前，必须先行脱胶、脱酸和脱色，创造良好的脱臭条件，以利于油脂中残留溶剂及其他气味物质的去除。脱臭的方法很多，有真空蒸汽脱臭法、气体吹入法、加氢法和聚合法等。目前国内外应用最广、效果最好的是真空蒸汽脱臭法。

毛油经过水化脱胶、中和脱酸、吸附脱色和真空脱臭处理后，即可得到精制大豆油。

（六）产品质量要求

大豆油质量必须符合国家标准 GB1535—2003。

（七）大豆油的保藏

大豆油除含有脂肪外，在加工过程中还带进一些非油物质，如在毛油中含有1% ~3% 的磷脂、0.7% ~0.8% 的甾醇类物质、少量蛋白质和麦胚酚等物质，易引起酸败，所以大豆油如未经水化除去杂质，不宜长期贮藏。另外精制大豆油在长期贮藏中，油色会逐渐由浅变深，这种现象叫做“颜色复原”，这可能与油脂的自动氧化有关。因此大豆油颜色变深时，便不应再长期贮藏。通常，大豆油应密封保存，放在避光通风处，最长保存一年。

二、大豆油生产的副产品

在大豆油制取及精炼过程中，除了得到成品油外，还可得到油脚和饼粕等副产品。大豆饼粕可直接食用或做饲用蛋白质，油脚用于提取大豆磷脂和大豆甾醇等。

(一)大豆磷脂

制油过程中获得的毛油经过水化精炼,可得到一种副产品——水化油脚。从水化油脚中提取磷脂首先必须除去水分、杂质,提高磷脂的含量,其方法有溶剂萃取法、盐析法及真空干燥法三种。其中溶剂萃取法所得成品最纯,但成本高,一般用于制取药用磷脂,盐析法或真空干燥法所得产品纯度不高,用于制取食品及工业用磷脂。

磷脂是所有活细胞的重要组成部分,也是构成神经组织特别是脊髓的主要成分。大豆磷脂添加在食品中具有乳化、分散、湿润等作用,添加在保健食品中具有调节血脂、健脑益智、防治脂肪肝、延缓衰老等生理功效。

(二)大豆甾醇

甾醇是油脂脱臭时馏出物中的副产品。大豆甾醇具有降低胆固醇、治疗脂肪肝等作用,还是重要的甾体药物和维生素 D_3 的生产原料。同时其具有良好的抗氧化性,可做食品添加剂(抗氧化剂、营养添加剂),也可作为动物生长剂原料,促进动物生长,增进动物健康。

大豆甾醇提取工艺:脱臭馏分→酯化→离子交换吸附→过柱→加入甲醇混匀→冷却结晶→正己烷冲洗→真空干燥→粗甾醇产品→丙酮重结晶→真空干燥→精制甾醇产品。得到的甾醇产品纯度可达92.87%。

第三节　大豆蛋白加工

大豆既是重要的油脂资源,又是重要的蛋白质资源。大豆油脂生产所得高温豆粕主要用作饲料,而所得低温豆粕主要用来生产多种食用大豆蛋白产品,如大豆分离蛋白、大豆浓缩蛋白,大豆组织蛋白,大豆蛋白粉等,这些大豆蛋白产品用于肉制食品的配料、高蛋白质饮料或其他食品的制作。

一、大豆浓缩蛋白

大豆浓缩蛋白主要是以去杂脱脂后的冷榨豆饼或脱脂豆粕为原料,通过不同的加工方法,除去原料中的可溶性糖分、灰分以及其他可溶性的微量成分后,制得的蛋白质含量(干基)在70%以上的大豆蛋白产品。大豆浓缩蛋白的生产工艺有酒精浸提法、稀酸浸提法、湿热处理法等。其中最常用的是酒精浸提法和稀酸浸提法。

(一)稀酸浸提法

1. 稀酸浸提法原理

稀酸浸提法又称等电点法,是利用蛋白质在其等电点(pH=4.3~4.5)附近溶解度最低的特性,从原料豆粕中洗除所含的可溶性糖分、灰分和其他可溶性的微量成分后提取蛋白质的方法。

2. 生产工艺流程

稀酸浸提法制取大豆浓缩蛋白的工艺流程见图3-7。

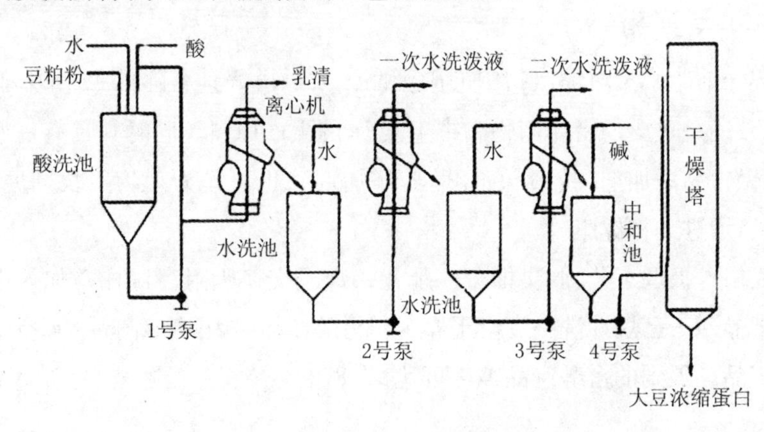

图3-7 稀酸浸提法制取大豆浓缩蛋白的工艺流程

3. 操作要点

(1)粉碎

将脱脂豆粕粉碎,粒径为150 μm左右。

(2)酸浸

将脱脂豆粕粉放入酸洗池中,加10倍质量的水搅拌均匀,在不断搅拌下缓慢加入37%的盐酸调节pH值至4.5~4.6,搅拌浸提1 h,这时大部分蛋白质沉析。

(3)分离

酸浸后用离心机将可溶物与不溶物分离。在不溶物中加入10倍质量的水,搅匀分离,如此重复两次。

(4)中和

所得浆液加碱中和至 pH 值为 6.5 ~ 7.1,即得中性浓缩蛋白质浆液。

(5)干燥

采用真空干燥或喷雾干燥。真空干燥时,干燥温度最好控制在 60 ~ 70 ℃;采用喷雾干燥,需调节浆液至温度为 60 ℃,黏度达 30 m^2/s 时进行。最后得到色浅、豆腥味很淡的大豆浓缩蛋白。

(二)酒精浸提法

1. 酒精浸提法原理

酒精浸提法利用蛋白质能溶于水,难溶于酒精,而且酒精浓度越高溶解度越低,当酒精浓度为 60% ~ 65% 时可溶性蛋白质的溶解度最低这一性质,用浓酒精对脱脂豆粕进行洗涤,除去醇溶性糖类、灰分及醇溶性蛋白等,再经分离、干燥等工序,获得大豆浓缩蛋白。

用酒精洗涤时,可以除去气味成分和一部分色素,因此用此法生产的大豆浓缩蛋白色泽及风味较好,蛋白质损失也少。但由于酒精能使蛋白质变性,使蛋白质损失了一部分功能特性,且大豆浓缩蛋白中仍含有 0.25% ~ 1.00% 不易除去的酒精,从而使其用途及食用价值受到了一定限制。

2. 工艺流程

原料→乙醇洗涤→分离→二次乙醇洗涤→干燥→成品

3. 操作要点

(1)乙醇洗涤

用 60% ~ 65% 的酒精浸提,酒精用量为豆粕质量的 7 倍,操作温度 50 ℃,搅拌 30 min,浸提 1 h。

(2)分离

将蛋白质浆液进行离心分离,这时豆粕中的醇溶性糖类、灰分及醇溶性蛋白等被分离。将浓浆液再进行二次乙醇洗涤分离,其酒精浓度为 80% ~ 90%,洗涤温度为 70 ℃,时间约 30 min。研究报道,使用 95% 的乙醇洗涤,可使蛋白质具有较好的气味、色泽和较高的氮溶指数。

(3)干燥

经过两次洗涤后的蛋白质浆液进行真空干燥,其脱水时间 60 ~ 90 min,真空度

77.3 kPa,温度 80 ℃。最后得到色泽浅、异味轻、氮溶指数高的产品。

二、大豆分离蛋白

大豆分离蛋白是将脱脂豆粕进一步去除所含的非蛋白质成分后所得到的精制大豆蛋白产品。与大豆浓缩蛋白相比,大豆分离蛋白不仅去除了可溶性非蛋白质成分,而且去除了不溶性高分子成分(不溶性纤维及其他残渣物),因而蛋白质含量更高,一般不低于90%。大豆分离蛋白不仅蛋白质含量高,而且营养丰富,有近20种氨基酸(含人体必需氨基酸),不含胆固醇,是最理想的植物蛋白。同时大豆分离蛋白还具有乳化性、水合性、凝胶性、发泡性等功能特性,是各种食品的优良添加物。

目前国内外生产大豆分离蛋白的生产工艺仍是碱提酸沉法。该工艺简单易行,生产操作容易。

(一)碱提酸沉法

1. 碱提酸沉原理

大豆蛋白在强酸性、中性及碱性条件下,具有较好的溶解性,而在其等电点(pH =4.3 ~4.5)附近溶解性最小,利用这一特性,便可得到大豆分离蛋白。将脱脂豆粕用弱碱溶液浸泡,豆粕中的蛋白质大部分溶于稀碱溶液中,再离心分离去除豆粕中的不溶性物质(主要是多糖和一些残留蛋白质)。调浸出液的 pH 值至4.5,蛋白质处于等电点状态而凝集沉淀下来。经分离得到蛋白质沉淀物,再经洗涤、中和、干燥,即得大豆分离蛋白。

2. 生产工艺流程

原料豆粕→粉碎→碱萃取→离心→酸沉淀→二次分离→水洗→中和→干燥→成品

3. 操作要点

(1)原料豆粕

原料豆粕应含杂质少,变性程度低,蛋白质含量高于45%以上,蛋白质分散指数高于80%。

(2)粉碎

将脱脂豆粕粉碎至粒度为0.15 ~0.30 mm。

(3)碱萃取

碱萃取是利用蛋白质溶解于碱性溶液的性质,用碱性溶液将蛋白质从豆粕中萃取出来的过程。这是整个工艺中的关键工序。如果萃取不好,造成蛋白质流失,产率就不会高。当原料含水量在10% ~12%时,水与原料的比例为8∶1~16∶1之间,原料在润湿前应该进行脱气处理,以便于原料与水充分混合,缩短萃取时间。萃取的适宜温度为30~55 ℃,适宜的pH值为7.0~8.5。若采用二次萃取,则一次萃取的pH值为8.0~8.5,二次萃取的pH值为7.2~7.4。pH值超过这个范围,对蛋白质的风味、营养价值与功能性质均会产生影响,同时会使蛋白质中的聚集体发生解聚,甚至导致肽键断裂,使蛋白质分子中分子质量大的组分含量减少。这也是国产大豆分离蛋白分子质量较国外产品低的原因。

(4)离心

常用卧螺式和碟片式两种离心机。

(5)酸沉淀

用10% ~35%的盐酸或磷酸调pH值至4.2~4.6,加酸速度宜慢不宜快。

(6)水洗

酸沉淀经离心分离后,凝乳中残留着大量的氧离子、盐类和部分可溶性的糖类等非蛋白质类物质,须经水洗除去。水料比为1.5∶1.0~2.0∶1.0,洗涤温度为48~52 ℃。

(7)干燥

干燥前料液固形物含量应调整至12% ~20%。料液还需加热、灭菌处理,加热至104~140 ℃,时间10~15 s,再送至真空闪蒸室除去豆腥味,降温到50~55 ℃后由高压泵进行均质处理。喷雾干燥时的进风温度205~218 ℃,出风温度80~92 ℃。干燥器送出的蛋白质要继续冷却,且冷空气需去湿处理,以免蛋白质变性。

(二)超滤膜法

国内大豆分离蛋白生产厂家生产的大豆分离蛋白普遍存在着产品灰分高、色泽深、纯度低的问题,主要是由碱萃取、酸沉淀和中和工序中残留部分柠檬酸、焦性麸质酸等有机酸的盐类和植酸磷脂等含磷化合物引起的。并且酸沉淀和水洗的方法使蛋白质流失,对蛋白质得率影响很大。近几年发展起来的膜分离技术,即超滤膜法(UF技术)可以大大提高产品质量和得率。先用酸浸法除掉乳清,再将经两次碱提后的蛋白质提取液进行超滤处理,回收溶解于碱液中的大豆蛋白,最后调浆、中和、喷雾干燥,即得大豆分离蛋白成品。

超滤膜法生产大豆分离蛋白的关键是超滤膜的选择和超滤处理技术参数的确定。一般大豆蛋白质分子质量都在2万以上,因此选用截留分子质量为2万的聚砜膜或聚砜酰胺膜,超滤膜的形式采用中空纤维式。利用超滤膜法生产的产品得率与料液的浓度、pH值、流速等有关,一般料液pH值为7.0~8.0,压力为0.2 MPa,料液流速为8 mL/min较为合理。这样不仅提高了蛋白质产品的得率,减少废水排放,节约能源,还能有效地改善产品质量,使产品风味好、色泽浅、溶解度高。

三、大豆组织蛋白

大豆组织蛋白又称人造肉,就是在脱脂豆粕、大豆浓缩蛋白或大豆分离蛋白中,加入一定量的水分及添加物,搅拌使其混合均匀,强行加温加压,使蛋白质分子之间排列整齐且具有同方向的组织结构,再经发热膨化并凝固,形成的具有空洞的丁度纤维蛋白。

大豆组织蛋白生产工艺将脱脂豆粕、大豆浓缩蛋白和大豆分离蛋白中的球蛋白转化为丝蛋白。大豆组织蛋白中纤维蛋白含量在55%以上,由于其有良好的吸水性和保油性,添加到肉制品中,能增加肉制品的色、香、味,提高肉制品蛋白质的含量,促进颗粒完整性,因此是理想的肉制品添加物。另外,大豆组织蛋白有良好的颗粒状结构,经过浸泡可以制成各种风味的素食品。在加工大豆组织蛋白的过程中,可以添加不同风味调味剂,然后再添加到方便食品和休闲食品中,可以制得不同风味的食品。大豆组织蛋白中含有天然的抗氧化剂,在肉制品中加入大豆组织蛋白,可防止肉制品氧化酸败。大豆组织蛋白是真正物美价廉的食品。

(一)生产工艺流程

大豆组织蛋白的生产工艺流程见图3-8。

经过粉碎的脱脂豆粕经过原料粉贮罐、定量输送绞龙、封闭喂料器,由压缩机送入集粉器,物料由料斗、喂料绞龙流到膨化机。必要时在喂料绞龙内加适量水进行调节,一般加水20%~30%。为提高产品的营养价值、改善风味及口感,在膨化前后可以适当添加一些盐、碱、磷脂、色素、漂白剂、香料、维生素C、维生素B、氨基酸等。大部分添加物一般先溶解到溶解槽内,然后由定量泵打入膨化机(或先经喂料绞龙再送入膨化机内)。另一些添加物,如色素、香料、维生素等需在物料膨化后

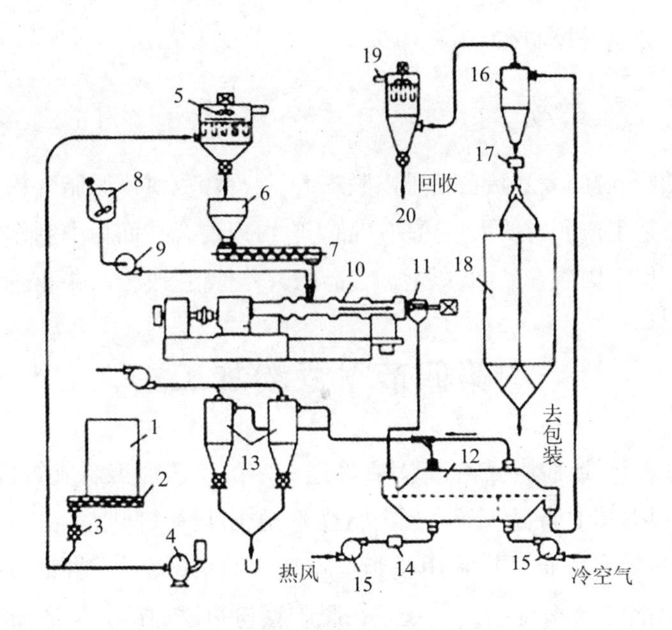

图3-8　大豆组织蛋白生产工艺流程

1. 原料粉贮罐;2. 定量输送绞龙;3. 封闭喂料器;4. 压缩机;5. 集粉器;6. 料斗;7. 喂料绞龙;8. 溶解槽;9. 定量泵;10. 膨化机;11. 切割刀;12. 干燥冷却器;13. 集尘器;14. 热交换器;15. 风机;16. 成品收集器;17. 金属探测器;18. 成品罐;19. 集尘器;20. 集粉

再加入,因为这些物料在高温条件影响下易发生变性或挥发。

(二)工艺要点

挤压膨化对原料的含水量有一定的要求。原料含水量过小,物料易堵塞片状机头,造成主机超载;另外,水对大豆蛋白的组织化过程也有明显影响。一般加水量因所用机型及原料的不同而异。pH值对产品的特性也有重要影响。当pH值小于5.5时,挤压工作十分困难,当pH值为8.5时,产品会变得脆、咀嚼性低、吸水快,当pH值大于8.5时,产品带有苦味。因此pH值应控制在6.5~7.5。配料时,添加适量食盐、卵磷脂、碳酸氢钠或碳酸钠等,也可以改良组织化效果。

膨化物料在机膛内逐步升温,经挤压揉合、高湿高温蒸煮,蛋白质分子融合排列成整齐的组织结构。当挤出时,由于机膛内外有压力差,物料内部水分迅速减压蒸发,使物料膨化成气孔空腔状结构,吃起来具有肉感。一般挤压机的出口温度不应低于180 ℃,入口温度应控制在80 ℃左右。

可采用普通鼓风干燥,也可采用真空干燥,干燥工序的温度应控制在70 ℃以下,最终水分含量需控制在8%~10%。

四、大豆蛋白粉

全脂、低脂、脱脂大豆蛋白粉是以脱皮大豆、冷榨豆饼或脱脂豆粕为原料,经粉碎、灭酶等工艺生产所得的大豆蛋白产品。它可以混合在面粉中制作面包、点心等面制品,也可用于肉制食品中,以增加食品的营养价值,改善风味和适口性。

第四节　豆粉加工

豆粉是以全豆或脱脂豆粕为原料,经过一定的工艺加工制成的粉末状或颗粒状豆制品。根据其油脂含量可分为全脂豆粉、脱脂豆粉、低脂豆粉、高脂豆粉和添加卵磷脂豆粉等。脱脂豆粉是用脱脂豆粕加工而成的豆粉,含油量在1%以下。低脂豆粉是用除去部分油脂的大豆或在脱脂豆粉中添加部分豆油加工成的豆粉,含油量为5%~6%。高脂豆粉是在脱脂豆粉中添加一部分豆油制成的豆粉,含油量为15%。添加卵磷脂豆粉是在低脂或高脂豆粉中添加约15%卵磷脂的豆粉。目前生产的豆粉主要是全脂豆粉和脱脂豆粉。

一、全脂豆粉

全脂豆粉目前主要有全脂生豆粉、无腥全脂豆粉、全脂膨化豆粉和全脂即食豆粉等,其含油量一般为18%~20%。

(一)全脂生豆粉加工

全脂生豆粉是以生大豆为原料,未经较长时间使产品熟化的热处理而加工成的一类全脂豆粉。由于在加工过程中未经热处理,其中的蛋白质基本上未变性,大豆中原有的酶也保持有一定的活性,但这类产品致命的弱点是有豆腥味和苦涩味。

这类豆粉的加工方法较为简单,即将大豆筛选净化后,粉碎过筛。大豆含水量较高时不易粉碎,因此,在大豆粉碎前,先对其进行烘干处理,以降低大豆含水量。一般要求将含水量降低到8%~11%。在烘干时应注意不要烘烤过头,以保证豆粉的可溶性蛋白含量不低于95%,大豆烘干后即可进行粉碎。如果要求脱去种皮,其皮壳的含率应降低到10%以下。粉碎可用锤片粉碎机或磨碎机,要求产品粒度保持在0.30~0.85 mm。粉碎后过筛即为成品。全脂生豆粉的可溶性蛋白保持率在95%以上,可做豆浆、豆腐的原料和面包、蛋糕的添加料。全脂生豆粉含有抗营养因子和豆腥味,未经加热不宜直接食用。

(二) 无腥全脂豆粉加工

全脂生豆粉虽然加工方法简单,投资少,但其带有豆腥味。因此要对其进行脱腥处理。

1. 脱腥方法

无腥全脂豆粉生产的技术关键在于脱腥,脱腥也是其他豆制品,特别是豆类饮料生产的技术关键之一。人们经过多年的努力,已研究出多种脱腥方法,如加热法、溶剂浸出法、酶作用法、微生物发酵法及氨基酸添加法等。目前在无腥豆粉生产中主要采用加热法。

加热法主要是借助热力作用将形成大豆豆腥味的脂肪氧化酶及其他酶钝化,阻止豆腥味的产生。同时加热还能破坏大豆中的胰蛋白酶抑制因子、血球凝集素等抗营养因子,从而改善了豆粉及其他豆制品的生理功能特性;加热还可使大豆蛋白发生适度变性,提高人体对大豆蛋白的消化吸收率。试验证明,加热(烘烤)可使豆制品中还原糖的含量增加2倍,其中果糖增加量最高。

但大豆蛋白是热敏性物质,如果加热条件不适大豆蛋白易变性,加热过度(温度过高及时间过长)会导致蛋白质过度变性而溶解性降低,同时加热过度还会使赖氨酸等一部分氨基酸被破坏,这不仅降低了产品的营养价值、生理活性,而且会对大豆蛋白的功能特性产生不良影响。试验证明,将大豆在160 ℃下烘烤10 min,会造成赖氨酸损失,即使只加热5 min,也会使其含量减少20%以上。因此,在对大豆进行加热时,一定要控制好温度和时间,防止加热过度。

对大豆进行加热脱腥的方法较多,其中最简便易行的是烘炒法,即将大豆置于平锅中,在160 ℃下烘10~20 min即可,但该法使大豆受热不均匀,效率低,对大批量生产及优质产品的生产不适宜。另一种方法是用回转式烘烤机烘烤,即先将大豆与干净的烘沙混合,再倒入烘烤机,在220 ℃下烘烤约30 min即可。此外,也可用湿热处理法,即用100~120 ℃水蒸气加热10~30 min。但采用湿热处理后的大豆水分含量增加,必须再进行干燥处理,这样不仅工序多,而且易使大豆受热过度,蛋白质变性程度大,产品水溶性差。

目前较好的加热方法是将大豆置于压力29.42 Pa以上,温度130~190 ℃的过热蒸汽气流中，浮动 2～5 min，然后迅速解除压力，将大豆释放到空气中。突然解压不仅可使大豆中原有的不良风味物质挥发掉，还可使大豆中的水分迅速蒸发掉，这样加热后的大豆也不需要再进行干燥处理。此外，这种热处理还会起到良好的杀菌效果。但采用此法必须控制好压力和温度。如果压力低于 29.42 Pa，在解除压力时，大豆中的不良风味物质挥发不充分；如果蒸汽温度低于 130 ℃，若不延长加热时间，脱腥不彻底，若延长加热时间，又会加大蛋白质的变性程度，此外，在 130 ℃下加热时间超过 5 min 还会使产品产生炒豆味。

2. 豆粉加工

对大豆进行了加热脱腥及干燥后，即可进行粉碎加工。目前对大豆的粉碎一般采用高速粉碎机。为了提高豆粉的质量，在粉碎前，可以先将大豆破瓣脱皮处理，然后再粉碎。一般要求将大豆粉碎到粒径不超过 150 μm。大豆粉碎后进行过筛，即得无腥味的全脂大豆粉。

豆粉的产率因设备及生产管理条件不同而异，目前已可提高到 90%～92%，其中干物质损失率为 3%～5%。

（三）全脂膨化豆粉加工

为了克服生豆粉存在的不足并扩大豆粉的食品用途，可采用现代挤压膨化技术生产全脂膨化豆粉，主要过程如下：

大豆→清理→烘干→粗碎去皮→粉碎→混合→挤出膨化→烘干冷却→粉碎分级→全脂豆粉

由于经过高温短时的湿热处理，大豆中的有害成分被除去，因此这种产品是一种营养价值高的食品原料。

二、脱脂豆粉

脱脂豆粉是以制取油脂后的冷榨豆饼或低温脱脂豆粕为原料经粉碎制得的。

（一）高蛋白脱脂豆粉的加工

将脱脂大豆粉碎至一定粒径，通过风选获取特定的微小颗粒成分，可以得到高蛋白质含量的脱脂豆粉。生产高蛋白脱脂豆粉的关键技术是粉碎。

1. 粉碎

高蛋白脱脂豆粉生产要求将脱脂大豆粉碎至平均粒径为 5～20 μm。如果粒径大于 20 μm，不能充分分离出高蛋白质成分；如果粒径小于 5 μm，则易混入非蛋白质成分，给后续的粒度分级处理带来障碍。

粉碎脱脂大豆所采用的粉碎机要求在粉碎加工中不能使被粉碎物发热。通常多采用锤式粉碎机、轴流式粉碎机、旋转板型粉碎机等冲击型粉碎机，并要根据所选用粉碎机来确定合适的转速及加工时间。通常粉碎机的转速选定在 2 000 ~ 3 000 r/s，粉碎数秒钟即可。

2. 粒度分级

对粉碎后的脱脂大豆要进行粒度分级处理，以含大豆种皮的脱脂大豆为原料时，在进行粒度分级前，要先筛分出粒度较大的种皮粗粒，再进行粒度分级。

粒度分级可采用干式气流分级装置，如自由涡型气流分级器、强制气流分级器等。利用这些分级装置可筛分出 5 ~ 10 μm 这一粒径范围的微粒。这一粒径范围的豆粉，蛋白质含量高、得率高，而且容易获取。这种高蛋白含量脱脂豆粉的用途极为广泛，特别适用于汉堡类食品的加工。

三、豆乳粉

豆乳粉是以大豆为原料，经粉碎、磨浆、过滤、喷雾干燥等工序而制得的固体粉末状产品。其蛋白质含量达 35% 以上，维生素和微量元素多达几十种，而且 8 种必需氨基酸配比合理，不饱和脂肪酸含量占脂肪总量的 80% 以上，营养极其丰富，易消化，吸收率高，经常食用对人体十分有益，且便于储存、携带，食用方便。

（一）工艺流程

大豆→豆乳原浆→调配→预热杀菌→真空脱臭→均质→浓缩→过滤→喷雾干燥→过筛→包装→豆乳粉

（二）操作要点

豆乳粉食用时需将固态豆乳粉与水混合制成浆体，豆乳粉的溶解性成为必须考虑的因素。而与溶解性相关的关键生产工序是喷雾干燥，这里主要介绍浓缩与喷雾干燥两道工序。

1. 浓缩

新鲜磨制的豆乳因生产时加水量的不同，产品中含有 85% ~ 90% 的水分。浓缩的目的是要除去部分水分，以利于制品的干燥。豆乳是热敏性物料，为保证产品质量，一般采用真空浓缩的方法。浓缩程度随设备条件、浆液浓度及成品质量要求不同而异。通常浓缩至原体积的1/4即可。

在食品加工中可选用的浓缩设备类型很多，中小型厂常选用间歇式高效盘管真空浓缩锅，蒸发室内真空度83.9～85.3 kPa，品温为50～56 ℃。较大的加工厂多采用连续式多效浓缩器，常用的有双效降膜式浓缩器，蒸发室内真空度一般保持在86.6～98.3 kPa，温度第一效一般保持在70 ℃左右，第二效为45 ℃。

2. 喷雾干燥

喷雾干燥是生产豆乳粉的关键工序，它直接影响产品质量的好坏。浓缩豆乳从真空浓缩设备中卸出时，品温在45 ℃左右，可立即进行喷雾干燥。

喷雾干燥一般要求豆乳干物质含量40%～43%，料液温度45～50 ℃，离心转盘转速为15 000 r/min，进风温度控制在200～220 ℃，干燥室温度保持在85～90 ℃，排风温度控制在80～90 ℃为宜。

在喷雾干燥法生产豆乳粉的过程中，喷雾干燥后的豆乳粉要迅速连续卸出并立即冷却，这是由于豆乳粉的脂肪含量较高，容易受到阳光和氧气等作用而使其品质发生变化。此外由于豆乳粉颗粒的多孔性，其表面积较大且易吸潮，在包装时，包装室内应采取空气调湿、降温措施，室温一般控制在18～20 ℃，空气相对湿度在75%以下。需要长期存放的豆乳粉，最好采取真空或充氮包装，以延长成品的存放时间。

四、豆浆晶

豆浆晶是指豆乳脱水浓缩成的固体，因浓缩后固体压碎像粉末和细沙，有点像水晶而得名。豆浆晶采用特殊加工工艺有效去除豆腥味和不良因子，提高了大豆的消化吸收率，保持了豆浆原色。

（一）工艺流程

大豆→清选→脱皮→浸泡→磨浆→浆渣分离→真空脱臭→调制→均质→杀菌→浓缩→真空干燥→冷却→粉碎→包装→成品

（二）操作要点

真空干燥是豆浆晶生产的关键工序。真空干燥时首先将浓缩好的豆乳装入烘盘内，刮平，然后放入真空烘干箱，关闭烘干箱，立即抽真空，接着打开蒸汽阀门通入蒸汽。干燥过程分三个阶段:第一阶段为沸腾阶段,可控制真空度在 83 ~ 87 kPa,料温可从室温升至 70 ℃左右,时间约需 30 min;第二阶段为发胀阶段,真空度可为 96 ~ 99 kPa,温度为 45 ~ 50 ℃;第三阶段为烘干阶段,目的是进一步蒸发出豆浆晶中的水分,真空度为 96 kPa 以上,温度为 45 ~ 50 ℃,时间约为 30 min。干燥结束后,通入自来水冷却,当箱内温度降至 55 ℃时,破除真空,取出烘盘,进行破碎造粒。

豆浆晶为疏松多孔的蜂窝状固体,极易吸湿受潮,因此干燥后应即时进行破碎、包装,同时应将车间温度控制在 25 ℃,相对湿度在 65%。破碎时先剔除豆浆晶中未干和烤焦部分,然后投入破碎机粉碎。粉碎后的豆浆晶为细小的晶体,分袋包装即为成品。

第五节　大豆食品加工

以大豆为主要原料,经过加工或精炼提取而得到的产品称为大豆制品。据统计,到目前为止,大豆制品有几百种,其中包括具有几千年生产历史的传统大豆制品和采用新技术生产的新型大豆制品,大豆制品根据其生产工艺特点进行的分类可见图 3 - 9。本节主要介绍几种传统大豆制品的生产。

一、豆腐

豆腐是利用大豆蛋白的亲水性和凝胶性,通过一系列的物理和化学作用而制成的。中国传统的豆腐有南豆腐和北豆腐,自古以来,国人一直为豆腐的发明而自豪,上等的豆腐清淡微苦,豆香浓郁,软而不散,营养丰富。如今,果蔬彩色豆腐和采用新技术生产的内酯豆腐受到人们的青睐。

(一) 南豆腐

南豆腐又称嫩豆腐、软豆腐、石膏豆腐,指用石膏(硫酸钙)做凝固剂制成的含水量较大的豆腐,色雪白,质地软嫩、细腻,富有弹性,味甘而鲜,含水量一般为 85% ~90%。烹调时宜拌、炒、烩、氽、烧及做羹等。

1. 工艺流程

大豆→选料→浸泡→磨制→滤浆→煮浆→点浆→蹲脑→破脑→上脑→成型

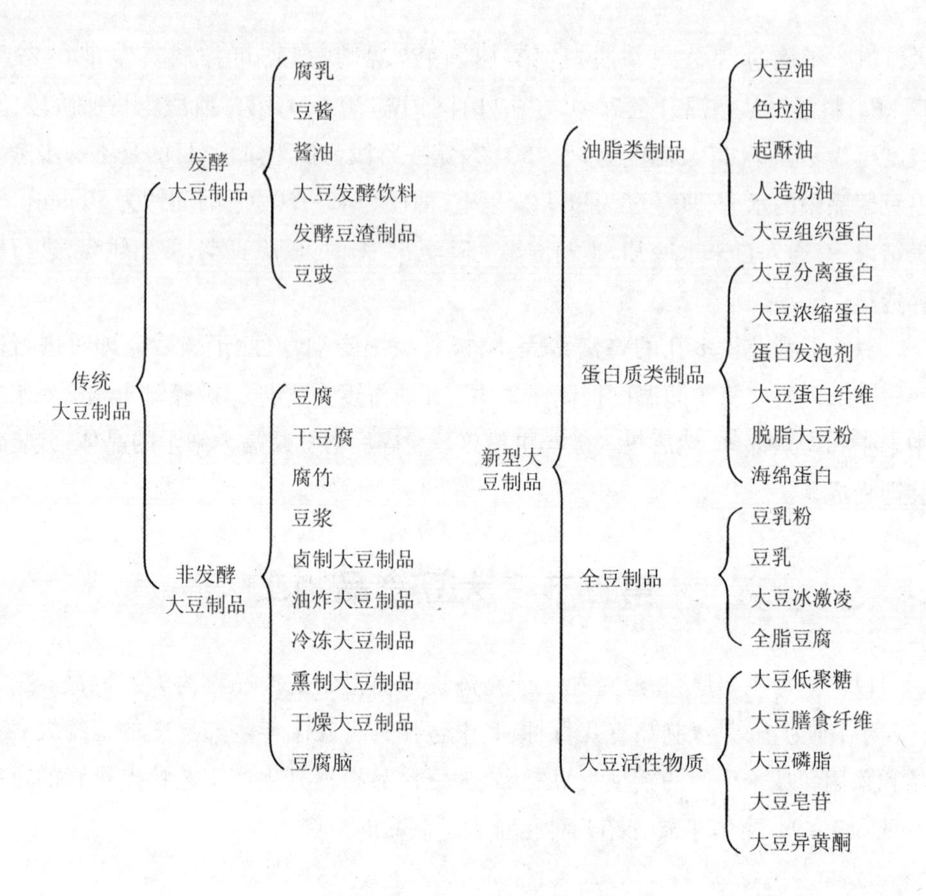

图 3－9　大豆制品分类

2. 操作要点

(1)选料

选用豆脐色浅、含油量低、蛋白质含量高、粒大皮薄、粒重饱满、表皮无皱有光泽的大豆。

(2)浸泡

浸泡的目的是使豆粒吸水膨胀,有利于大豆粉碎后提取其中的蛋白质。浸泡时要掌握好浸泡温度和时间,同时还要注意水质、水温与用水量。在春秋季节,水温控制在 10～20 ℃,浸泡 12～18 h;冬季水温 5 ℃,浸泡 24 h;夏季水温 30 ℃,浸泡 6 h 并要勤换水。水质以软水、纯水为佳。纯水浸泡大豆的豆腐出品率为 47.5%,软水为 45.0%,而井水只有 30.0%,含钙 300 mg/kg 的硬水为 26.5%,含镁 300 mg/kg 的硬水为 21.5%。浸泡大豆的用水量一般为其质量的 2.3 倍，浸泡期间，水面高出大豆表面 6 cm 以上。浸泡好的大豆为原料干豆质量的 1.8～2.5 倍。浸泡后的大豆表面光滑，无皱皮，豆皮轻易不脱落，手感有劲。

(3)磨制

要使经过浸泡的大豆中的蛋白质溶出，必须对其进行适当破碎。通常采用石磨、钢磨或砂盘磨进行破碎，磨制时一边投料一边加水，且投料、加水要均匀，磨制加水量一般以大豆质量的 1.8 倍为宜。

(4)滤浆

磨制所得豆浆要及时加水过滤，以防止加工过程中的污染。过滤时所加水的温度控制在 60 ℃，加水量为原料大豆的 6～7 倍，用孔径为 100 μm 左右的丝绢过滤。

(5)煮浆

煮浆是通过加热使豆浆中的蛋白质发生热变性的过程。煮浆一方面为点浆创造必要条件，另一方面可消除豆浆中的抗营养成分，杀菌，减轻异味，提高营养价值，延长产品的保鲜期。煮浆通常采用土灶铁锅煮浆法、敞口罐蒸汽煮浆法、封闭式溢流煮浆法等。

(6)点浆

以石膏为凝固剂，使大豆中的蛋白质溶胶转变成凝胶，形成豆腐脑。石膏使用前要焙烧成熟石膏，并将其配成 8% 的石膏液。点浆石膏用量一般为干豆质量的 2.4%～2.6%。南豆腐点浆采用冲浆法。将 1/3 的豆浆与石膏液混合后，对准盛豆浆的容器以 15°～35°的角度冲下，使容器内的浆液上下翻滚，与石膏充分均匀混合。点浆结束后，豆浆在 20 s 左右停止翻转，在 30～50 s 达到初凝。点浆时豆浆温度控制在 85 ℃。

(7)蹲脑

经过点浆后，蛋白质网络结构还不牢固，只有经过一段时间静置凝固(即蹲脑)才能牢固。南豆腐生产不需要加压脱水，因此要求蹲脑时间要长，一般为 30 min。蹲脑时间短，豆腐结构脆弱，脱水快，保水力差，变得粗硬；蹲脑时间过长，凝固物温度降低导致豆腐结合力差，不脱水，过嫩易碎。

南豆腐于破脑成型时也不需要加压，用细布或绢布依靠自身重力作用脱去部分水分即可。

(二)北豆腐

北豆腐或称北方豆腐,又称老豆腐、硬豆腐、大豆腐、卤水豆腐,指用盐卤(氯化镁)做凝固剂制成的豆腐,色乳白,硬度、弹性、韧性较南豆腐强,味微甜略苦,含水量较南豆腐低,一般在80%~85%之间。烹调宜用厚味久炖,可煎、塌、贴、炸及做馅等。

北豆腐的生产原理、工艺过程及许多操作方法与南豆腐生产基本相同,但也有差别。

北豆腐浆液的浓度比南豆腐低,一般为每1 kg原料大豆加10倍的水,而南豆腐则为6~7倍的水。

点浆用的凝固剂为盐卤,使用前应先往盐卤中加4倍水,过滤备用。盐卤用量以原料大豆干重的3%~4%为宜,但是也要根据凝固剂优劣而有所增减,同时还要考虑到大豆的新鲜程度。

用卤点浆时浆温要比南豆腐稍低,一般保持在80 ℃左右,一边搅拌豆浆一边点盐卤,当缸内出现50%芝麻大小的脑花时,搅拌要减慢,盐卤流量也相应减小;当出现80%脑花时,应停止搅拌和加卤,使脑花凝固下沉,搅拌时方向一致。

蹲脑时脑缸封严保温15~20 min,以使大豆蛋白凝固。蹲脑后,脑缸上层的黄浆水如果是澄清的淡黄色,说明点脑适度,不老不嫩;如果黄浆水深黄色为老脑,暗红色为过老,乳白色且混浊为嫩脑。

压榨成型时,将凝固适度的豆腐脑舀入铺好包布的木格模中,包好后适当加压,静置一段时间后沥去水分即为成品。

(三)冻豆腐

冻豆腐是由北豆腐冷冻加工而成的。由于在冻结过程中大豆蛋白冻结变性,冻豆腐口感与新鲜豆腐有着本质的区别。蛋白质的冻结变性使得豆腐凝胶网络中包结的水分形成冰晶,将豆腐原有组织内部的网孔撑大,蛋白质与水分离。冻豆腐孔隙多,韧性、弹性和咀嚼性好,营养丰富,而且能大量快速地吸收鲜美的汤汁,烹饪时非常易入味。

家庭少量制作冻豆腐的简易方法是在冬天将北豆腐切块铺在筐内,置于户外隔夜冷冻。冻豆腐化冻后即可烹制食用。

工厂大规模生产冻豆腐的方法是将市售的北豆腐切成4.5 cm×4.5 cm×2 cm

的豆腐块,立即放入 -15 ~ -10 ℃环境中迅速冻结约 3 h,若冻结缓慢,会使成品冰晶较大,组织较粗。将冻好的豆腐送入 -3 ℃条件下放置 21 d,使之熟化。注意此过程不能使温度高于 0 ℃,以防霉菌繁殖。熟化过程中,蛋白质发生老化(也称"成熟"),使冻豆腐的弹性和韧性增加。但过度的老化会影响产品的质量。选择 -3 ℃作为熟化温度有利于加速分子间二硫键的形成。

(四)彩色豆腐

彩色豆腐是在传统豆腐制作的基础上,按比例加入果蔬汁(粉),使豆腐具有了更为丰富的果蔬营养,增加了人体所必需的氨基酸、维生素和微量元素,不仅改变了传统豆腐的颜色,而且使口感更为细腻润滑,更有利于人体吸收。彩色豆腐的色泽取决于所加果蔬汁(粉)的色泽,在烹饪过程中基本色泽不变。彩色豆腐不含任何化学合成色素,既富有营养,又诱人食欲。

绿色豆腐可加芹菜汁、萝卜汁、麦苗汁、红薯叶汁等,黄色豆腐可加胡萝卜汁、南瓜泥等,灰色豆腐可加黑芝麻糊等,红色豆腐则加黑米粉、番茄汁等。在点浆前,一般按每 50 mL 豆浆中 8 ~ 10 mL 浓缩果蔬汁的比例加入,充分搅拌,混合均匀,然后加热、点浆、上包、压制而成。芹菜彩色豆腐制作过程中,每 200 mL 豆浆中加入 58 mL芹菜汁,芹菜汁的 pH 值为 6.5,凝固温度为 80 ℃,在此条件下,芹菜彩色豆腐的硬度最大,色泽鲜艳,并且兼具有大豆、芹菜的香味。

(五) 内酯豆腐

内酯豆腐是以葡萄糖酸 -δ- 内酯为凝固剂生产的豆腐,改变了传统豆腐的制作方法,可减少蛋白质流失,并使豆腐的保水率比常规方法生产的高出近 1 倍,且豆腐质地细嫩,有光泽,适口性好,清洁卫生。

1. 生产原理

内酯豆腐生产利用了蛋白质的凝胶性质和葡萄糖酸 -δ- 内酯的水解性质。葡萄糖酸 -δ- 内酯并不能使蛋白质胶凝,只有其水解后生成的葡萄糖酸才有此作用。

2. 工艺流程

大豆→清理→浸泡→磨浆→滤浆→煮浆→脱气→冷却→混合→罐装→凝固→冷却→成品

3.操作要点

内酯豆腐生产滤浆前的各道工序与传统工艺相同,但内酯豆腐的豆浆浓度要比南豆腐和北豆腐高,一般为12 °Bé左右,即以用1 kg大豆生产5~6 kg豆浆为宜。因为生产过程中豆浆的水分没有排出,如果豆浆浓度太低,则产品过嫩易碎,甚至不能成型;如果浓度过高,则磨浆、滤浆较难,产品得率下降,豆渣中残留蛋白质增加。滤浆后,将分离得到的豆浆在100 ℃下加热3~5 min或125 ℃下加热3~10 s进行煮浆。

生产过程中采用消泡剂消除豆浆中的一部分泡沫,采用脱气罐排出豆浆中多余的气体,避免豆腐出现气孔或砂眼,同时脱除一些挥发性的风味成分,使内酯豆腐质地细嫩、风味优良。

将脱气后的豆浆及时进行冷却,使浆温降至30 ℃以下,再与葡萄糖酸-δ-内酯混合。因为如果浆温过高,葡萄糖酸-δ-内酯的水解速度过快,造成混合不均匀,最终导致豆腐粗糙松散,甚至不成型。加葡萄糖酸-δ-内酯时,先用少量温水将其溶解,一边搅拌豆浆,一边加入葡萄糖酸-δ-内酯溶液,添加量一般为豆浆质量的0.25%~0.30%。

混合后的浆料在15~20 min内罐装完毕,采用的包装盒或包装袋需要耐100 ℃高温。

罐装好豆浆的容器用水浴加热或用蒸汽加热,使豆浆温度控制在80~95 ℃,保持15~20 min,使其凝固。凝固后的内酯豆腐需要冷却,以增强其强度,提高其保形性。

二、干豆腐

东北的干豆腐在其他地方一般叫豆腐皮,是半脱水制品,属于豆腐的派生食品。干豆腐呈均匀一致的白色或淡黄色,有光泽,富有韧性,软硬适度,薄厚均匀一致,不黏手,无杂质,具有豆腐固有的清香味。

干豆腐制作程序与北豆腐基本一样。在脑花与清水分离之后,就可以做干豆腐了。干豆腐的木框宽度要与干豆腐包的宽度一样,长1 m左右,高0.5~1.0 m,先把卷好的干豆腐包放在木框里,用豆腐瓢将脑花搅碎,均匀一致,用瓢将脑花舀起,均匀地泼在豆腐包上,脑花一定要匀而薄,但不能太薄。随后,把豆腐包再续上一层,盖住刚泼的脑花,为泼下一层脑花做好准备。再重复刚才的程序,泼好第二层脑花,再用豆腐包盖住。依此类推,重复进行,直到将放干豆腐的木框装满,之后开始加压。木框的下边哗哗地淌着清水,脑花就在豆腐包里承受着重压,逐渐地变成干豆腐。压上几个小时后打开豆腐包,一层豆腐包当中就是一张干豆腐,一张一张地取出叠好,即为成品。

三、腐竹

腐竹是煮沸后的豆浆经一定时间保温,表面蛋白质成膜形成软皮,揭下软皮烘干而成的。其色泽黄白,油光透亮,含有丰富的蛋白质及多种营养成分,用清水(夏凉冬温)浸泡3~5 h即可发开。腐竹可荤、素、烧、炒、凉拌、汤食等,食之清香爽口,荤、素食各有风味。腐竹适于久放,但应放在干燥通风之处。过伏天的腐竹,经阳光晒、凉风吹数次即可。

(一)生产原理

煮熟的豆浆保持在较高的温度条件下,表面水分不断蒸发,表面蛋白质浓度相对提高,同时蛋白质分子热运动加剧,碰撞机会增加,聚合度加大,以至于豆浆表面形成薄膜。随着时间的延长,薄膜厚度增加,当薄膜达到一定厚度时,揭起即为腐竹。

(二)工艺流程

选豆→去皮→泡豆→磨浆→滤浆→煮浆→揭竹→烘干→包装

(三)操作要点

1. 制浆

腐竹生产的制浆方法与豆腐生产制浆一样,要求豆浆浓度控制在6.5~7.5 °Bé,豆浆浓度过低,难以形成薄膜;浓度过高,虽然成膜速度快,但膜的色泽深。

2. 揭竹

将煮沸后的豆浆放入腐竹成型锅内。成型锅是一个长方形浅槽,槽内每50 cm为一格,格子板上下皆通,槽底和四周是夹层的,用于通蒸汽加热。豆浆经过加热保温后,部分水分蒸发浓缩,10~15 min就可形成一层油质薄膜,利用特制小刀将薄膜从中间轻轻划开,分成两片,分别提取。提取时用手旋转成柱形,薄膜挂在竹竿上即成腐竹。

3. 烘干

把挂在竹竿上的腐竹送到烘干房,顺序排列。应准确掌握烘干温度和时间。温度过高,产品易焦黄;温度过低,水分不易蒸发,产品容易发霉变质。为保证成品腐竹质量,最初采用较高的温度和湿度处理,即温度 60 ℃,相对湿度 50% ~60%,时间 1 h;然后采用低温、低湿处理,即温度低于 50 ℃,相对湿度 18% ~25%,时间 3 ~5 h。经烘干后,腐竹含水量应由最初的65% ~80%降至8% ~10%,呈黄白色,明亮透光。

四、豆酱

在东北,豆酱像辣椒在湖南、羊肉在陕北、“狗不理”在天津一样,是不可或缺的东西。在东北农村,家家都制豆酱。东北盛产的大豆是制豆酱的优质原料。东北豆酱的吃法多种多样,常见的吃法有鸡蛋酱、肉末酱、鲜青椒辣酱、葱酱、小鱼儿酱、茄子丁酱、土豆丁酱、萝卜丁酱、芥末炸酱等。在饭桌上,纯豆酱被吃客特别重视的时候是吃蘸酱菜时。在东北,原始而又绝对绿色的蘸酱菜是最受欢迎的。东北人一旦嘴里无味、腹内生火,就一定要吃蘸酱菜。蘸酱菜属于组合菜,其中包括生鲜的白菜心、红心萝卜、黄瓜条、生菜、尖椒以及焯过的菠菜,吃起来开胃又痛快。说东北人嗜酱如命一点都不过分。

(一)工艺流程

大豆→清洗→蒸煮→搅碎→成坯包装→发酵→下酱→打耙→成品

(二)操作要点

精选大豆,剔除坏的、变质的豆粒和其他杂质,用清水洗净,放进锅里加水煮熟,加水量以刚好没过大豆为宜,煮至豆粒用手一捻即酥烂,然后搅碎成均匀酱泥。

酱泥应干湿适宜,过干则难以团聚成坯,影响正常发酵;水分过多则酱坯过软难以成形,坯芯易伤热、生虫、臭败。酱坯一般以 1.5 kg 干豆原料为宜,做成长 30 cm、横截面积 20 cm^2的柱体,便于发酵霉变。东北农家豆酱绝大多数是天然发酵的。利用空气中落入的微生物进行发酵生产的产品风味好,但生产周期长,目前多数工厂采用人工纯培养菌种制取。

酱坯于室内阴凉通风处晾至外干(约 3 ~5 d),然后在酱坯外裹一层牛皮纸(防止灰尘沾污等),放在阴凉通风处,坯与坯间距 3 ~4 cm,酱坯多时可以分层摆起,但以细木条隔开,每隔7 d将酱坯调换位置继续如前贮放。直到酱坯里面都长白毛才好。

农历四月初八、十八或二十八开始下酱。因为八为“发”的谐音,意思是让豆酱能“发”。去掉外包装纸后用水仔细清洗酱坯,刷去外皮一切不洁物,然后将酱坯切成尽可能细小的碎块,放入缸中。缸要安置在窗前阳光充分照射之处,为避免过于阴凉,一般要将酱缸安置于砖石之上。随即将大粒海盐按1 kg豆料、0.5 kg盐的比例用水充分融化,去掉沉淀,注入缸中,水与碎酱坯的比例为2∶1。然后用洁净白布蒙住缸口。

3 d后开始打耙,每天用酱耙子(就是一根木棒下面钉了一块板)打耙。大约坚持打耙30 d,每天早晚各打1次,每次200下左右,把沫子盛出来丢掉,直到将酱液表面生出的沫状物彻底打除为止。每天打耙,豆酱会变得很细,等豆酱发了就可以吃了。

第六节 大豆加工副产品的开发利用

随着大豆制品加工业的发展,其副产品豆皮、豆粕、豆腐渣、黄浆水等相应地大量增加。以往豆皮、豆粕、豆腐渣大多用作饲料,黄浆水作为废水排放,造成资源浪费。由于大豆副产品除含有一定量的营养成分外,还含有其他多种有益于人体健康的物质和贵重的医药成分,如维生素、皂苷、异黄酮、凝血素、甾醇、胰蛋白酶抑制因子等,因此我们应该合理有效地利用这些副产品。

一、豆皮

豆皮是大豆制油工艺的副产品,占整个大豆体积的10%、质量的8%。豆皮主要是大豆外层包被的物质,颜色为米黄色或浅黄色,由加热法或压碎筛理两种方法加工所得。大豆中32%的铁元素集中在豆皮内,此外豆皮中还含有约86%的膳食纤维及碳水化合物、8.8%的粗蛋白质、1.2%的粗脂肪及其他微量成分,是制备膳食纤维的理想材料。豆皮本身不经加工即可作为反刍动物的饲料。

(一)制备膳食纤维

豆皮中具有明显生理功能的膳食纤维含量较高。目前含有豆皮膳食纤维的产品主要有膳食纤维饮料、面包、饼干等。豆皮膳食纤维在面包、饼干等产品中应用时需先经高温处理。

(二)铁强化剂

大豆中32%的铁元素集中在豆皮中,而豆皮中植酸含量较少,对铁元素在体内的吸收影响较小,所以豆皮可作为铁的强化剂广泛用于烘焙制品、饮料、保健品等中。据试验证实,在面包中添加5%的豆皮粉,其中铁的含量将由7.0 mg/kg增加到19.8 mg/kg。

(三)可降解方便餐具

豆皮中除含纤维素、半纤维素外,还含有果胶、甘露聚糖、古柯豆胶等可溶性纤维,是制作模压一次性可降解方便餐具的良好材料。

此外,还可从豆皮中提取过氧化物酶,此酶可用于处理含酚类和氯酚类化合物的废水(这些酚类化合物有强致癌作用和诱癌作用),处理效率可达到99%以上。豆皮可以直接用于废水处理,效果更好。同时豆皮经高温处理后得到的豆皮炭可作为油脂精炼过程中应用价值较高的吸附剂。

二、豆渣

豆渣是豆腐、豆奶、大豆分离蛋白生产过程中产生的主要副产品,占全豆干质量的15% ~20%,因其所含能量低、口感粗糙,往往被人们用作饲料或直接废弃,没有开发利用。据分析,豆渣中含有蛋白质22.56%、脂肪19.6%、糖分37.98%、纤维素14.62%、灰分6.16%,此外还有钙、磷、铁等矿物质。豆渣经烘干后,膳食纤维含量达50%以上。实践证明,食用豆渣能降低血液中胆固醇含量,减少糖尿病病人对胰岛素的消耗。食用豆渣有助于预防肠癌、高血压、糖尿病等疾病,豆渣被视为新型的膳食纤维源。

大豆分离蛋白是现代大豆加工规模化比较高的产品,能产生30% ~35%的豆渣,豆渣有着较高的营养价值却长期没有被很好地利用。另外,豆渣含有一定水分,储存和运输都不方便,夏季极易腐败,除影响经济效益外,还对环境造成污染。

(一)功能性大豆纤维

豆渣中含有丰富的膳食纤维成分,用碱性过氧化氢处理可以改变豆渣纤维的物理化学性质,如色泽、持水性、溶胀性等指标,得到的功能性大豆纤维含量达94%。色浅、无异味的功能性大豆纤维持水能力是本身质量的12倍,充分溶胀后体积增加24倍。试验表明,功能性大豆纤维可有效地保持乳化型碎肉制品中的水分。当添加量较低时,它的保水作用强于相同添加量的美国ADM公司生产的大豆分离蛋白。功能性大豆纤维可以明显地提高面粉的吸水性和面团稳定性,强化面团筋力和韧性,同时功能性大豆纤维会降低面团延展性。

豆渣经蛋白酶、脂肪酶等处理后,总膳食纤维干物质含量可达60%,而且含有约20%的蛋白质,加入食品中可同时提高膳食纤维与蛋白质的含量。所以,将豆渣制备成膳食纤维是一条利用豆渣的有效途径。

(二)可溶性大豆多糖

豆渣的主要成分是子叶部位的细胞壁多糖类。豆渣约含30%的可溶性多糖,从豆渣中提取可溶性多糖,能提高豆渣的利用价值,降低大豆产品的生产成本。可溶性大豆多糖是一种从大豆中提取的可溶性多糖,黏性低,可制成高浓度溶液,其溶液的黏度几乎不受盐类影响,对温度的热稳定性也优于其他糖类,具有较好的分散性、稳定性、乳化性和黏着性,不仅能用作强化食品的膳食纤维,还可以用于制药工业中。目前采用超声波辅助酶法或微波辅助法提取豆渣中可溶性多糖,不仅省时省力,还能提高产量。

1. 工艺流程

豆渣→称量→加蒸馏水→微波处理→离心取上清液→浓缩→95%乙醇沉淀→静置过夜→离心留沉淀→沉淀加无水乙醇、石油醚、丙酮洗涤→离心→干燥→可溶性大豆多糖粗品

2. 操作要点

称取豆渣,按比例加入蒸馏水,间歇微波处理8 min后,采用77 ℃的热水浸提47 min后离心取上清液,减压浓缩后加入3倍体积的95%乙醇沉淀,静置过夜后离心,将沉淀用无水乙醇、石油醚、丙酮洗涤3次后离心,置于真空冷冻干燥机中,温度-79~-76 ℃,真空度1.0 Pa,干燥后即得产品。除采用微波辅助法提取外,还可以采用超声波辅助酶法提取,该法不仅可以节约时间,还可以提高产量。

(三)大豆皂苷

大豆皂苷包括17种不同的皂苷。大豆总皂苷属三萜类皂苷,具有一般皂苷的性质,分子质量较大,不易结晶,为无色或乳白色粉末。近年来的研究表明,大豆皂苷具有很强的生理功能,是防止慢性疾病发生的天然抑制剂,可抑制血小板凝聚、

抑制肿瘤细胞的生长和防止动脉粥样硬化等，还具有降血脂、抗氧化等功能，具有重要的药用价值。此外大豆皂苷作为添加剂也常添加到食品和化妆品中，以改善产品的品质和性能。

其加工技术同第二章中玉米须皂苷的提取。

（四）发酵培养基基料

豆渣中含有多种营养成分，在许多物质的发酵生产中可作为培养基基料有效利用，如选用合适的菌种发酵维生素 B_2、糖类、豆渣豉等，实现规模化生产，另外还可以利用豆渣栽培食用菌。

（五）素肉

素肉主要是以大豆组织蛋白为原料，经双轴挤压、调味等制成的。将豆渣组织化或少量添加加工成素肉制品，可以满足消费者的需要，也可以缓解国内市场素肉制品原料成本居高不下的现状。

三、豆制品废水

豆制品废水主要是泡豆水、压榨出的黄浆水、豆粕制成大豆浓缩蛋白和大豆分离蛋白时排出的大豆乳清水以及生产清洗用水。其中泡豆水、黄浆水和大豆乳清水属于高浓度的有机废水，排放后不但造成可利用营养成分损失，而且给微生物繁殖创造了条件，造成环境污染。豆制品废水中含有单糖、寡聚糖、钾、磷、钙、铁、维生素、有机酸、水溶性蛋白质、氨基酸、脂类、大豆异黄酮、大豆皂苷等营养成分，如果对其进行综合利用，不仅可减少环境污染，还可回收利用其中的营养成分，变废为宝，创造更大的经济效益。以黄浆水为原料，在微需氧的条件下，通过丙酸杆菌培养，可以生产维生素 B_{12}。近些年，随着大豆制品生产规模的不断扩大，为了提高豆制品加工的附加值，人们开始逐渐从豆制品废水中提取功能成分。

（一）提取低聚糖

大豆低聚糖是大豆或其他豆科作物种子中含有的可溶性寡糖的总称，主要成分为蔗糖、棉籽糖和水苏糖，粉末为白色，糖浆外观为无色透明液体，甜味纯正，甜度为蔗糖的 70% ~75%，热值仅为蔗糖的 50%，且很少转化为脂肪，可代替部分蔗糖作为低热量甜味剂。近年来的研究表明，其具有很强的生理功能，能促进双歧杆菌的增殖，改善肠内菌群结构，抑制有害物质的产生，保护肝脏功能，增强机体免疫力，降低血清中的胆固醇、血压和血脂，防止便秘，防治蛀齿，促进肠道内营养物质的生成与吸收。

1. 工艺流程

大豆乳清水→预处理→脱色→过滤→离子交换脱盐脱色→浓缩→喷雾干燥→筛粉→包装→成品

2. 操作要点

(1)预处理

将大豆乳清水加热到 70 ℃以上，使大豆乳清水中含有的蛋白质热变性沉降，然后通过离心、过滤，得到透明的上清液。

(2)脱色

向预处理后的上清液中加入 0.8% ~1.2% 的粉末状活性炭，在温度 <40 ℃、pH 值为 3.0 ~4.0 的条件下吸附 40 min，可取得较好的脱色效果。

(3)脱盐脱色

由于活性炭脱色后的糖液中仍残留色素和盐类等物质，因此采用 732 型强酸性阳离子交换树脂、717 型强碱性阴离子交换树脂脱盐脱色。操作温度 50 ~60 ℃，柱径与柱高之比为 1∶20，溶液依次通过阳离子交换树脂和阴离子交换树脂（串联，阴阳离子交换树脂体积比 =2∶1），电导率 100 μΩ/cm 。糖液经此处理后，色泽明显变浅。

(4)浓缩

将提纯后的糖液真空浓缩到 30% 左右，在浓缩过程中糖液的沸点应控制在 70 ℃左右。

(5)喷雾干燥

将浓缩后的糖浆送入高压泵，经过压力喷雾，在干燥塔中干燥，获得白色粉末状产品。喷雾压力 14 MPa，进口风温度 185 ℃，出口风温度 84 ~89 ℃。

(二)提取皂苷

1. 工艺流程

大豆乳清水→高温闪蒸→电渗析→过滤→离子交换→树脂吸附→洗脱→大豆皂苷

2. 操作要点

(1)高温闪蒸

大豆乳清水在高温闪蒸器内通过高温闪蒸,温度提高到100~140 ℃,使乳清水中的蛋白质变性析出,再适当添加絮凝剂后过滤,收取滤液。

(2)脱盐

将滤液通过电渗析和离子交换树脂,去除无机盐。

(3)分离大豆皂苷

将去除无机盐后的料液通过非极性大孔吸附树脂柱,料液和树脂的体积比为45:1~50:1,不被树脂吸附直接流出的液体含大豆低聚糖,通过反渗透膜过滤浓缩,浓缩料液,进行喷雾干燥,可得含量22%以上的大豆低聚糖成品。

被树脂吸附的料液中含大豆异黄酮和大豆皂苷。用浓度80%的甲醇或乙醇溶液洗脱可得到含有大豆异黄酮和大豆皂苷的混合溶剂,蒸馏浓缩回收溶剂,同时浓缩料液至固形物达到40%~60%。在浓缩的含有大豆异黄酮和大豆皂苷的料液中加入丙酮或乙醚溶剂,搅拌后静置30~60 min,放入离心装置中离心得到沉淀物,将沉淀物用70%~90%乙醇溶解,过滤后对乙醇溶液减压浓缩得到浓缩液,浓缩液经过灭菌、干燥后,即得初级大豆皂苷产品。

(三)提取异黄酮

大豆异黄酮包括黄豆黄苷、黄豆糖苷和染料木黄酮,是一类重要的生理活性物质,具有弱雌性激素活性、抗氧化活性、抗溶血活性和抗真菌活性,能有效地预防和抑制白血病、骨质增生、结肠癌、胃癌、乳腺癌和前列腺癌等多种疾病,尤其是在预防和抑制乳腺癌和前列腺癌方面有着明显的作用。研究发现,每人每天异黄酮的必需摄入量为40~50 mg。大豆异黄酮曾被视为抗营养成分,由于其对心血管病和癌症等具有显著预防和抑制作用,被认为是"21世纪的维生素"。因此,大豆异黄酮在制作功能性食品、医药制品和功能助剂等方面有着广泛的应用。

大豆异黄酮是在上述提取大豆皂苷的工艺中,将离心分离得到的上清液即丙酮或乙醚溶液经过减压浓缩、灭菌、干燥后提取的。

第四章　马铃薯加工技术

马铃薯在植物分类中为茄科茄属，是一年生草本块茎植物。因为生产上用它的块茎（通常称薯块）进行无性繁殖，因此又可视为多年生植物。马铃薯在我国有20多种别名，据其来源称为荷兰薯、爱尔兰薯、爪哇薯，据其外形称为土豆、地豆、土卵、地蛋等，东北、华北地区称土豆，西北和西南地区称洋芋，山西和内蒙古地区称山药蛋，全国统称为马铃薯。地下块茎呈圆形、卵形、椭圆形等，有芽眼，皮为红色、黄色、白色或紫色。薯肉为白色或黄色，淀粉含量较多，口感脆质或粉质。马铃薯适应性强，喜冷凉的气候条件，抗灾，早熟，高产，易种植，与稻谷、小麦、玉米、高粱一起被称为全球五大农作物。在法国，马铃薯被称作“地下苹果”。马铃薯营养成分全面，易为人体消化吸收，在欧美享有“第二面包”的称号。马铃薯具有高产、分布广泛、适应性强、营养成分全、产业链长、加工转化能力强等特点，是重要的具有多种用途的粮食和经济作物。

第一节　马铃薯的化学组成、营养价值及用途

一、马铃薯的化学组成

马铃薯的化学组成一般为水分含量63.2%～86.9%，淀粉含量8%～29%，蛋白质含量0.75%～4.60%，另外还含有丰富的铁和维生素等。它的主要化学组成如下。

（一）淀粉

淀粉是马铃薯的主要化学组成，马铃薯的淀粉含量与其品种特性和其他因素有关。例如早熟品种的淀粉含量低于中晚熟品种。淀粉含量高的品种适于工业加工。淀粉有同化淀粉和贮藏淀粉之分，马铃薯中的淀粉是由葡萄糖合成的贮藏淀粉，淀粉粒呈圈层状结构，直径为1～110 μm，马铃薯中淀粉的直径大部分在10～

60 μm 之间。像其他作物的淀粉一样,马铃薯淀粉也分直链淀粉和支链淀粉。直链淀粉占块茎总淀粉含量的20% ~25%,支链淀粉占75% ~80%。直链淀粉的相对分子质量为1.8×10^5,支链淀粉的相对分子质量为$1 \times 10^6 \sim 6 \times 10^6$。马铃薯淀粉的灰分含量比禾谷类作物淀粉的灰分含量高1~2倍,且其灰分中平均有一半以上的磷。马铃薯干淀粉中磷的含量平均为0.15%。磷含量与淀粉黏度有关,含磷越多,淀粉黏度越大,所含的磷都与支链淀粉相结合。此外,淀粉还含有少量脂类和其他一些化合物。马铃薯淀粉的糊化温度是55~65 ℃。

淀粉在马铃薯中的分布不均匀。马铃薯顶部芽眼多,淀粉含量比基部少2% ~3%。马铃薯的形成层和髓外部(占马铃薯质量的70%)含淀粉量最多,表皮和髓内部(占马铃薯质量的25% ~30%)含淀粉量少,同一植株的马铃薯之间淀粉含量可相差百分之几。马铃薯中的淀粉粒大多数都是中等大小的。

(二)碳水化合物

马铃薯除含有淀粉外,还含有纤维素、果胶、蔗糖、葡萄糖、果糖等多种碳水化合物。

马铃薯纤维素平均含量为1%,主要集中在表皮中,在其内部含量很少。可溶性果胶在马铃薯中的含量为0.05% ~0.10%,不溶性果胶的含量为0.06% ~0.45%。所有果胶物质几乎都集中在马铃薯的表皮中。

马铃薯中不仅含有游离糖,同时还含有糖的磷酸酯。马铃薯中的糖类及其衍生物的含量(占干物重的百分数)如下:葡萄糖0.5% ~1.5%,果糖0.4% ~2.9%,甘露糖为痕量,蔗糖0.7% ~6.7%,麦芽糖和棉籽糖为痕量,1-磷酸葡萄糖0~0.2%,6-磷酸葡萄糖0.7% ~4.5%,6-磷酸果糖0.2% ~2.5%,丙糖磷酸酯0.2% ~1.0%,肌醇0.1% ~0.4%。糖类在马铃薯中的分布不均匀,一般是马铃薯下部的含糖量比上部多1.5~2.0倍。

马铃薯中的含糖量在贮藏期间增加,主要是蔗糖、葡萄糖和果糖的含量增加,同时,这些糖的磷酸酯在马铃薯中也会积累。一般情况下,马铃薯中没有麦芽糖,但在马铃薯萌发时,淀粉分解很快,麦芽糖可积累到1%。丙糖磷酸酯是马铃薯糖代谢的中间产物。肌醇主要以肌醇酸钙镁盐的形式存在,起贮藏的作用。

(三)含氮物质

马铃薯中的含氮物质包括蛋白质和非蛋白质两部分,蛋白质占含氮物质的

40%～70%。马铃薯的蛋白质以盐溶蛋白为主，占蛋白质总量的70%～80%，而碱溶蛋白占20%～30%，没有水溶蛋白或醇溶蛋白。

马铃薯中的蛋白质含有许多必需氨基酸。每100 g蛋白质含有6.3 g赖氨酸、2.2 g蛋氨酸、6.3 g苯丙氨酸、1.9 g色氨酸、5.3 g苏氨酸、6.0 g缬氨酸、15.8 g亮氨酸和异亮氨酸。因此，马铃薯中的蛋白质的生物学价值较高，比许多谷类作物的蛋白质质量好。鸡蛋蛋白质的生物学价值为100%，马铃薯蛋白质的生物学价值平均为85%。

马铃薯含有许多非蛋白质氮，占马铃薯含氮量的1/3～1/2。非蛋白质氮以游离氨基酸和酰胺酸为主。马铃薯所含游离氨基酸不少于20种。含氮物质在马铃薯中的分布不均匀，表皮、皮层与髓部含氮物质多，形成层含氮物质少。

（四）有机酸

马铃薯的pH值在5.6～6.2之间。其细胞的胞液里含有柠檬酸、异柠檬酸、苹果酸、草酸、乳酸、酒石酸、琥珀酸等有机酸。其中，柠檬酸的含量较多，可达0.4%～0.8%。由马铃薯制取淀粉时，每1 000 kg马铃薯可同时制取1 kg柠檬酸。苹果酸的含量一般为百分之零点几，其他有机酸的含量较少。马铃薯中有机酸的含量与所施氮肥的形态有密切关系。马铃薯施硝态氮肥时，其有机酸的含量比施氨态氮肥时明显提高。

（五）维生素

马铃薯含有多种维生素，每100 g马铃薯中含有10～25 mg维生素C，0.4～2.0 mg维生素PP，0.9 mg维生素B_6，0.2～0.3 mg泛酸，0.05～0.20 mg维生素B_1，0.01～0.20 mg维生素B_2，0.05 mg胡萝卜素。

在某些情况下，每100 g马铃薯中维生素C的平均含量可达50 mg。新收获的马铃薯含维生素C较多。在贮藏期间，马铃薯中的维生素C含量减少30%～50%。去皮马铃薯在烹调时损失大约25%维生素C，而带皮马铃薯烹调时损失20%。维生素C大部分集中在马铃薯的形成层中，表皮和髓部含量很少。马铃薯是人类食物中维生素C的主要来源。冬季每天进食200～300 g马铃薯，可在很大程度上满足人们对维生素C的需要。

维生素B_1、维生素B_2、维生素B_6、维生素PP、泛酸等水溶性维生素在马铃薯中的含量比在白菜、黄瓜、苹果、梨等许多蔬菜和水果中多，但仅靠马铃薯不能满足人们对这些维生素的需要。

(六)脂类

马铃薯含有脂肪和类脂,其含量占鲜重的0.10%~0.15%。马铃薯中的脂肪主要由甘油三酸酯、棕榈酸、豆蔻酸、亚油酸和亚麻酸组成。后两种脂肪对动物有重要意义,因为动物自身不能合成,必须从饲料中获得。以马铃薯做饲料,几乎可以满足动物对这些酸的需要。

(七)无机物

马铃薯中的灰分含量约占鲜重的1%,含量的变动幅度在0.4%~1.9%之间。马铃薯中灰分的化学成分含量如下:K_2O占灰分含量的60%,P_2O_5占17%,SO_3占7%,MgO占5%,CaO占3%,Na_2O占2%,Fe_2O_3占1%,CuO占0.2%。无机物在马铃薯中的分布不均匀,在表皮中最多,在其他部位较少。

马铃薯中灰分的成分和含量不是固定不变的。栽培在黏重的土壤上的马铃薯灰分含量比栽培在疏松土壤上的低。马铃薯施用含氯的钾肥时,灰分含量提高,其中的钾和氯增多;施氮肥时灰分含量降低;磷肥对马铃薯的灰分含量没有明显的影响。

(八)酶类

马铃薯中含有淀粉酶、蛋白酶、氧化酶等。其中氧化酶有过氧化物酶、细胞色素氧化酶、酪氨酸酶、葡萄糖氧化酶等。这些酶主要分布在马铃薯能发芽的部位,并参与生化反应。马铃薯在空气中褐变是氧化酶作用的结果。通常防止马铃薯变色的方法是破坏氧化酶或将其与氧气隔绝。

(九)配糖生物碱

马铃薯含有配糖生物碱,它是由含氮有机物和糖组成的黑色苦味有毒物质,一般叫马铃薯素,也叫茄素、龙葵素。配糖生物碱在植株中的分布不均匀。茎叶中的配糖生物碱比地下块茎中多,配糖生物碱大部分都集中在块茎表皮中。马铃薯发芽时,马铃薯中的配糖生物碱含量提高,在幼嫩的马铃薯以及在经光照射表皮发绿的马铃薯中,配糖生物碱的含量均较多。200~400 mg的配糖生物碱可引起严重的中毒反应。

二、马铃薯的营养价值

马铃薯是极好的食物,它既是粮又是菜。它含有丰富的淀粉及对人体极为重要的营养物质，如蛋白质、糖类、矿物质、盐类和多种维生素等。马铃薯中除脂肪含量较少外，其他蛋白质、糖类和维生素的含量均显著高于小麦、水稻和玉米。每100 g新鲜马铃薯能产生0.356 kJ的热量，与同等质量的禾谷类作物相比，它的热量高于所有的禾谷类作物。马铃薯蛋白质是完全蛋白质，含有人体必需的8种氨基酸，其中赖氨酸的含量较高，达930 mg/kg，色氨酸达320 mg/kg，这两种氨基酸是其他粮食作物所缺乏的。马铃薯淀粉易被人体吸收，其维生素的含量与蔬菜相当，胡萝卜素和维生素C的含量丰富。马铃薯中的矿物质呈强碱性，可中和酸性食品（大米、白面、鱼等），保证人体内的酸碱平衡。由于营养丰富、养分平衡，马铃薯已被许多国家所重视，欧美一些国家把马铃薯当作保健食品。美国农业部高度评价马铃薯的营养价值，认为每餐只吃全脂奶粉和马铃薯便可以得到人体所需的一切营养元素，并认为马铃薯将是世界粮食市场上的一种主要食品。马铃薯不但营养价值高，而且还有较广泛的药用价值。我国传统医学认为，马铃薯有和胃、健脾、益气的功效，可以宽肠通便、降糖降脂、美容养颜，可以预防和治疗胃溃疡、十二指肠溃疡、慢性胃炎、习惯性便秘和皮肤湿疹等疾病，还有解毒、消炎之功效。

三、马铃薯的用途

马铃薯具有多种用途，它既是粮又是菜，是发展畜牧业的良好饲料，还是轻工业、食品工业、医药制造业的重要加工原料。

（一）马铃薯是粮菜兼用作物

作为粮食作物，马铃薯具有热量高的特点，单位质量干物质所提供的食物热量高于所有的禾谷类作物。因此，马铃薯在当今人类食物中占有重要地位。马铃薯在增加粮食产量、抵御饥荒和促进农业发展方面起到了重要作用。

作为蔬菜，它具有耐贮藏和维生素C含量高的特点，是北方冬季的主要蔬菜。

（二）马铃薯是发展畜牧业的良好饲料

作为饲料作物，马铃薯单位面积上可获得的饲料单位高于燕麦、黑麦、大麦、玉米和饲料甜菜。马铃薯的鲜茎叶和块茎均可做青贮饲料。

（三）马铃薯是轻工业、食品工业、医药制造业的重要加工原料

以马铃薯为原料，可以制造淀粉、酒精、合成橡胶、人造丝等几十种工业产品。

以马铃薯淀粉为原料,经过进一步深加工可以得到葡萄糖、果糖、麦芽糖、糊精、柠檬酸、氧化淀粉、酯化淀粉、醚化淀粉、阳离子淀粉、交联淀粉、接枝共聚淀粉等2 000多种具有不同用途的产品,这些产品广泛应用于食品工业、纺织工业、印刷业、医药制造业、铸造工业、造纸工业、化学工业、建材业、农业等。

以马铃薯为原料可以生产马铃薯全粉、油炸马铃薯片(条)、冷冻马铃薯饼、马铃薯膨化食品等产品。

(四)马铃薯是作物轮作制中良好的前茬作物

马铃薯宜做多种作物的前茬作物。种过马铃薯的土地地肥草少、土壤疏松、通透性好,因此马铃薯是作物轮作制中良好的前茬作物。

第二节　马铃薯淀粉及全粉加工

一、马铃薯淀粉加工

1811 年美国生产出首批马铃薯淀粉后,19 世纪的大部分时间里马铃薯淀粉作为一种主要的淀粉而存在,但在 19 世纪末,随着玉米淀粉的问世,马铃薯淀粉的产量急剧下降,这主要是因为玉米淀粉具有更高的经济价值。到 20 世纪上半叶,马铃薯淀粉已变成了一种专用淀粉。二战之后,马铃薯的加工量有了显著增长,同时马铃薯淀粉产量也于 1960 ~ 1962 年达到年产 9 000 kg。随着科技的发展,马铃薯的需求量不断增加,马铃薯淀粉的产量也随之增加,生产规模不断扩大。我国目前马铃薯淀粉年需求量为 70 多万吨,而国内的生产量只占需求量的一小部分,其余大部分需要依靠进口,因此国内市场前景非常广阔。

(一)马铃薯淀粉生产工艺流程

马铃薯→清洗→输送、清洗→粉碎→分离→洗涤→浓缩→脱水→干燥→冷却与包装

(二)操作要点

1. 清洗、输送

该工序主要清除物料外表皮层沾带的泥沙,物料中的硬杂质用去石机(见图 4 - 1)除去。对生产淀粉的马铃薯进行清洗是保证淀粉质量的基础,清洗得越干

净，淀粉的质量越好。输送是将物料传递至下一工序，往往输送的同时也会清洗。常用的输送、清洗设备有水力流槽、螺旋清洗机、斜鼠笼式清洗机、去石上料清洗机、转筒式清洗机、刮板输送机等。根据土壤和物料特性可选择其中的一些设备进行组合，达到清洗净度高、输送方便的要求。

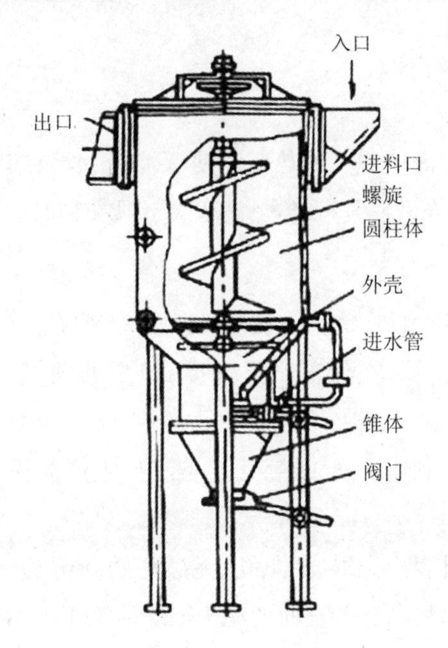

图4－1 立式去石机结构示意图

2. 粉碎

粉碎的目的是破坏物料的组织结构，使微小的淀粉颗粒能够顺利地从马铃薯中分离出来，同时并不希望皮渣过细，皮渣过细不利于淀粉与其他成分分离，还增加了分离皮渣的难度。

3. 分离

分离是淀粉加工中的关键环节，直接影响到淀粉的提取率和淀粉质量。粉碎后的物料细小的皮渣，体积大于淀粉颗粒，膨胀系数也大于淀粉颗粒，而相对密度又轻于淀粉颗粒，将粉碎后的物料以水为介质，使淀粉和皮渣分离开来。

4. 洗涤、浓缩

淀粉的洗涤和浓缩是依靠淀粉旋流器完成的，旋流器分为浓缩旋流器和洗涤精制旋流器。通过分离以后的淀粉浆液先经过浓缩旋流器，然后进入洗涤精制旋流器,最后达到产品质量要求。该设备配有全套自控系统,采用优质旋流管及最优化的排管方案,可以使最后一级旋流器排出的淀粉乳浓度达到23 °Bé。

5. 脱水

马铃薯淀粉的加工常采用真空吸滤脱水机,它可实现自动给料、自动脱水、自动清洗。

6. 干燥

气流干燥机是利用高速流动的热气流使湿淀粉悬浮在其中,在气流流动过程中进行淀粉干燥,具有传热系数高、传热面积大、干燥时间短等特点。

7. 冷却与包装

淀粉经干燥后,温度较高,为保证淀粉的黏度,需要在干燥后将淀粉迅速降温。冷却后的淀粉进入成品筛,在保证产品细度、产量的前提下进入最后一道包装工序。

大型工厂生产淀粉利用上述工艺,而小型工厂生产淀粉或家庭自制淀粉常用如下方法:

选用淀粉含量高且表面光滑、无虫孔、无破烂的新鲜马铃薯。马铃薯越大,淀粉含量就越高。用清水将马铃薯表面的泥土彻底清洗干净后用磨浆机磨成浆。在磨浆时要边投马铃薯边加清水,这样磨出的浆均匀细腻,呈乳白色。然后进行两次过滤,第一次将磨好的浆充分搅拌均匀后放入纱布袋中,扎紧袋口,置于缸或桶上面,用木板、砖头压榨,使淀粉与皮渣分离,压榨时先轻后重,避免过急过重造成破袋。直至压干为止,压干后再在袋中加适量清水搅拌均匀,继续压干。第二次将通过初滤的浆,改换成白布袋用上述方法过滤。过滤后的浆,经过6~8 h沉淀后,先轻轻倾斜倒掉淀粉上面的水及浮渣,再加入适量的清水进行搅拌,经过8~10 h的沉淀后,淀粉品质会更加洁白纯净。当缸底部淀粉完全沉淀、上面水色透明后,倒掉淀粉上面的清水,起粉出晒。在出晒淀粉前,铲去表层淀粉,取中间层淀粉,其洁白纯净、品质最优。表层淀粉含有浮渣,而底层淀粉又有泥沙,所以都不宜采用。在起淀粉时,可把黏固的淀粉切成块状,放在洗净的容器上摊晒,待晒至半干时,将块状捏成粉状直至晒干。在摊晒过程中,切忌有灰尘沙粒吹入,以免影响质量。晒干的淀粉要用食品袋装好,并放在清洁干燥的地方,可以长期贮存食用,也可根据市场行情出售。

二、马铃薯全粉加工

马铃薯全粉主要包括雪花全粉和颗粒全粉两类。雪花全粉是以滚(辊)筒干燥的方式获得,其成品形体像“雪花”片状,故称马铃薯雪花全粉。颗粒全粉是以新鲜马铃薯为原料,经清洗、去皮、挑选、切片、漂洗、漂烫、蒸煮、捣泥、制粉、热风干燥等工序处理而得的粉末状产品,其成品主要以马铃薯细胞单体或几个细胞聚合体的形态存在,因此称之为马铃薯颗粒全粉。

马铃薯全粉不同于马铃薯淀粉,马铃薯全粉是新鲜马铃薯的脱水制品,它包含了马铃薯除薯皮以外的全部干物质。由于加工过程中最大限度地保持了马铃薯细胞颗粒的完好性,因此复水后的马铃薯全粉具有新鲜马铃薯蒸熟后的营养价值、风味和口感。马铃薯全粉中不仅富含维生素C及大量的钾,还含有大量的膳食纤维,且脂肪含量极低,不含胆固醇和饱和脂肪酸,食用方便,易消化吸收,所以特别适宜老人和儿童食用。而马铃薯淀粉仅是马铃薯众多成分中的一种,因此马铃薯淀粉不具有马铃薯的营养价值、风味和口感。

(一)马铃薯雪花全粉的加工

1. 工艺流程

原料→清洗→去皮→切片→漂烫→蒸煮→打浆成泥→干燥→粉碎→计量→包装→成品入库

2. 操作要点

(1)原料

原料品种的选择对产品的质量有直接影响。不同品种的马铃薯,其干物质含量、薯肉颜色、芽眼深浅、还原糖含量、配糖生物碱含量和多酚氧化酶含量等都有明显差异。干物质含量高,则出粉率高;薯肉白,则成品颜色浅;芽眼越深越多,则出粉率越低;还原糖含量高,则成品色泽深;配糖生物碱的含量多则去毒难度大,工艺复杂;多酚氧化酶含量高,则半成品褐变严重,导致成品颜色深。

另外,原料的贮存情况也直接影响加工质量。一是贮存过程中发生的各种病虫害、腐烂、发芽影响加工质量。二是马铃薯具有“低温增糖”的现象,即马铃薯在0~10 ℃条件下贮藏时,组织细胞中的淀粉极易转化为糖,其中以蔗糖为主,含量通常在0.2%~7.0%之间,还有少量的葡萄糖和果糖。而淀粉含量则随着贮藏期的延长而逐渐降低。试验结果表明,贮藏2~3个月的马铃薯出粉率可达12%,而贮存12个月以后,出粉率就降低到9%,而且成品的颜色也深。

(2)清洗

清洗的目的是去除马铃薯表面的泥土和杂质。在生产实践中,可通过流送槽将马铃薯输送到清洗机中,流送槽一方面起输送作用,另一方面可对马铃薯进行浸泡粗洗。清洗机可选用鼓风式清洗机,靠空气搅拌和滚筒的摩擦作用,伴随高压水喷洗把马铃薯清洗干净。

(3)去皮

适合马铃薯的工业去皮方法有磨擦去皮法、蒸汽去皮法及碱液去皮法。摩擦去皮法可选用擦皮机(见图4-2),该设备坚固,使用方便,成本低,但对原料有一定要求。马铃薯要呈圆形或椭圆形,芽眼少而浅,大小均匀,去皮后的得率大约为90%。蒸汽去皮法可选用高压、时间20 s,使马铃薯表面生出水泡,然后用流水冲洗外皮。蒸汽去皮法对原料的形状没有要求,蒸汽可均匀作用于整个马铃薯表面,大约能除去5 mm厚的皮层。碱液去皮法中,为了软化和松弛马铃薯的表皮和芽眼,常选用碱液浓度8%,温度95 ℃,时间5 min,配以酸中和(酸液浓度为1.5%)效果最好。去皮后的得率大约为87%,去皮厚度大约是5 mm,碱液去皮法对马铃薯形状没有要求,常用的碱液去皮机结构见图4-3。另外,去皮过程中要注意防止由多酚氧化酶引起的酶促褐变。可采取的措施有添加褐变抑制剂(如亚硫酸盐)及清水冲洗等。去皮后要进行修整,除去残留外皮和芽眼,尽可能除去配糖生物碱和酚类物质。

(4)切片

切片的目的是提高蒸煮效率或降低蒸煮的强度。可选用切片机,切片厚度为8~10 mm。切片过薄,会使成品风味不佳,干物质损耗也会增加。另外,要注意控制切片过程中的酶促褐变。

(5)蒸煮

蒸煮的目的是使马铃薯熟化。工业连续生产可选用带式蒸煮机或者螺旋蒸煮器。采用带式蒸煮机的工艺参数是温度98~102 ℃,时间15 min;采用螺旋蒸煮器时以98~100 ℃的温度蒸煮15~35 min为宜。

(6)打浆成泥

打浆成泥是制粉的主要工序,设备选用是否合适直接影响成品的游离淀粉率,

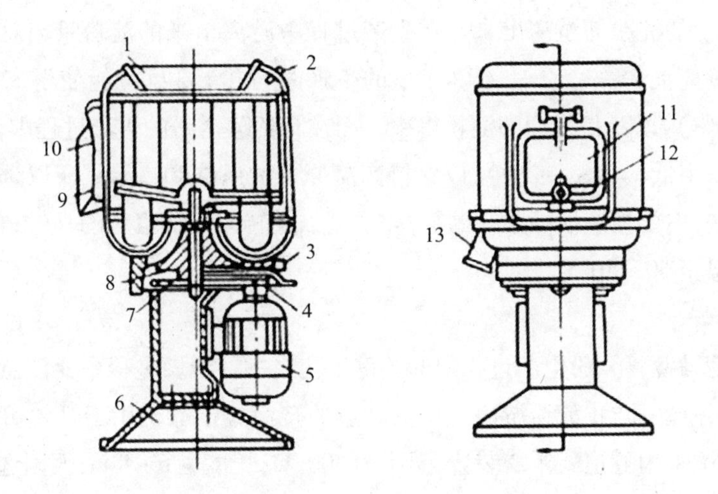

图4-2　马铃薯擦皮机结构示意图

1. 加料斗;2. 喷嘴;3. 加油孔;4. 齿轮;5. 电动机;6. 机座;7. 齿轮;8. 轴;9. 圆盘;10. 圆筒;11. 舱口;12. 把手;13. 排污口

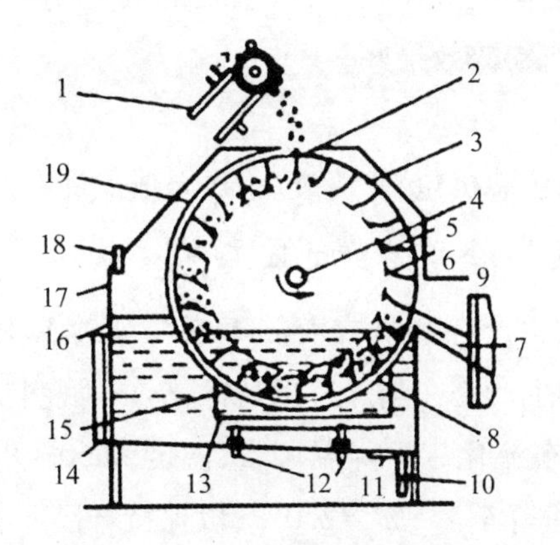

图4-3　碱液去皮机纵剖面图

1. 与洗薯机相连的升运机;2. 马铃薯加料斗;3. 带斗状桨叶的旋转轮;4. 主轴;5. 铁丝网转鼓;6. 片状桨叶;7. 卸料斜槽;8. 复洗机;9. 护板;10. 碱液排出管;11. 排渣口;12. 蒸汽蛇管;13. 碱液加热槽;14. 架子背面;15. 护板;16. 碱液槽;17. 罩;18. 碱液加入管;19. 主护板

进而影响成品的风味和口感。选用锤式破碎机或者打浆机与依靠筛板挤压成泥这两种方法得到的成品游离淀粉率都高(大于12%),且淀粉颗粒组织破坏严重。马铃薯中的淀粉是以淀粉颗粒的形态存在于薯肉中。在加工过程中,部分薄壁细胞被破坏,其中的淀粉即游离出来。在生产过程中游离出来的淀粉量与总淀粉量的比值叫做游离淀粉率。在马铃薯淀粉的生产过程中,要尽可能使游离淀粉率高(80% ~90%),以获得最高的淀粉得率。而在马铃薯全粉的生产过程中,要尽可能使游离淀粉率低(1.5% ~2%),以保持产品原有的风味和口感。所以选用搅拌机效果好一些,但要注意搅拌桨叶的结构、造型以及转速。打浆后的马铃薯泥应吹冷风使之降温至60 ~80 ℃。

(7)干燥

干燥是马铃薯全粉生产过程中的关键工艺之一。干燥过程中要注意减少对物料的损伤,并注意防止淀粉游离。荷兰制造的转筒式干燥机用于马铃薯的干燥效果很好;美国采用隧道式干燥装置,温度为300 ℃,长度为6 ~8 m;德国选用的是滚筒式干燥设备。

(8)粉碎

粉碎时采用锤式破碎机粉碎效果较差,产品的游离淀粉率高。国外生产选用粉碎筛选机,效果较好。国内选用振筛,靠筛板的振动使物料破碎,同时起到筛粉的作用,比用锤式粉碎机粉碎效果好。

(9)包装

马铃薯全粉经自动包装机包装、缝袋后,送至成品库存放。

(二)马铃薯颗粒全粉的加工工艺

马铃薯颗粒全粉的生产在蒸煮之前的工序与马铃薯雪花全粉的生产基本相同。马铃薯颗粒全粉的生产是在蒸煮后将马铃薯放入混料机中断成粒度为0.15 ~0.25 mm的颗粒,然后在流化床中降温调整,温度为60 ~80 ℃,直到淀粉老化完成,目的是使游离淀粉率降至1.5% ~2.0%,以保持产品原有的风味和口感。经调整后的马铃薯颗粒全粉在流化干燥床中干燥,干燥温度为进口140 ℃,出口60 ℃,水分含量控制在6% ~8%。物料经筛分机筛分后,将成品送到成品库贮存,不符合粒度要求的物料可经管道输送至混料机中重复加工。

第三节　马铃薯食品加工

以马铃薯为原料制成的食品深受消费者青睐。对于生产者来说,马铃薯资源丰富,价格低廉,生产周期短,工艺简单易掌握,投资成本小,经济效益高,家庭作坊和大小工厂均可组织生产。同时,马铃薯食品加工也是加快贫困地区特别是马铃薯产区经济发展的一条重要途径。

一、粉丝、粉条

粉丝、粉条是我国传统的淀粉制品,做汤、做菜均可。其滑爽适口,风味特殊,烹调简便,成本低廉。二者不同之处主要是粉丝比粉条细。

(一)工艺流程

淀粉→打浆→调粉→漏粉→冷却→干燥→晾晒→包装

(二)操作要点

1. 打浆

在淀粉中加入其2倍质量的50 ℃温水,边加水边搅和成稀粉糊,再将100 ℃的水迅速倒入调好的稀粉糊内,用木棒顺时针方向迅速搅拌约10 min,直至粉糊透明、均匀、易于出丝为止,即为粉芡。

2. 调粉

首先在粉芡内加入0.3% ~0.6%的明矾,充分混匀后再将湿淀粉和粉芡混合,粉芡的用量冬季为5%、其他季节为4%,温度30 ℃左右。天冷时将和面盆放于40 ℃左右的温水中,搅拌好并揉成无疙瘩、不粘手、能拉丝的软面团。和成的面含水量为48% ~50%。

3. 漏粉

将面团放在漏瓢中挂在开水锅上,在面团上均匀施加压力后,透过漏瓢小孔挤压出的丝或条进入开水锅遇热后凝固成粉丝或粉条。此时应轻轻搅动,或使锅中的水缓慢向一个方向流动,以防粉丝或粉条粘锅底。漏瓢离水面的高度由粉丝或粉条的粗细而定,一般为55 ~65 cm,高则粉丝或粉条细,低则粉丝或粉条粗。

粉丝和粉条二者的区别还在于制粉丝用芡量比制粉条多,即面团稍稀;所用的漏瓢筛眼也不同,制粉丝用较小的圆形筛眼,制粉条的筛眼为较大的长方形。

4. 冷却

粉丝或粉条落到沸水中,在其要漂浮起来时用竹条挑起,拉到冷水缸中冷却,以增加弹性。冷却后再挑起放入酸浆中浸泡3 ~4 min,漂去粉丝或粉条上的色素及其他黏性物质,增加粉丝或粉条的光滑度。捞出来凉透后再用清水漂洗。

5. 干燥

将成型的粉丝或粉条摊晾在阴凉处,避免阳光直射和风吹,以免失水过快,影响开粉。摊晾 4 ~8 h,粉丝或粉条发硬后即可晾晒。

6. 晾晒

天气晴好,一天即可晒干。当晒至半干时,要搓粉理丝,并将粘在一起的粉丝或粉条分开、理直。晒到含水量为 16% 时,即可收粉。

7. 包装

将粉丝或粉条下架,在室内摊放 2 ~4 h。用铡刀切成 30 ~40 cm 长,装入塑料袋、封口。

二、粉皮

粉皮是淀粉制品的一种,薄而脆,易烹调又经济,可口又不腻,男女老少皆喜。粉皮烹调后有韧性,具有特殊风味,不但可配制酒宴凉菜,也可配菜做汤,物美价廉,食用方便。

(一)工艺流程

淀粉→调糊→成型→摊晾→包装

(二)操作要点

1. 调糊

取含水量为 45% ~50% 的湿淀粉,缓缓加入淀粉量 2.5 ~3.0 倍的冷水,并用木棒不断地搅拌,同时在湿淀粉中加入 0.3% 的明矾。明矾能增加粉皮的韧性和弹性,还有防腐和疏水作用,使产品不易吸湿受潮。搅拌均匀,调至无粒块为止。

2. 成型

取调成的粉糊 60 g 左右,放入旋盘内,旋盘为铜或镀锌铁皮做成的直径约 20 cm、底部略微外凸的浅圆盘。粉糊加入后,即将旋盘放在锅中的开水上面,并用手拨动旋转,使粉糊受到离心力的作用由盘底中心向四周均匀地摊开,同时受热而按旋盘底部的形状和大小糊化成型。待粉糊中心没有白点时连盘取出,置于清水中,冷却片刻后再将成型的粉皮取出放在清水中冷却。在成型操作时,调粉缸中的粉糊需要时时搅动,使其厚薄均匀。这一工序是加工粉皮的关键,必须动作敏捷、熟练,浇粉糊量稳定,旋转用力均匀才能保证粉皮厚薄一致。

3. 摊晾

将粉皮用制淀粉时的酸浆浸 3 ~ 5 min,可以脱去部分色素,降低表面的黏性,且能增加光泽。经浸浆后的粉皮,摊在散有干净稻草的竹帘上晾干,并翻转一次,使两面干燥均匀。

待晾干至水分含量为 16% ~17% 时,就可以收藏或包装销售。

三、油炸马铃薯片

近年来,油炸马铃薯片作为一种休闲食品,深受广大消费者的青睐,销量日益增加,市场前景广阔。油炸马铃薯片有两种类型,一种是将马铃薯直接切片油炸;另一种是先将马铃薯制成"泥",然后再加配料重新成型、切片油炸。这里简要介绍第一种油炸马铃薯片的制法。

(一)工艺流程

马铃薯→洗涤→去皮→切片→洗片→预煮→冷却护色→着色→脱水→油炸→调味冷却→包装

(二)操作要求

1. 原料选择

马铃薯形状要整齐,大小相对均匀,表皮薄,色泽一致,芽眼少,相对密度较大,淀粉和总固形物含量高,糖分含量低,栽培土壤、环境相对一致。

2. 洗涤

将马铃薯倒入旋转洗皮机中,用清水浸没,同时放少量粗砂砖块,旋转摩擦 20 ~ 30 min,洗去表面泥沙,并洗除马铃薯 1/3 ~ 2/3 的表皮。

3. 去皮

捞出洗涤后的马铃薯,将没有去掉的厚皮、烂皮、发芽皮等用刨皮刀进行人工去皮。需要完全剔除表皮,否则会影响油炸马铃薯片的商品外观。

4. 切片

手工切片厚薄不均匀,一般采用旋转刀片自动切片。切片厚度根据块茎的采收季节、储藏时间、水分含量多少而定。刚采收的马铃薯块茎饱满，含水量高，切片厚度以1.8～2.0 mm为宜。储藏时间长的马铃薯水分蒸发量大，固形物含量高，切片厚度以1.6～1.8 mm为佳。

5. 洗片

切片后要用水将马铃薯片表面的淀粉和其他物质清洗掉，这样可以使马铃薯片在整个油炸过程中不相互粘连，还可以溶解掉部分还原糖，预防马铃薯片的颜色炸得过深。还原糖含量低的马铃薯，切片后可直接用凉水冲洗，还原糖含量高的则宜用热水冲洗。

6. 预煮

将洗净的马铃薯片倒入沸水中热烫2～3 min，煮至马铃薯片熟而不烂、组织较透明、失去新鲜马铃薯的硬度为止。预煮是为了破坏马铃薯片中酶的活性，防止油炸高温褐变，同时失去组织内部水分，使其易于脱水。

7. 冷却护色

将预煮好的马铃薯片立即倒入冷水池中冷却，防止马铃薯片组织进一步受热软化破碎。同时为防止马铃薯片高温时变褐或变红，需加入适量的柠檬酸和焦亚硫酸钠进行护色。

8. 着色

为了增强油炸马铃薯片的风味，增加其外观色泽，引起消费者的食欲，护色后的马铃薯片要在加有1%～2%的食盐和加有一定量色素、柠檬酸的水池中浸泡10～20 min，让盐味和色素渗透在整个马铃薯片中，使油炸后的马铃薯片咸淡适宜、外观好。

9. 脱水

将加盐和着色符合工艺要求的马铃薯片从水池中捞起，再倒入脱水机中脱去部分游离水。如果马铃薯片表面含水量太高，油炸时表面起泡，泡内含油，既影响商品外观，也增大耗油量，因此马铃薯片脱水越干越好。

10. 油炸

我国市场上出售的油炸马铃薯片，其制造工艺一种是采用真空油炸，另一种采用高温油炸。真空油炸工艺的优点是水分快速蒸发，食品的营养成分得到保护，产品的品质和风味俱佳;缺点是设备投资大,不易推广。高温油炸工艺的优点是工艺简单、投资少;缺点是高温(180 ℃左右)使马铃薯的营养成分受到破坏,色、香、味受到影响,另外高温使油发烟,污染环境,增大油耗,并且高温改变油的流变性,减少油的使用寿命。高温油易产生有害物质,影响消费者的健康。采用低温油炸工艺生产马铃薯片,可以结合上述二者的优点,将油温控制在 120 ℃,油炸时间 17 min,油型为豆油,最终可以使产品具有良好的风味、色泽和口感。

11. 调味冷却

可将盐、味精等均匀洒在油炸好的马铃薯片表面,以产生不同的口感。

12. 包装

马铃薯片经调味冷却至常温后,进行称量包装。一般用塑料复合膜或铝箔膜袋充氮包装,这样可延长商品货架期,并防止产品于运输、销售过程中受挤压而破碎。

四、马铃薯速冻薯条

马铃薯速冻薯条是将新鲜马铃薯去皮、切条、漂烫、油炸后迅速冷冻而制成的一种马铃薯加工产品。该产品一般在 -18 ℃条件下保存能保证长时间不变质,随食随用,十分方便。它已成为欧美国家很普及的一种食物,在一些国家的普及程度极高,市场前景广阔。

(一)工艺流程

原料→挑选(无病虫害、无发芽、没有变色的新鲜马铃薯)→清洗→去皮(手工去皮)→挖芽眼→切条(厚度为 7 mm)→护色→热烫→沥水→干燥→油炸→冷却→包装→速冻(-24 ℃,1 h)→冻藏(-18 ℃)

(二)操作要点

1. 原料

选择还原糖含量较低和干物质含量较高的马铃薯,还原糖含量低可减少马铃薯条在高温油炸时美拉德反应产生的黑色素,使马铃薯条保持诱人的浅黄色;干物质含量越高,含水量越低,油炸后的马铃薯条含油量也越低。

2. 护色

油炸马铃薯条在加工过程中的变色主要有酶促褐变和非酶褐变两种类型。护色剂处理的主要作用是抑制酶促褐变。护色剂通常采用0.5%异抗坏血酸钠、1.5%苹果酸和0.1%氯化钙的混合液。其中苹果酸的主要作用是降低pH值,抑制产品表面多酚氧化酶的活性;异抗坏血酸钠不仅可以络合多酚氧化酶的辅基,同时也是还原剂,能防止产品氧化变褐;氯化钙中的钙与细胞壁上的果胶作用形成果胶钙,增加了组织硬度的同时,也防止了液泡中的液体外渗到细胞质中与多酚氧化酶接触,从而降低褐变程度。

3. 热烫

一方面热烫可以使马铃薯组织中的多酚氧化酶逐渐被钝化;另一方面,马铃薯在热烫过程中能使部分α-淀粉固定,同时增加其糖分,有助于保持马铃薯条诱人的色泽;热烫有利于马铃薯条的熟化,使其在油炸后能表现出松脆可口的口感。通常热烫温度100 ℃、时间3 min。

4. 干燥

干燥的目的是除去马铃薯条表面的水分,减少马铃薯条在油炸过程中的吸油量。干燥温度85 ℃、时间40 min时有利于马铃薯条的熟化,油炸风味较好。

5. 油炸

影响油炸马铃薯条色泽的主要原因是在加工过程中产生了美拉德反应(马铃薯条中的还原糖与氨基酸在高温下反应生成黑色素)和灰色反应(马铃薯条中的单宁、羟苯肼和铁等在高温下产生灰色物质的反应),这两种反应随着油炸温度的升高和时间的延长而加剧。当油炸温度180 ℃、时间40 s时,马铃薯条色泽和口感较好。

传统的速冻马铃薯产品大部分采用油炸工艺,而马铃薯高温油炸时会产生致癌物质丙烯酰胺,对人体有害,针对这一情况,非油炸速冻马铃薯产品应运而生。其工艺是在热烫后不经过干燥和油炸,而直接进行冷却,采用真空包装,在-24 ℃条件下速冻1 h,最后在-18 ℃条件下冻藏。

五、马铃薯果脯

马铃薯果脯是以新鲜马铃薯和蔗糖为主要原料,经过清洗、护色、硬化、糖制、烘烤等工序加工而成的马铃薯制品,除具有马铃薯的营养功能外,还具有口味纯正、色泽诱人、软硬适中、酸甜可口的特点,是一种值得开发和推广的新产品。

(一)工艺流程

马铃薯→清洗→去皮→切片→护色→硬化→清洗→烫漂→糖制→烘烤→上糖粉→成品

(二)操作要点

1. 原料选择

选择块茎大,皮薄,无病虫害,无绿斑,还原糖、蛋白质和纤维素含量低的品种。

2. 清洗

将经过挑选的马铃薯表皮上的泥沙、尘土用清水洗净。

3. 去皮

去皮可用人工去皮法或碱液去皮法进行。人工去皮法可用小刀将马铃薯的外皮削除,并将其表面修整光洁、规则;碱液去皮法则可将马铃薯放入 100 ℃、50% 的氢氧化钠溶液中处理到表皮一碰即脱后取出用水冲洗。

4. 切片

用刀或切片机将马铃薯切成厚 1.0 ~ 1.5 mm、长 4 cm、宽 2 cm 的薄片,剔除形状不规则的马铃薯片和杂色马铃薯片。

5. 护色和硬化

切片后,立即将马铃薯片投入含 1.0% 维生素 C、1.5% 柠檬酸、0.1% 氯化钙的护色剂中处理 20 min;再用 2% 的石灰水溶液浸泡 2.5 ~ 3.0 d。

6. 清洗

用清水将护色硬化后的马铃薯片漂洗 0.5 ~ 1.0 h,换水 3 ~ 5 次,洗去马铃薯片表面的淀粉及残余的护色剂、硬化液。

7. 烫漂

清洗后的马铃薯片在沸水中烫漂 5 ~ 6 min,烫漂至七八成熟,待马铃薯片下沉时捞出放入冷水中漂洗,洗净表面的淀粉。

8. 糖制

将处理好的马铃薯片放入网袋中,在夹层锅中配制 30% 的糖液并用柠檬酸调 pH 值至 4.0 ~ 4.3。糖液在夹层锅中煮沸 1 ~ 2 min 后,将马铃薯片投入煮制 4 ~

8 min后捞出,投入到15 ℃、30%的冷糖液中浸渍12 d;再分别投入40%、50%、60%、65%的糖液中进行糖煮、糖渍,每个处理所用时间、采用的方法都与30%的糖液相同。待马铃薯片煮至半透明状、含糖量达到60%以上时取出,沥去残余的糖液。

9. 烘烤

将马铃薯片摊在烤盘中,在远红外箱中以55~65 ℃的温度烘烤10~14 d,烘至马铃薯片呈乳白至淡黄色、含水量16 %~18%时取出。

10. 上糖粉

烘烤结束时,在制品的表面撒上薯片质量10%的糖粉(先将砂糖用粉碎机粉碎),拌匀后筛去多余的糖粉即得成品。

六、片状马铃薯泥

片状马铃薯泥是部分欧洲人的主食之一,亦可作为点心食用。

(一)工艺流程

马铃薯→清洗→去皮→切片→预煮→冷却→蒸煮→磨碎→加添加剂→干燥→粉碎→包装→成品

(二)操作要点

1. 原料选择

一般要求选择形状整齐、大小均一、表皮薄、芽眼浅而少、相对密度大、含淀粉和总固形物高的马铃薯。不可使用发芽变绿的马铃薯,如有发芽或变绿的情况,必须将发芽或变绿的部分削掉或者完全剔去才能使用,以保证马铃薯制品的配糖生物碱含量不超过0.02%,否则将危及消费者安全。

2. 清洗

将马铃薯倒入水池中进行搅拌,洗净泥沙及表面污物。流水作业时一般先将原料倒入进料口,在输送带上拣去烂薯、石子、砂粒等,清理后通过流送槽或提升斗送入洗涤机中清洗。清洗通常是在滚筒式洗涤机中进行擦洗,可以连续操作。

3. 去皮

去皮的方法有手工去皮法、机械去皮法、蒸汽去皮法和化学去皮法等。手工去皮法一般是用不锈钢刀去皮，效率很低。机械去皮法是利用涂有金刚砂、表面粗糙的转筒或滚轴，依靠摩擦力擦去表皮，常用的设备为擦皮机，可以批量或连续生产。碱液去皮法是将马铃薯放在一定浓度和温度的强碱溶液中处理一定时间，软化和松弛马铃薯的表皮和芽眼，然后用高压冷水喷射冷却和去皮。碱液去皮法适宜的碱液质量分数为15%～30%，温度为70 ℃以上。蒸汽去皮法是将马铃薯在蒸汽中进行短时间处理，使马铃薯的外皮出现水泡，然后用流水冲去外皮。蒸汽能均匀地作用于整个马铃薯表面，大约能除去5 mm厚的皮层。

比较理想的方法是蒸汽去皮法和碱液去皮法交替使用。因为马铃薯的收获与加工之间相隔时间愈久，去皮愈困难，损耗愈大。在加工季节早期，用蒸汽去皮法或碱液去皮法损耗较小。在加工季节后期，当去皮比较困难时，除用碱液处理外，还要经过短暂的高压蒸汽处理，继而快速释压，最后用冷水冲洗将皮除去，这样会使去皮更有效。

4. 切片

去皮后的马铃薯用旋转式切片机切成1.5 mm厚的薄片，以使其在预煮和冷却期间能够更均匀地进行热处理。

5. 预煮

预煮不仅可以破坏马铃薯中的酶，防止马铃薯褐变，还可以得到不发黏的马铃薯泥。马铃薯一般在71～74 ℃的水中加热20 min。预煮后的淀粉必须糊化彻底。这样冷却期间淀粉才不会老化回生，减少了马铃薯复水后的黏性。

6. 冷却

用冷水清洗预煮过的马铃薯，把游离淀粉除去，避免其在脱水期间发生黏胶或烤焦现象，使制得的马铃薯泥黏度降到适宜的程度。

7. 蒸煮

将预煮、冷却处理过的马铃薯在常压下用蒸汽煮30 min。

8. 磨碎

马铃薯在蒸煮后立即磨碎，以便很快与添加剂混合，并避免细胞破裂。使用的机械一般是螺旋型粉碎机或带圆孔的盘式破碎机。

9. 加添加剂

在干燥前把食品添加剂注入马铃薯泥中，以改良其组织，并延长货架期。一般使用的添加剂有两种,一种是亚硫酸氢钠的稀溶液,可当作二氧化硫的来源来防止马铃薯的非酶褐变,通常使用量为0.2% ~ 0.4%;另一种是甘油酸酯,一般在加入前先将马铃薯泥冷却到(65 ±5)℃并在此温度下保存。另外,添加抗氧化剂可延长马铃薯泥的贮藏寿命。在干燥前把叔丁基羟基茴香醚和2,6 - 二叔丁基对甲酚以0.5%的量加入马铃薯泥中,可使货架期延长6个月。在干燥期间会发生抗氧化剂的蒸汽蒸馏现象,因此抗氧化剂将损失约75%。此外,添加一种酸式焦磷酸钠可与铁起反应,并可抑制再蒸煮所带来的变色,其加入量为马铃薯质量的0.1%。

如制造强化马铃薯片,每份马铃薯片(85 g)中可添加维生素C 75 mg、维生素B_2 3 mg、烟酸20 mg。

10. 干燥

马铃薯泥的干燥可在单滚筒干燥机或在配有4 ~6个滚筒的单鼓式干燥机中进行,干燥后可以得到最大密度的干燥马铃薯泥,其含水量在8%以下。

11. 粉碎

干燥后的马铃薯泥用锤式粉碎机粉碎成鳞片状。片状马铃薯泥是一种具有合适的组织和堆积密度的产品。

12. 包装

片状马铃薯泥的包装有马口铁罐装和复合箔片衬里的硬纸盒装,每盒装125 g。包装是在真空或充氮条件下进行的。

七、马铃薯饼

马铃薯饼是在熟化的马铃薯泥中添加其他营养强化成分和不同辅料与调味品,通过方便食品成型机挤压成型,并用涂糊撒粉机在其外表均匀地涂上一层面糊和面包屑,制出的营养丰富、味道可口、形状规则美观的产品,经油炸或微波加热即可食用。

(一)工艺流程

原料→清洗→去皮→切片→冲洗→蒸煮→粉碎→预脱水→拌料→成型→

↑（拌料）

辅料

涂糊撒粉→油炸→冷却→速冻→包装→入库

(二)操作要点

1. 清洗

挑选无腐烂、无病虫害的马铃薯,去除发芽、发绿的薯块,将其放入滚筒式洗涤机中进行清洗。

2. 去皮

去皮采用机械去皮法或手工去皮法,去皮后的马铃薯用水喷淋洗净。

3. 切片

去皮后的马铃薯放在检查线上人工挑拣不合格产品,然后把马铃薯切成1.5 mm厚的薄片或小块,以便蒸煮时受热均匀,缩短蒸煮时间。

4. 蒸煮

将马铃薯片用水冲洗后沥干水分放入立式蒸煮柜中,在常压下蒸煮20 ~ 25 min,用两指夹压切片时不出现硬块且完全粉碎时为合适。

5. 粉碎

用螺旋式粉碎机将蒸熟的马铃薯片进一步粉碎成泥。

6. 预脱水

熟化的马铃薯泥含水量高,要用离心脱水机进行脱水。离心机的转速为3 000 r/min,脱水时间为3 ~5 min。通过预脱水将马铃薯泥中的固形物含量由15% ~20%提高至30% ~40%,使马铃薯泥具有较好的成型性,便于后期的成型制作。

7. 拌料

根据产品要求将预脱水的马铃薯泥混合以不同的辅料(如番茄、香蕉、胡萝卜、玉米、羊肉等)或添加剂,在拌料机内充分混合均匀。

8. 成型

选择适当形状的模具,将拌好的混合物送入成型机中,加工成型。

9. 涂糊撒粉

将成型的马铃薯饼输送到涂糊撒粉机中,在产品的外表面均匀地涂上一层面糊,再撒上一层面包屑。适当选用面包屑品种可获得不同的外观效果。

10. 速冻

涂糊撒粉后的马铃薯饼经预冷后送入速冻间，经低温速冻后装盒包装，即为速冻成品。速冻前也可用连续油炸机进行油炸，以固化表面涂层、增强外观颜色。油炸时油温控制在 170～180 ℃，油炸时间为 1～2 min。

八、马铃薯酸乳

马铃薯酸乳利用乳酸菌将牛乳中的乳糖、添加的蔗糖及马铃薯中部分碳水化合物分解，产生大量有机酸（如乳酸）、醇类及各种氨基酸的代谢物，以提高其消化率，降低血脂和胆固醇含量，可预防心血管疾病的发生。马铃薯酸乳中含有大量活性很强的乳酸菌，能改善肠道菌群的分布，刺激巨噬细胞的吞噬功能，有效防治肠道疾病。马铃薯酸乳还具有润肤、明目、固齿、健发的功效。因此马铃薯酸乳是一种值得开发的营养型保健饮料。

（一）工艺流程

牛乳液

↓

马铃薯→清洗→熟化→去皮→混合、打浆→均质→灭菌→冷却→接种→发酵→灌装→冷藏成熟→成品

（二）操作要点

1. 马铃薯的处理

将新鲜成熟的马铃薯用清水洗净表面的泥沙及污物，用蒸汽或沸水煮熟后，迅速撕去外皮，用木棒等捣成均匀的泥状。

2. 牛乳液的调制

按配方称取砂糖和牛乳用 50 ℃的温水冲调成牛乳液，或者直接在过滤后的鲜乳或脱脂乳中加入适量的砂糖调制成牛乳液。

3. 混合、打浆

按比例将马铃薯泥与牛乳液混合，用胶体磨打成浆状，并用均质机在 210～280 kg/cm^2的压力下均质成稳定的匀浆。

4. 灭菌、冷却

将马铃薯匀浆放入电热式蒸煮锅中加热到 85～90 ℃，保持 20 min，完成灭菌

作用后，用冷却缸迅速降温到 40 ℃左右，再用定量灌装机分别注入预先灭菌的包装容器中。

5. 接种、发酵

冷却后的料液接入 2% ~5% 的菌种后，装入发酵罐中，在 42 ~44 ℃的温度下发酵 3.5 ~4.0 h，当 pH 值为 3.8 时取出。

6. 冷藏成熟

发酵后的马铃薯酸乳在 2 ~4 ℃的环境中冷藏 6 ~8 h，促进马铃薯酸乳的芳香物质双乙酰和 3 - 羟基丁酮的产生，增强制品的风味。

九、马铃薯固体饮料

以马铃薯为原料制成的固体饮料是一种新型的粉末状植物饮料，营养丰富，无胆固醇，易冲调，冲调后为乳白色，有类似牛奶的风味，尤其适合老年人饮用。

（一）工艺流程

马铃薯清洗、去皮、切片（0.5 ~1.0 cm）→煮熟（100 ℃，5 ~10 min）→加水打浆→过胶体磨（两次）→酶处理→酶灭活（120 ℃，5 min）→均质→干燥→调配→冷却→包装

（二）操作要点

1. 酶处理

固体饮料的冲调性首先与组成固体饮料的各种物质的溶解性及不溶物是否可维持稳定的乳化状有关。马铃薯中含有大量淀粉（占其干重的 65% ~83%），淀粉的性质很大程度上决定了马铃薯的性质。马铃薯淀粉在水中的溶解性很差，但其结构松散，易降解，通过添加 α - 淀粉酶将淀粉降解成短链糖，即可提高固体饮料的冲调性。当酶解温度 75 ℃、酶添加量 0.5%、pH 值 5.5 时，可以将马铃薯中的淀粉降解到一定程度，这时固体饮料不仅容易溶解而且呈均匀液状。

2. 干燥

影响固体饮料冲调性的另一个因素是固体粉末的粉粒大小。粉粒小，外形规则接近球形，粉分散性好，冲调性佳；反之则流散性差，冲调时易起“疙瘩”。喷雾干燥的干燥速度快、温度低，则营养成分损失少，干燥物速溶性、冲调性好，比其他

能达到相同产品性能的干燥方式经济、方便。当喷雾干燥中的进风温度为200 ℃、出口温度为60 ℃、喷雾压力0.7 kg/cm^{2}时，喷出的产品冲调性好。

3. 调配

固体饮料为一种即冲即饮的饮料，稳定性要求不高，但马铃薯固体饮料中含有相当量的固形物，需要加入一定量的稳定剂，以保证冲调后能保持一定的稳定状态。采用0.4%卡拉胶做稳定剂，经冲调后，可获得稳定且稠度适中的悬浊液。

第四节 马铃薯副产品加工

随着我国马铃薯淀粉行业的发展，东北地区每年有大量的马铃薯被加工成淀粉，同时产生近百万吨的马铃薯渣。马铃薯渣是在马铃薯淀粉生产过程中产生的一种主要成分是水、细胞碎片和残余淀粉颗粒的副产品。马铃薯渣含水量高达80%，自带菌多达33种，不易储存、运输，腐败变质后产生恶臭，造成环境污染，若烘干则成本过高，增加企业负担，通常作为饲料或当成废渣掩埋处理，但掩埋会导致土壤和地下水的污染；同时，马铃薯渣利用程度较低。马铃薯渣中含有大量的纤维素、果胶等可利用成分，同时含有淀粉和少量蛋白质，可作为发酵培养基，具有很高的开发利用价值。

一、利用马铃薯渣制作饴糖

饴糖是我国的一种传统甜味食品，主要成分是麦芽糖和糊精，是淀粉糖的一种。其营养价值很高，也是糖果、糕点、果酱、罐头等食品生产中必须加入的原料。用马铃薯渣制作饴糖，可使马铃薯渣变废为宝，具有广阔的市场前景。

（一）工艺流程

马铃薯渣（混合稻壳）→蒸料→糖化→浓缩→成品

↑

大麦→发芽

（二）操作要点

1. 配料

将马铃薯渣研细过滤后，加入25%稻壳，然后把80%左右的清水洒在配好的原料上，充分拌匀放置 1 h，将混合料分 3 次上屉蒸。第一次上料 40%，等上汽后加料 30%，再上汽时加入最后的 30%，待大汽蒸出起计时 2 h，要把料蒸透。

2. 制麦芽

将六棱大麦在清水中浸泡 1 ~ 2 h（水温保持在 20 ~ 25 ℃），当其含水量达 45% 左右时将水倒出。继而将膨胀后的大麦置于 22 ℃室内发芽，并用喷壶给大麦洒水，每天两次，4 d 后当麦芽长到 2 cm 以上时便可使用。

3. 糖化

将蒸好的料放入桶中，并加入适量浸泡过麦芽的水，充分搅拌。当温度降到 60 ℃时，加入制好的麦芽（占 10% 为宜），上下搅拌均匀，再倒入些麦芽水。待温度下降到 54 ℃时，保温 4 h，温度再下降后加入 65 ℃的温水 100 kg，继续让其保温。经过充分糖化后，把糖液滤出。

4. 浓缩

将糖液放入锅内，熬糖浓缩。开始时火力要大。随着糖液浓缩，火力逐渐减弱，并不停地搅拌糖液，以防焦化。最后以小火熬制。糖液浓缩至 40 °Bé 时即成饴糖。

二、利用马铃薯渣制取膳食纤维

膳食纤维是一种复杂的混合物，包括了食品中的大量组成成分，如纤维素、半纤维素、木质素、胶质、改性纤维素、黏质、寡糖、果胶、角质等。膳食纤维一般分为可溶性膳食纤维（SDF）和不溶性膳食纤维（IDF）两大类。自 20 世纪 70 年代以来，膳食纤维摄入量与人体健康的关系越来越受到人们的关注，膳食纤维被誉为第七大营养素。

马铃薯渣中的纤维含量极高，占干重的 20% 左右，且马铃薯本身是一种安全的食用作物，因此用马铃薯渣制成的具有保鲜、保健、抗癌作用的膳食纤维是一种安全、廉价的膳食纤维。将马铃薯渣通过酶解、酸解、碱解、灭酶、干燥及粉碎等处理获得的膳食纤维外观为白色，持水力强，膨胀力高。

（一）工艺流程

马铃薯渣→前处理→α－淀粉酶酶解→酸解→碱解→灭酶及功能化→漂白→冷冻干燥→超细粉碎→成品→包装

（二）操作要点

1.前处理

将已提取淀粉的马铃薯渣进行除杂、过筛、水漂洗湿润、过滤处理。

2.α－淀粉酶酶解、酸解

将马铃薯渣用热水漂洗除去泡沫后，再用一定浓度的α－淀粉酶在50～60 ℃下水浴加热，搅拌水解1 h，过滤，温水洗涤，洗涤物进行硫酸水解。

3.碱解

将酸解后的马铃薯渣用水反复洗涤至中性，再用一定浓度的碳酸氢钠进行碱解。

4.灭酶及功能化

将已碱解的马铃薯渣用去离子水反复洗涤后放在有气孔的盘中，置于距水面3～4 cm、能产生2×10^5～4×10^5 Pa的高压釜中进行水蒸气蒸煮。一定时间后急骤冷却，使纤维在急剧冷却下破裂，既进行了灭酶，又进行了功能化。处理后，纤维素、半纤维素、聚戊糖等化学成分的含量均有不同程度的变化。原料分解为细小纤维，半纤维素、纤维素部分水解成可溶性糖类，木质素被软化和酸性降解。

5.漂白

经以上处理的马铃薯渣颜色较深，需要漂白。可选用6%～8%过氧化氢作为漂白剂，在45～60 ℃下漂白10 h。产品用去离子水洗涤，脱水，置于80 ℃鼓风箱中干燥至恒重。最后粉碎成粒径为125～180 μm的产品。

除采用酶法制备膳食纤维外，还可利用微生物发酵法生产膳食纤维。采用菌株C13和菌株D31分步发酵马铃薯渣，获得膳食纤维总含量达到35 128 g/L的发酵液，其中可溶性膳食纤维含量为6 131 g/L。

三、利用马铃薯渣制取果胶

果胶的主要成分为多缩半乳糖醛酸甲酯，具有可溶性，是一种无毒、安全性高的食品添加剂，可用作果酱、果冻、果汁、冰淇淋及婴儿食品的稳定剂、蛋黄乳化剂和增稠剂。马铃薯渣中含果胶2.5%，利用提取淀粉后的马铃薯渣提取果胶，可变废为宝，大大提高农产品的附加值，提高经济效益。

（一）工艺流程

马铃薯渣→预处理→加水混合→调节 pH 值→微波加热→过滤→饱和硫酸铝沉淀→调节 pH 值→离心过滤→加入脱盐液沉淀→抽滤→干燥→果胶成品

（二）操作要点

1. 预处理

取制备好的干马铃薯渣 5.0 g，加水 100 mL 浸泡一定时间，然后去除水分，再用 40 ℃温水洗涤 2 ~3 次，洗去马铃薯渣内的可溶性糖及部分色素类物质。

2. 调节 pH 值

pH 值在 1.5 ~2.5 之间时，马铃薯渣的果胶水解强烈，果胶产率较高。当提取液 pH 值降低到 1.0 时，马铃薯渣中的果胶水解过于强烈，果胶脱酸裂解，使果胶产率下降。当提取液 pH 值为 3.0 时，一方面马铃薯渣中果胶水解缓慢，生成的果胶量少，另一方面加入硫酸铝生成果胶酸铝胶体，在酸化时不能转化果胶。

3. 微波加热

微波最佳功率为 595 W。试验表明，随着微波功率的提高，果胶产率增加显著。这是由于微波功率升高，使加热温度升高，促使马铃薯渣中的不溶果胶更快水解，水解程度更深，则最后所沉淀的也更多，果胶产率也更高。但功率过高，即温度过高，马铃薯渣中的果胶水解过于强烈，使得果胶裂解成可溶性糖类，产量下降。

4. 饱和硫酸铝沉淀

每 5.0 g 马铃薯渣需添加 4.0 mL 饱和硫酸铝，当硫酸铝用量由少到多变化时，滤液中所生成的果胶酸铝也随之增加，最后所得的果胶产率也会增加，但用量太大既造成浪费又给脱盐操作带来困难。

5. 加入脱盐液沉淀

脱盐液由 60% 乙醇、3% 浓盐酸、37% 蒸馏水组成，当脱盐液用量太少时，Al^{3+} 置换不彻底，影响果胶品质；脱盐液用量大，有利于 Al^{3+} 的置换及果胶的沉淀，但用量太大又造成浪费。脱盐时间太短，Al^{3+} 置换不完全，但脱盐时间太长，由于脱盐液酸性太强果胶会水解。通常脱盐以 40 min 为宜，既可充分脱盐又可避免果胶水解。

四、利用马铃薯渣酿醋

(一)工艺流程

马铃薯渣→配料→润水→蒸料→冷却→加曲、酒母→糖化、酒精发酵→翻醅→醋酸发酵→成熟加盐→熏醅→淋醋→陈酿→灭菌→包装→成品

(二)操作要点

1. 配料

粉渣(干重)120 kg,大曲 40 kg,谷糠 100 kg,麸皮 50 kg,食盐 9 kg,香料(花椒、大茴香、高良姜、桂皮等)0.2 kg,醋糟 80 ~ 100 kg,水 260 ~ 280 kg,酒母 24 kg。

2. 润水

把谷糠、醋糟摊冷在晾场上,把马铃薯渣放在上面,加水 100%,拌匀后润水 8 ~ 14 h。

3. 蒸料

蒸笼铺上布,再撒一层谷糠,边上汽边撒料,应做到轻、准、平、匀、薄,圆汽后蒸 2 h。

4. 冷却、加曲、加酒母

出料后趁热补足水分,在晾场上翻晾,夏季冷却到 18 ~ 20 ℃,冬季冷却到 22 ~ 24 ℃,冷却后加入曲、酒母,并翻拌均匀、入罐。

5. 酒精发酵

原料入缸后,上面用塑料布、稻草盖好。开始阶段酵母繁殖,糖化速度慢,酒精发酵力弱,产酒精少,升温慢,以后逐渐加快。3 ~ 4 d 后温度升到 40 ℃左右,7 d 左右温度又回落到 25 ℃左右。

6. 醋酸发酵

酒精发酵结束后,醋醅中拌入谷糠、麸皮,混匀后,稻草盖好进行醋酸发酵。拌好的醋醅含酒精 3.8° ~ 4.2°。将已发酵的且品温达到 38 ~ 45 ℃的醅料(火醅)取 1.5 ~ 2.5 kg 作为火种接到拌好的醋醅中,翻拌均匀,4 d 后,醋醅起火,品温可达 40 ℃左右。控制品温,6 d 后开始降温,7 ~ 8 d 后加盐,9 d 后醋醅酿成。

7. 熏醅

取白醅40%入熏缸内,文火加热,70～80 ℃熏醅,熏4～5 d即可得到成熟的熏醅,即黑醋。此阶段,应每天倒缸1次。

8. 淋醋、陈酿

淋醋采用三循环法,成品含酸量在4%以上。陈酿1～2个月。

9. 灭菌

采用巴氏灭菌法,同时加0.1%的苯甲酸钠作为防腐剂。

五、利用马铃薯渣发酵制柠檬酸钙

柠檬酸钙在食品加工工业中作为螯合剂、缓冲剂、组织凝固剂以及钙质强化剂,主要用于乳制产品、果酱、糕点等。利用马铃薯渣采用固体发酵生产柠檬酸钙,设备要求简单、投资少、见效快,又可节约粮食,发酵后的曲渣还是良好的猪饲料。

(一)工艺流程

马铃薯渣→配料→蒸料→摊晾→补水接种→装盘→发酵→柠檬酸提取→中和→包装→成品

(二)操作要点

1. 配料

马铃薯渣100 kg,碳酸钙1 kg,米糠10 kg或麸皮8.5 kg(提供适量氮源),尿素0.4 kg或硫酸铵0.7 kg。

2. 蒸料

将马铃薯渣和辅料加入旋转蒸锅后,旋转锅身,使干料翻拌均匀。通入蒸汽干蒸1 h,再从轴中的进水管徐徐向锅内干料加入预先定量的水,加完后使物料浸润20 min。通入蒸汽加压至0.15 MPa,蒸馏10 min。排气降压,抽真空加快物料冷却,打开出料口。整个蒸料操作都是在锅身旋转时进行的,快而均匀,灭菌彻底,料质熟而疏松,操作简便。

3. 摊晾

料蒸好后,出锅摊晾,降低料温,同时打碎蒸料时黏结的料团。

4. 补水接种

曲料中的含水量为71% ~77%时,才能达到较高产酸水平,但为了防止蒸料黏结,生料含水量通常不超过60%,所以水分需在蒸料后补足。补加的水需预先煮沸10 min灭菌,待冷却后使用,黑曲霉种曲和抗污染剂可一并加入补加的水中,接种量2% ~3%,pH自然。

5. 装盘

将补水接种完毕的马铃薯渣曲料装进搪瓷盘,曲层4 ~7 cm,在气温低的季节曲层可略厚些,气温高的季节曲层可略薄些。

6. 发酵

装盘后,将曲盘放进曲室的曲架上进行培养,通常应控制曲室湿度85% ~90%,因黑曲霉是好氧微生物,发酵过程要注意适当通风。曲室温度应进行分段调节和控制,整个发酵过程分为三个阶段:第一阶段为前18 h,料温为27 ~35 ℃,室温在27 ~30 ℃之间;第二阶段为18 ~60 h之间,料温为40 ~43 ℃,不能超过44 ℃,室温要求33 ℃左右;第三阶段为60 h后,料温在35 ~37 ℃,室温为30 ~32 ℃。由于曲架的上层与下层温度相差较大,所以在发酵40 h时,应进行一次拉盘,即将上下层曲盘对调,整个发酵过程中不需扣盘或翻动。发酵过程中应每隔8 h取样测定酸度并进行显微镜检查,以确定发酵是否正常。当柠檬酸生成量达到最高时即可终止发酵。

7. 柠檬酸提取

将成熟曲放入浸曲池,用水浸取曲中的柠檬酸,第一次浸曲液用热水,以后数次浸取用温水,每次浸曲1 h。然后开启浸曲池底液阀放液,利用浸曲池曲渣做自然滤层,经多次浸曲至浸曲液酸度在0.5%以下时,停止浸泡并进行出渣。将浸液倒入搪瓷锅,加温至95 ℃以上,使酶等可溶性蛋白质变性析出,保持10 min后,停止加热,静置沉淀6 h后,上清液转入中和槽。

8. 中和

将经过沉淀的上清液移入中和罐,加温至60 ℃后,加入碳酸钙中和,边加边搅拌。柠檬酸与碳酸钙形成难溶性的柠檬酸钙,从发酵液中分离沉淀出来,达到与其他可溶性杂质分离的目的。在上清液中和过程中,控制中和的终点很重要,过量的碳酸钙会使胶体等杂质一起沉淀下来,不仅影响柠檬酸钙的质量,而且给后道工序造成困难。一般按计算量加入碳酸钙(碳酸钙总量 = 柠檬酸总量 ×0.714),当 pH 值为 4.8 ~5.2,滴定残酸为 0.1% ~0.2% 时即达到终点。加完碳酸钙后,升温到 90 ℃,保持 0.5 h,待碳酸钙反应完成后,倒入沉淀缸内,抽去残酸,再放入离心机中进行脱水,用 95 ℃以上的热水洗涤钙盐,以除去其表面附着的杂质和糖分。洗涤终点的测定方法是:取 20 mL 洗涤后的水,滴 1 滴 1% ~2% 的高锰酸钾溶液,3 min 不变色即说明糖分已基本洗净,洗涤达到终点。

9. 包装

洗净的柠檬酸钙不要贮放过久,否则会因发霉变质造成损失。要迅速在 90 ~95 ℃下烘干冷却后密封包装存放。

六、利用马铃薯渣生产单细胞蛋白质饲料

马铃薯鲜渣或干渣均可直接做饲料,但其蛋白质含量低,粗纤维含量高,适口性差,饲料品质低。以马铃薯渣生产单细胞蛋白质饲料可以变废为宝,开辟饲料新资源,避免废渣污染环境,且通过发酵可改善粗纤维结构,并产生淡淡的香味,增加饲料适口度。单细胞蛋白质主要是指通过发酵方法生产的酵母菌、细菌、霉菌及藻类细胞蛋白质。用马铃薯渣生产的单细胞蛋白质饲料营养丰富,蛋白质含量较高,且含有 18 ~20 种氨基酸,组分齐全,富含多种维生素。除此之外,单细胞蛋白质饲料的生产具有繁育速度快、生产效率高、占地面积小、不受气候影响等优点。因此,在当今世界蛋白质资源严重不足的情况下,发展单细胞蛋白质饲料的生产越来越受到重视。

(一)工艺流程

马铃薯渣→制培养基→灭菌→接种→拌匀→密封→固态发酵→干燥→粉碎→包装→成品→贮藏

(二)操作要点

1. 马铃薯渣固体培养基

马铃薯渣 85%、麸皮 15%,在此基础上加入$(NH_4)_2SO_4$ 1.5%,KH_2PO_4 0.6%,尿素 1.5%,$MgSO_4 \cdot 7H_2O$ 0.05%。

2. 麦芽汁液体培养基

4 °Bé,pH 值约为 6.5,121 ℃(0.1 MPa)灭菌 30 min。

3. 麦芽汁斜面培养基

5～6 °Bé，pH 值约为 6.5，2% 琼脂，121 ℃(0.1 MPa)灭菌 30 min。

4. 麸皮培养基

将麸皮和水按 1∶1 的比例混合均匀后，装入 250 mL 三角瓶，每瓶装 50 g，121 ℃(0.1 MPa)灭菌 30 min。

5. 菌种扩大培养

将黑曲霉原种接种到麦芽汁斜面培养基上，在 28 ℃下培养 72 h，再接种到麸皮培养基上，在 28 ℃下扩大培养 72 h，50 ℃低温烘干后粉碎待用。

将热带念珠菌原种接种到麦芽汁斜面培养基上，在 28 ℃下培养 72 h，再接种到麦芽汁液体培养基中，在 28 ℃恒温摇床(120 r/min)中培养 72 h。

将白地霉原种接种到麦芽汁斜面培养基上，在 28 ℃下培养 72 h，再接种到麦芽汁液体培养基中，在 28 ℃恒温摇床(120 r/min)中培养 72 h。

6. 接种、发酵

分阶段将菌种接入马铃薯渣固体培养基中，黑曲霉先发酵 24 h，再接入白地霉和热带念珠菌发酵 48 h，温度为 28 ℃，接种量为 15%，三者比例为 1∶1∶1。

7. 干燥

50 ℃低温烘干。

第五章　果蔬加工技术

人类的食物分为动物性食物和植物性食物。动物性食物包括肉类、蛋类、乳类等，是人体蛋白质和脂肪的主要来源；植物性食物包括粮食、蔬菜、水果等，粮食是人体热能的主要来源，而蔬菜和水果是人体维生素、矿物质、有机酸等物质的主要来源，此外蔬菜和水果还具有中和胃酸及助消化的功能，有些蔬菜和水果还包含丰富的淀粉、蛋白质和脂肪等营养物质。

果蔬产品不仅营养丰富，而且含水分较多，具有便于加工的特性。目前，果蔬的精深加工促进了果蔬原料的综合利用，开发生产具有生物活性的果胶、多糖、多酚等功能成分和色素、香精油、活性炭等产品，提高了原料的利用率。

黑龙江拥有全国最多的寒地黑土，果品、蔬菜的种类较多，品质优良，适合加工的产品也非常丰富，深加工品也多种多样。

第一节　果蔬加工原料的预处理及用水的处理

果蔬在加工前要经过一系列的预备处理，包括原料分级、清洗、去皮、切分、烫漂、护色等工序。

一、原料分级

任何原料加工时都必须先选优去劣，剔除霉烂、病虫害、畸形、机械损伤严重、过老过嫩、品种不一及变色的不合格原料，并除去杂质。分级的目的是便于后续加工工艺过程的进行，并保证加工品的均匀一致，提高商品价值。如去皮工序，若采用机械去皮，则要求果蔬大小一致，以减小损失率；预煮工序，要求成熟度一致，以保证同样的煮制时间和温度。分级主要包括大小、质量、成熟度和品质分级几种。如蘑菇在罐藏前，必须按菌盖大小进行分级，才能分别制成不同级别的整菇产品；青豌豆在装罐前，要先按直径大小进行分级，然后再用不同密度的盐水进行品质分级。

二、清洗

为了除去原料表面黏附的泥土、微生物及残留的有害农药,需对果蔬进行清洗。清洗时要使用流水冲洗。对含有残留农药的果蔬,一般采用0.05%~1.00%的盐酸,或0.05%~1.00%的高锰酸钾溶液,或0.04%~0.06%的漂白粉溶液,浸泡数分钟至10 min,取出后用清水冲洗干净即可。药液用量一般为原料量的1.5~2.0倍。为了保持果蔬的颜色,可用弱碱性溶液浸泡30 min,或用pH值为8的氢氧化钠溶液烫漂,然后用流水漂洗30 min。根据各种果蔬被污染的程度、耐压耐摩擦强度以及表面状态的不同,采用不同的手工方法或机械进行清洗。

(一)手工清洗

方法简单,只要有清洗池、洗涤刷和搅动工具即可。适用于各种果蔬,但劳动强度大、功效低、耗水量大。通常生长在土中的根菜类及块根块茎类蔬菜多采用手工清洗。

(二)机械清洗

常见的果品蔬菜清洗机械有:滚筒式清洗机,适于质地较硬和表面不易受机械损伤的原料,如红薯、胡萝卜等;喷淋式清洗机和压气式清洗机,适于柔软多汁、表面光滑的原料,如番茄等。

三、去皮、去核

许多果蔬的皮、核等口感粗糙且有不良风味,对加工制品有不良影响,需将其除去。但加工果脯、蜜饯、果汁和果酒时,因要打浆、压榨或其他原因可不去皮。常用的去皮方法有以下几种。

(一)手工去皮

常用的工具有不锈钢去皮刀、去皮刨等,见图5-1,用于一些不规则原料的去皮。

(二)机械去皮

常用的机械有旋皮机、擦皮机及专用去皮机,适用于肉质结实的苹果、梨等水果。该法去皮前要事先分级使水果大小一致,以减少损耗,提高去皮效率,如果去

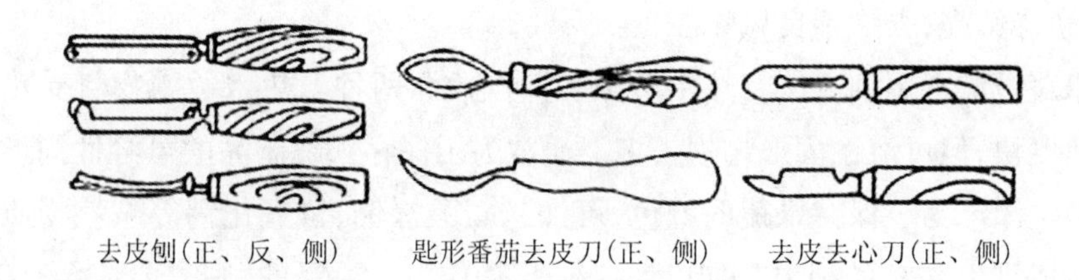

去皮刨(正、反、侧)　　匙形番茄去皮刀(正、侧)　　去皮去心刀(正、侧)

图 5-1　手工去皮工具

皮不完全,还需加以修整。去皮的同时还会产生下脚料,需综合利用。

(三)碱液去皮

强碱液会使果皮和果肉间的中胶层水解而失去胶凝性,从而达到去皮的目的。但是,若碱量过少,则去皮不干净;若碱量过多,则过度腐蚀,使果实表面毛糙。通常使用碱液去皮时要考虑作用温度、时间和碱液浓度,去皮后,要用 0.25% ~ 0.50% 的柠檬酸溶液清洗。

(四)热力去皮

适用于桃、杏、番茄、红薯等易去皮的果蔬,且果蔬成熟度要高。该法为高温短时的处理方法,例如:桃可切半去核,皮向上,100 ℃处理 8 ~12 min 后淋水冷却;番茄可在 95 ~98 ℃热水中处理 1 ~2 min,或在蒸汽中处理 10 ~20 s。

此外,还有酶法去皮、冷冻去皮、红外线去皮等方法。

对于不适宜加工的果核,均需采取一定的方法除去。大规模生产时可用劈桃机、切片机等专用机械去核,也可用通核器、匙形的去核器等小型工具手工完成。

四、切分

体积较大的果蔬做干制品、果脯、罐头、速冻品时均要切分。

五、烫漂(预煮)

烫漂即将切分好的原料放入沸水或热蒸汽中进行短时间处理。烫漂处理可钝化酶,排除果蔬内部空气,防止多酚类物质及色素、维生素 C 等氧化褐变,稳定或改进色泽;可杀灭虫卵和微生物,除去大部分污物和残留农药;可使果蔬组织具有韧性,利于罐藏食品的紧密装罐;可使细胞死亡,膨压消失,改变细胞膜的通透性,使果品在干制、糖制过程中水分易蒸发、糖分易渗入、不易产生裂纹和皱缩;可使组织透明,色泽鲜亮,去除不良风味。

果蔬烫漂常用的方法有热水烫漂和蒸汽烫漂两种。热水烫漂物料受热均匀,升温速度快,但可溶性固形物损失多。通常为了保存果蔬制品的可溶性固形物,可用糖液烫漂。为了保持果蔬的颜色,可加入碳酸氢钠、氢氧化钙等碱性物质,但此法会造成维生素 C 的损失。如以保存维生素 C 为主要目的,则需要加入亚硫酸氢钠。手工烫漂可在夹层锅内进行,机械烫漂目前采用的主要机械有链带式连续预煮机和螺旋式连续预煮机。烫漂的程度以失去新鲜果蔬的硬度、外观看起来半生不熟、组织透明为宜。若烫漂程度不够,对干制品和速冻制品来说,在储藏中会持续进行各种反应,导致品质劣变;若烫漂过度,果蔬质地会软化。烫漂时间因原料种类、形状大小、组织嫩度等的不同而不同,通常为 2 ~5 min,也有的只有几秒。

烫漂后要及时将果蔬浸入冷水中冷却,防止余热使物料过度软化。

六、护色

果蔬去皮和切分之后,与空气接触会迅速变成褐色,从而影响外观、风味和营养品质。这种褐变主要是酶褐变,是由于果蔬中的多酚氧化酶能够促进儿茶酚类化合物的氧化,使之聚合成黑色素。一般护色从排除氧气和抑制酶活性两方面着手,常用的护色方法有:用 1% ~2% 的食盐水或糖水护色;通过添加亚硫酸盐溶液或柠檬酸,适量降低护色液的 pH 值来达到护色的目的。还可采用热烫处理,一般热烫处理要把握好度,90 ~100 ℃处理 5 min,处理后迅速冷却,以防止余热使组织进一步变软。

七、果蔬加工用水的处理

水在果蔬加工中具有很重要的作用,通常加工 1 t 果蔬罐头,要用水 55 ~85 t。加工厂的水源充足与否和水质的好坏,将直接影响到制品的质量,故对加工用水一定要进行严格的选择和必要的处理。

(一)果蔬加工对水质的要求

果蔬加工用水要符合生活用水的要求,水质应澄清透明、无色、无味、无臭、无悬浮物,不含或少含铁、锰等矿物质,不含硫化氢、硝酸盐和亚硝酸盐等对人体有害的物质,不允许有任何致病菌及耐热性细菌的存在,一般每毫升水中细菌总数不得超过 100 个。来自地下深井或自来水厂的水,可直接作为加工用水,但不适宜作为锅炉用水。盐腌制以及半成品保存可用硬水，其余的都要用软水。

(二)加工用水的处理

凡不符合加工要求的天然水，均须经过净化和软化处理，以达到使用要求。其程序包括澄清、过滤、除铁、消毒、软化等。图5－2所示的是饮料厂最常见的一种水处理设备。

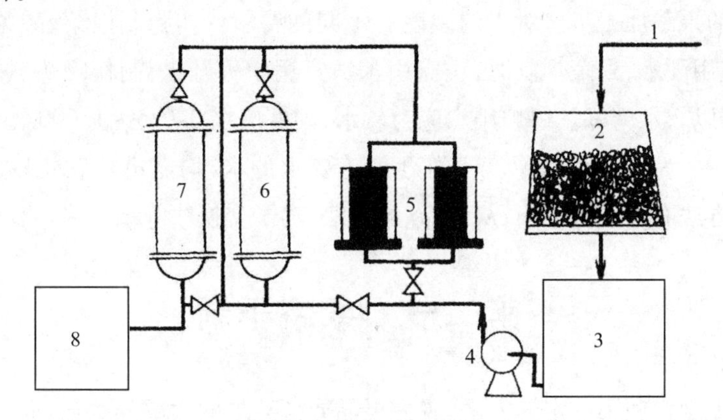

图5－2　水处理设备简图

1. 井水或自来水；2. 粗过滤器；3、8. 贮罐；4. 泵；5. 细过滤器；6. 氢离子交换柱；7. 钠离子交换柱

1. 澄清

利用混凝、絮凝及沉淀等方法去除水中悬浮物质的过程称为水的澄清。

2. 过滤

水流通过一种多孔性或具有孔隙结构的介质(如沙)时，水中的一些悬浮物或胶态杂质被截留在孔隙或孔口中或介质的表面上，使杂质从母液中分离出去。

3. 消毒

水的消毒指杀灭水中的病原菌及其他有害微生物，防止传染病的危害。常用的消毒方法有氯化、臭氧化及紫外线消毒。

4. 软化

水的总硬度指水中钙、镁离子的总浓度，其中包括碳酸盐硬度(即通过加热能以碳酸盐形式沉淀下来的钙、镁离子的浓度，故又叫暂时硬度)和非碳酸盐硬度(即加热后不能沉淀下来的那部分钙、镁离子的浓度，又称永久硬度)。硬度的表示方法尚未统一，目前我国使用较多的表示方法有两种：一种是将所测得的钙、镁离子浓度折算成氧化钙的浓度，即用每升水中含有氧化钙的毫克数表示，单位为mg/L；另一种以度(°)计，1 硬度单位表示每升水中含 10 mg 氧化钙，即 1° = 10 mg/L CaO。这种硬度的表示方法称作德国度。8 德国度以下者称为软水，8 ~ 16 德国度之间者称中等硬水，16 德国度以上者称高度硬水。

不同的果蔬加工工艺对水的硬度有不同的要求。如腌制泡菜、酸菜和生产蜜饯时，适宜用硬水；果蔬干制时，洗涤用水适宜用中等硬水；制作罐头、速冻蔬菜及果蔬汁时，以软水为好。锅炉用水应为软水，硬度应在 0.035 ~ 1.000 德国度之间，pH 值以 7 ~ 8 为宜。凡是硬度不符合加工要求的水，均需进行软化以降低硬度。水的软化方法有加热法、熟石灰法、碳酸钠法、离子交换法等。

第二节　果蔬干制

果蔬干制指利用一定的方法，脱去果品或蔬菜中的大部分水分，而设法保持其原有风味的干燥方法，所得的制品为果蔬干制品。干制设备简单，操作容易，成本低廉，制品具有体积小、质量轻、便于运输和保藏的优点。干制还可有效调节果蔬生产淡旺季节的供应，尤其一些传统的果蔬干制品，如东北常见的干豆角丝、土豆干、干黄瓜片、茄干、辣椒干、干黄花菜、南瓜干，已成为东北人生活中不可缺少的食品。

果蔬干制工艺按照工艺性质可分为原料选择、预处理、干燥、后处理等几个阶段。果品原料要求干物质含量高，纤维素含量低，风味好，核小皮薄；蔬菜原料要求肉质厚，组织致密，粗纤维少，新鲜饱满，色泽好，废弃部分少。其中影响果蔬干制品质量的关键环节是预处理和干制阶段。

一、工艺流程

原料选择→预处理(洗涤、除杂、去皮、修整、切分、烫漂、硫处理)→干制→后处理(回软、挑选分级、包装等)

二、操作要点

(一)原料的选择

选择干制原料,首先应考虑经济价值,包括产品特色、保藏价值、市场消费容量等。其次应考虑适宜干制的果蔬品种,如:果品原料要求干物质含量高,纤维素含量低,风味良好,核小皮薄;蔬菜原料要求菜心及粗叶等废弃部分少,肉质厚,组织致密,粗纤维少,新鲜饱满,色泽好。最后应考虑成熟度适宜、新鲜、无腐烂的原料。

(二)预处理

1. 洗涤、除杂

干制前,须将原料中不适宜干制的部分剔除,然后洗涤。洗涤的目的主要是清除原料表面的污物、泥沙和微生物,特别是残留的农药。洗涤用水一般为软水,因为硬水中含有大量钙盐和镁盐,镁盐过多会使产品具有明显的苦味。果皮上如带残留农药,还须使用化学药品洗净。一般常用0.5% ~1%的盐酸、0.1%的高锰酸钾溶液或0.06%的漂白粉溶液等,在常温下浸泡5 ~6 min,再用清水洗涤。洗涤时必须用流水冲洗,并使果品振动、摩擦,以提高洗涤效果。

2. 去皮、切分

有些果蔬如马铃薯、大蒜、胡萝卜等在干燥前应去除表皮,这样有利于加速干燥,改善产品的食用口感。生产上常用化学去皮和热力去皮的方法。去皮后,根据原料的特点、干制要求和商品规格,将果蔬切成条、片、粒、丝等形状。

3. 烫漂

烫漂又称为热处理,即将去皮、去核、切分(或未切分)的新鲜果蔬原料在温度较高的热水或沸水中(或常压蒸汽中)加热处理。烫漂可以破坏果蔬的氧化酶系统。氧化酶在73.5 ℃下,过氧化酶在90 ~100 ℃下处理5 min即失去活性。烫漂可防止果蔬在酶的催化作用下氧化而发生褐变以及维生素C的进一步氧化,同时烫漂可使细胞内的原生质发生凝固、失水而和细胞壁分离,使细胞膜的通透性加大,促使细胞组织内的水分蒸发,加快干燥速度。经过烫漂处理后的干制品,在加水复原时也容易重新吸收水分。绿色蔬菜要保持其绿色,可在热水中加入0.5%的碳酸氢钠,或用其他方法使水呈中性或微碱性,因为叶绿素在碱性介质中会水解,生成叶绿酸、甲醇和叶醇,叶绿酸仍为绿色。烫漂的时间根据果蔬的种类、品种、成熟度、个体大小及烫漂的温度高低而定，通常为2～10 min。烫漂后立即用冷水冷却，以防原料组织软烂。

4. 硫处理

用硫燃烧熏果蔬，或用亚硫酸及其盐类配制成一定浓度的水溶液浸渍果蔬，称为硫处理。经过硫处理的干制品吸水复原、加热煮熟之后，所含的二氧化硫即可逸散，达到无异味。果蔬进行硫处理，可防止原料在干制过程中及干制品贮藏期间发生褐变。硫处理期间，应注意浸泡溶液的浓度和处理时间。浸泡溶液中二氧化硫含量为0.000 1%时，能降低褐变率20%，含量为0.001%时果蔬能完全不变色。虽然如此，但不应过度处理。

(三)干制

果蔬干制加工采用的方法有自然干制和人工干制两种。自然干制，一般利用的是太阳辐射的干燥作用和空气的干燥作用(见图5－3)。人工干制设备费用较高，操作比较复杂，因而成本也较高，但产量高、质量好，具有自然干制不可比拟的优越性，是果蔬干制的发展方向。

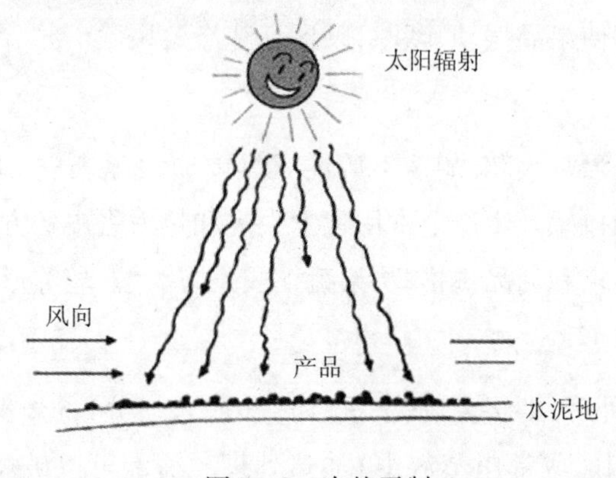

图5－3　自然干制

自然干制的主要设备为晒场和晒干用具(见图5－4)。干制时，比较简便的做法是将原料直接放置在晒场暴晒，或者放在席箔上晒制。晒场要向阳，宜选择在交通方便的地方，但不要靠近多灰尘的大道，还应注意要远离饲养场、垃圾场和养蜂场等地方，避免污染和蜂害。大众化的果蔬如萝卜、白菜、茄子、豇豆等的干制加工，可选择自然干制的方法。

人工干制设备要具有良好的加热装置及保温设备，以保证干制时所需的较高

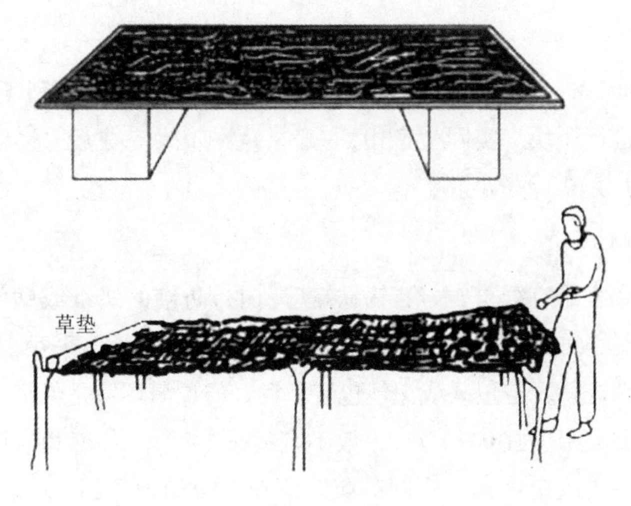

图5-4 简易晒台

而均匀的温度;要有良好的通风设备,以及时排除原料蒸发的水分;要有较好的卫生条件和劳动条件,以避免产品受到污染并便于操作管理。

目前,我国的人工干制设备按烘干时的热作用方式,分为借热空气加热的对流式干制设备,借热辐射加热的热辐射式干制设备和借电磁感应加热的感应式干制设备三类。此外,还有间歇式烘干室和连续式通道烘干室,及低温烘干室和高温烘干室之分。所用载热体有蒸汽、热水、电能、烟道气等。间歇式烘干室以采用蒸汽、电能加热者较为普遍,连续式通道烘干室则多采用红外线加热。感应式干制设备目前尚未广泛应用。近年来,又出现了电子束固化、波长在50 μm以上的远红外线干燥,以及单体直接用光激发聚合成膜的光固化干燥等新技术。

(四)后处理

1. 回软

回软又称均湿,目的是使干制品的含水量均匀一致。干燥后待产品稍微冷却,即可装入大塑料袋或铁桶中密封,保存1~3 d,待质地略软即可。回软操作一般适用于叶菜类及丝、片状干制品。

2. 挑选分级

剔除产品中的杂质、褐变品等,同时按照不同的标准进行分级。此操作应在相对湿度低,凉爽洁净的环境中进行。

3. 压块

叶菜类或丝、条、片状的果蔬干制品常呈蓬松状,体积大,不利于包装和贮运,因此通常对其进行压块。实际生产中,一般果蔬在干燥完成后,趁热(60～65 ℃)压块,一般压力为 70 kg/cm²。

4. 包装与贮藏

常用的包装容器有纸箱、木箱、锡铁罐等,内衬防潮的蜡纸或塑料薄膜袋。包装要求能够密封、防虫、防潮、无毒、无异味。商品化包装时,多采用聚乙烯、聚丙烯等无毒塑料制品进行真空包装或充气包装。良好的贮藏环境是保证干制品耐藏性的重要因素。贮藏温度宜 0～2 ℃,一般不宜超过 14 ℃。环境相对湿度是干制品中水分含量的主要决定因素。干制品应贮藏在干燥的地方,相对湿度低于 65%,同时要通风良好,避免阳光照射。

三、果蔬干制实例

(一)干豇豆

干豇豆风味独特,具有滋阴补血,清热解毒,养脾健胃等作用,是人们喜爱的佐餐佳肴。

1. 工艺流程

选料→清洗去杂→烫漂→护色→熏硫→干制→包装→成品

2. 操作要点

(1)选料

要选择无虫蛀、无锈斑、无畸形、无损伤、无污染、嫩绿、荚长、肉质肥厚的豇豆,最好把不同品种的豇豆分开干制,以避免干制品长短不一,色泽杂乱。

(2)烫漂

嫩豇豆组织细嫩,沸水烫漂时间不宜过长,一般 2～4 min 即可捞出,之后立即用冷水浸漂,以防止余热持续作用,同时也可以除去豇豆所排出的黏性物质。

(3)护色

烫漂时在水中加入 0.5% 的碳酸氢钠,可以很好地保持豇豆色泽碧绿,并能改善干豇豆的外观质量。

(4)熏硫

把经过烫漂的豇豆用竹席摊放在室内,按 200 g/m^3 的用量采用硫黄燃烧熏制,可防止干制时豇豆氧化变色及腐烂变质,减少维生素 C 的损失,还可加快干燥速度,提高成品的复水性能。

(5)干制

把豇豆均匀地铺在芦席上进行暴晒,待向阳面晒至由绿色转为青白色时进行翻动,以加速其干燥,一般 3 ~4 d 即可晒干。

(6)包装

干制豇豆存放时,要注意防潮变质。可用聚乙烯薄膜制成大包装袋,每袋装 20 kg 左右干制豇豆,装后扎口密封,两年内不会变质。若作为正式商品生产,除考虑包装外,还须在烘干时,将豇豆分级、成型,以便于整齐封装。

(二)南瓜干

老熟南瓜具有很高的营养价值,每 100 g 南瓜鲜果中含有水分 91.9 ~97.8 g、碳水化合物 1.3 ~5.7 g、胡萝卜素 0.57 ~2.4 mg,还有维生素(维生素 B、维生素 C、维生素 E 等)、氨基酸(瓜氨酸、天门冬氨酸等)和矿物质(铁、磷、锌、硒等)。南瓜还具有一定的药用价值,是幼儿和老人及消化不良、高血压、肾炎等病人的保养食品,不能多食糖类的糖尿病人,唯食用南瓜无妨。因为南瓜中的南瓜子碱、葫芦巴碱、果胶等生理活性物质能催化分解致癌物质亚硝胺,加快肾结石、膀胱结石的溶解,帮助消除人体内多余胆固醇,防止动脉硬化。南瓜还有明目和医治哮喘病的作用,常吃南瓜可防治夜盲症。

1. 工艺流程

选料→处理→切片→晾晒→蒸煮→晒干→制浆→上浆→晒干→包装→成品

2. 操作要点

(1)处理

选用充分老熟的南瓜,其特点是皮较厚、硬,手指甲划不破,表皮有较厚的蜡粉。以皮呈红色,肉质呈橘红色的老熟南瓜为好。洗净,去蒂剖开,去皮,去籽,掏净瓤。

(2)切片

南瓜经处理后,切成约 5 mm 厚的环形薄片,放入水中浸泡 30 min。

(3)晾晒

将环形的南瓜片均匀地串在竹竿上晾晒5 d左右,至手感干透为止,否则影响成品的外观和质地。

(4)蒸煮

把晒干的南瓜片放入蒸汽锅中隔水蒸6 min左右,取出后快速冷却,摊在竹筛上晒至含水量为10%以下,待用。

(5)制浆

在不锈钢锅中放入一定量的水,煮沸后,将淀粉用冷水调匀(淀粉与水的比例为8∶100~10∶100),再慢慢倒入沸水中,边煮边搅拌,直至呈糨糊状。

(6)上浆

上浆是制南瓜干的关键环节,它能改善南瓜干的色泽、质地和风味。上浆时可根据口味的不同,添加一些芝麻、白糖、橘皮等。将南瓜干放入浆液中均匀蘸上一层薄浆,立即摊在竹筛上暴晒1 d,或摊在烘盘上,入烘箱烘烤,温度控制在55~65 ℃。待表面上的浆干至不粘手、具有一定弹性时,进行自然冷却。

(7)包装

将冷却好的南瓜干用食品塑料袋或塑料盒进行包装。成品呈金黄色半透明状,口味香甜,入口后细腻爽口,并有一定韧性,价廉物美,久食不厌。

(三)茄干

茄子的营养价值很高,其主要成分有葫芦巴碱、水苏碱、胆碱、蛋白质、钙、磷、铁及维生素A、维生素B、维生素C,其糖分含量较番茄高1倍。茄子纤维中含一定量的皂草甙,紫茄子还含有较丰富的维生素PP。

1. 工艺流程

选料→清洗→预煮→冷却→切分→第一次日晒→腌制→第二次日晒→翻动→半成品→浸泡、脱盐→拌料→入坛发酵→成品

2. 操作要点

(1)选料

选用个大、肥嫩、肉质细致、无病虫害、无腐烂的新鲜茄子做原料。

(2)清洗

将选好的茄子用刀切去果柄及萼片,放入清水中洗净待用。

(3)预煮

向锅内加清水烧沸,倒入洗净的茄子,盖上锅盖,待锅内的水再沸时捞出一只茄子,观察其煮熟程度。若茄子已变为深褐色、柔软,但未熟透,表明已煮好,应立即用笊篱捞出茄子,放在竹筛或竹帘上冷却。

(4)切分

待预煮的茄子冷却后,将茄子切成两半,再将切开的每半个茄子划成3~4瓣,但不要划断,使茄瓣仍连在一起。

(5)第一次日晒

切瓣后,把茄子剖面朝上、一个一个地摆放在晒席上,置阳光下暴晒1 d,不要翻动,以免碎烂,夜间收入室内。暴晒完毕待冷却后即可进行腌制。

(6)腌制

用陶瓷盆或缸进行腌制。将晒后的茄子剖面朝上摆放在盆(缸)内,其上撒一层研碎的盐末,用手揉搓均匀,使盐末全部粘在茄瓣上,用盐量为晒后茄子质量的5%。搓盐后,将茄子剖面朝上,一层层地铺在盆(缸)中,直至茄子高于盆口3~4 cm,使盆的中央凸出时为止,腌制12~24 h。

(7)第二次日晒

腌制后,仍然把茄子一只一只地摆放在晒席上进行日晒。每隔3~4 h翻动一次,翻动时若发现茄子下面有水汽,要用干布擦干。如此日晒2~3 d,茄子颜色变为黑褐色并能够折断时,即为半成品。

(8)浸泡、脱盐

将干茄瓣放在清水里浸泡20 min左右,让其吸水膨胀变软。然后用笊篱捞出,再放到晒席上日晒。以晒至茄瓣表皮无水汁,质量比刚浸泡完时略有减少,但仍较半成品大45%~50%为宜。浸泡的目的是脱去部分盐分及茄子的苦涩味。

(9)拌料

将半成品切成长4 cm、宽6.5 cm的块。拌入质量为茄子的3%的食盐、20%的红辣椒(红辣椒要切成约1 cm×1 cm的块)和5%的豆豉。

(10)入坛发酵

将成品逐层装入泡菜坛中,边装边逐层捣塞结实,尽量使坛内不透空气。装满后,盖上盖子,并在坛口周围的水槽里灌上水,最后将扣碗扣在水槽中,以防止外界空气进入菜坛。经15 d左右的发酵,即得到成品茄干。

(四)辣椒干

辣椒含有丰富的维生素。食用辣椒,能刺激食欲,增强体力,改善怕冷、冻伤、血管性头痛等症状。辣椒含有一种特殊物质,能加速新陈代谢,促进激素分泌,保持皮肤健康。辣椒中富含的维生素 C 可以防治心脏病及冠状动脉硬化,降低胆固醇。辣椒中含有较多的抗氧化物质,可预防癌症及其他慢性疾病,可以使呼吸道畅通,因此可用以治疗咳嗽、感冒。辣椒还能杀灭或抑制胃、腹内的寄生虫。

1. 工艺流程

原料选择→分级→烘制→排湿→翻椒→脱水→回烘→回软→包装

2. 操作要点

(1)原料选择

加工辣椒干时应选择充分成熟、果实鲜红的新鲜辣椒作为原料。

(2)分级

将辣椒按成熟度分级,然后分别装盘。

(3)烘制

烘盘内按 7 ~ 8 kg/m^2 的量装入新鲜辣椒。入烘房烘制时,控制温度在 85 ~ 90 ℃,室内温度应保持在 60 ~ 65 ℃,历时 8 ~ 10 h。

(4)排湿

因辣椒在高温下蒸发水分,使烘房湿度增大,所以要及时打开进气窗和排气筒,进行通风排湿。

(5)翻椒

干燥期间要经常调换辣椒位置,使其干燥均匀。

(6)脱水

当辣椒干燥到能弯曲而不折断,品温达到 60 ~ 70 ℃时,取出倒入筐内,压实压紧,盖上草帘,压上石头,以促进辣椒内部水分向外转移。12 h 后当辣椒含水量降至 50% ~55% 时即迅速装盘。

(7)回烘

装盘后的辣椒送烘房回烘。控制温度在 55 ~ 60 ℃,经 10 ~ 12 h 后即结束干燥。

(8)回软

将干燥后的辣椒压紧盖严,堆积 3 ~ 4 d,使水分均衡,质地变软,以便包装保存。

(五)土豆干

土豆是一种粮菜兼用型的蔬菜。土豆含有丰富的维生素 A 和维生素 C 以及矿物质,约含优质淀粉 16.5%,还含有大量木质素等,被誉为人类的"第二面包"。其所含的维生素是胡萝卜的 2 倍、大白菜的 3 倍、西红柿的 4 倍,维生素 C 的含量为蔬菜之最。土豆干是东北农村每年夏天必须制作的干菜,以备冬天食用。食之既有新鲜蔬菜的原味,又有新鲜蔬菜所不具有的嚼劲,甘甜、软糯可口。制作方法如下:

采用新鲜土豆,洗净后,用大锅蒸熟,去皮,切片,在充足的太阳光下,自然晾晒而成。秋天是晒干的好季节。通常 15 kg 土豆晒成 1 kg 土豆干。食用的时候,用热水泡开后,可以煮或炒着吃。

第三节　蔬菜腌制

蔬菜腌制是一种古老的蔬菜加工方法,在我国已有悠久的历史。劳动人民在长期的生产实践中积累了丰富的经验,创造出了许多名特产品,如四川的榨菜、云南大头菜、北京六必居酱菜、东北的酸菜等。蔬菜腌制方法简易,成本低廉,腌制品易于保存,具有独特的色、香、味,合乎大众化原则。另外,在调节蔬菜的淡旺季供应、丰富副食品种类方面,蔬菜腌制品也占有相当重要的地位。冬季北方人习惯将新鲜蔬菜腌制成小咸菜,作为餐桌上一道可口的下饭菜。

蔬菜腌制品可分为两大类,即发酵性腌制品和非发酵性腌制品。发酵性腌制品的特点是腌制时食盐用量小,同时有显著的乳酸发酵,一般还伴随微弱的酒精发酵和醋酸发酵,产品具有明显的酸味,如泡菜、酸菜等均属此类。非发酵性腌制品的特点是腌制时食盐用量较大,使乳酸发酵完全受到抑制或只能极其微弱地进行,产品含酸量低,含盐量高,通常感觉不出有酸味,如咸菜、酱菜等均属此类。

一、蔬菜腌制工艺

(一)腌制原理

蔬菜腌制的原理是利用有益微生物的发酵作用、食盐的高渗透压作用、蛋白质的分解作用以及其他一系列的生物化学作用,抑制有害微生物的活动,达到长期贮藏的目的。如果辅以适宜的配料,还会使产品具有独特的品质。

(二)腌制工艺

1.腌制工艺流程

原料选择→整理→晾晒→洗净→沥干→加盐搓→入缸腌制→压紧→翻缸→压紧→贮存

2.操作要点

(1)原料处理

腌制的蔬菜原料应肉质脆嫩、质地紧密、纤维含量少、无病虫害。采收后剔除不可食部分,进行分级、清洗和切分。叶菜类蔬菜,腌制前需在日光下晾晒1~2 d,以减少菜体中的水分,使其稍稍变软,防止在腌制过程中菜体因含水量过高而破碎。

(2)入缸腌制

如采用盐水腌制法,腌制前,将清水倒入锅内,加入食盐,加热搅拌使食盐溶解(盐水浓度通常为18~20 °Bé,即每千克盐水中加纯氯化钠220~250 g)。冷却过滤后将蔬菜放入盐水中浸渍,菜体与盐水的比例为1:1。腌制过程中,菜体吸收盐分,使盐水的浓度下降。这时,应将蔬菜转入另一只盛有盐水的缸中复腌,当缸中盐水浓度低于18 °Bé时,应及时补充饱和盐水,使盐水浓度稳定在18 °Bé。此法适用于含水量低的原料(如萝卜等)的腌制,也适用于菜体娇嫩的食用菌的腌制。

如采用干盐腌制法,先在缸底铺一层底盐,再在盐层上放一层蔬菜,将菜体压紧,使菜体中部分汁液外渗,然后再撒一层盐,再铺一层菜,把菜体压紧。如此反复,将菜装满至缸口,最后在最上层菜体上撒一层盖面盐,并压上重物,防止菜体漂浮。腌制过程中要注意,上层用盐量要比下层多一些。当食盐吸收菜体中的水分而溶化后,盐水下淋,使盐分均匀地渗入到原料中。只加食盐腌制的产品,一般加盐量为原料质量的15%左右,多者可达20%~25%。若配以辅料,如花椒、辣椒、柠檬酸等，用盐量可相应降低，一般为原料质量的10% ~15%。

(3)翻缸

将缸中的蔬菜进行上下调换，使盐分均匀地渗入到菜体中，还可起到散热、排除不良气味的作用。

(4)贮存

腌制加工完成后，为防止制品败坏，应妥善贮存。贮存方法有直接封缸贮存和塑料容器包装贮存两种。直接封缸贮存是在最后一次倒缸时，将腌制品装至距缸口15 ~30 cm处，在制品上放好竹帘，压上重物，将原卤水倒入缸中并浸没制品，然后加上缸盖即可。塑料容器包装贮存是将腌好的制品转入塑料桶内，并加满新配的食盐水，使制品浸入卤液内，最后盖上盖密封贮存。

二、酱制工艺

酱菜是将腌制好的盐坯适当脱盐后酱渍而成的，制品既具有酱的鲜香和色泽，又能保持原有的质地。

(一)蔬菜酱制的生产工艺流程

原料选择→洗净→腌制→脱盐→沥干→酱制→贮存

(二)操作要点

1. 原料选择

酱菜的原料很多，有大头菜、黄瓜、萝卜、茄子、辣椒等。去除不可食用的部分，适当切分成段、丁、条等形状以便于腌制。

2. 腌制

大多数酱菜在酱制前，都要经过腌制处理。腌制时对含水量较高的蔬菜采用干盐腌制法，盐用量为鲜菜质量的12% ~20%；对含水量较低的蔬菜采用盐水腌制法，用盐量为鲜菜质量的25%左右。经过10 ~20 d的腌制后，即可进行酱制。

3. 脱盐

经过腌制的原料，用清水进行脱盐处理，除去过多的食盐和苦味物质。加入清水的量一般为：若咸菜水为20 °Bé，则50 kg盐坯加50 kg清水，而盐水浓度每增加1 °Bé，则需要多加清水2.5 kg。浸泡时间夏季为2.0 ~2.5 h，春、秋季为2.5 ~3.0 h，冬季为3.0 ~3.5 h。浸泡期间换水4 ~5次。脱盐后盐坯的盐分应控制在

10%左右。捞出，沥去多余的水分并晾干。

4. 酱制

对于个体较小的蔬菜或切分后块形较小的蔬菜可装袋酱制，但不能装得过满、过紧，否则酱液渗入不均匀。个体较大的蔬菜可直接入缸酱制。制作酱菜所用的酱一般为甜面酱或稀黄酱，也可用酱中抽出的原汁酱油。酱制过程中，坯料与酱的比例为1.0∶0.5～1.0∶0.7。每天必须搅拌1～2次，以促使制品均匀地吸收酱液和着色，同时也可起到散热的作用，以防酱菜变质。经过10～20 d后，酱汁就会充分渗入菜体。酱制完成后，酱菜可留在酱内长期贮存。将酱菜取出后，剩余的酱可继续使用。

5. 贮存

蔬菜腌制好后，最好放在0 ℃条件下密封保存。

三、蔬菜腌制实例

（一）酸菜

东北人有吃酸菜的习惯。因为东北冬天寒冷，无霜期短，所以当地人就用腌制酸菜的方法来保存蔬菜。酸菜味道咸酸，口感脆嫩，色泽鲜亮，香气扑鼻，开胃提神，醒酒去腻，不但能增进食欲、帮助消化，还可以促进人体对铁元素的吸收。酸菜发酵是乳酸杆菌分解白菜中的糖类产生乳酸的过程。乳酸是一种有机酸，它被人体吸收后能增进食欲，促进消化。同时，白菜变酸，其所含营养成分不易损失。

1. 工艺流程

原料选择→修整→晾晒→烫漂→沥干→入缸撒盐→注水→加盖发酵

2. 操作要点

（1）原料选择

选择个大、饱满、菜心密实、含水分较少的白菜。

（2）修整

用刀修去菜根，砍掉菜帮和多余的叶子。

（3）晾晒

在太阳下充分晾晒，散发水分，利用紫外线灭菌。腌菜用的大缸，用开水消毒、洗净后晾干。

(4)烫漂

用热水焯菜,必须焯透,焯后晾凉,以减少温差,避免自身温度过高引起腐烂。

(5)入缸撒盐

将白菜放入缸中码好,最好不留空隙,码一层菜洒一层盐(最好选用粗粒盐),根据自己的口味,调节盐的多少。码好后用手夯实。

(6)注水

加入生水,使之没过白菜,放上石头压紧。同时为了能吃上既可口又无害的酸菜,每千克白菜通常加入 400 mg 维生素 C,以防止亚硝酸盐的产生。

(7)加盖发酵

放在温度较低的地方发酵 1 个月左右。

3. 快速腌制酸菜的方法

去掉白菜外面的烂帮,将白菜用清水冲洗干净,切掉根部,将食盐在菜叶里外抹均匀,抹好盐的白菜放置 24 h。在这段时间里,白菜表面少量的水分溶解了盐,渗透到菜叶中,盐浓度很大,可以缩短酸菜腌制的时间。将处理好的白菜放入缸或整理箱中,上面压上石头或在 5 L 的油桶内装入食盐水压在菜的上面,减少菜与氧气的接触面积。因为白菜的发酵要靠乳酸杆菌的繁殖,乳酸杆菌是厌氧菌,而霉菌、杂菌是需氧菌,如果水中的氧气多了,霉菌、杂菌就会繁殖,导致酸菜腐烂。压上石头后,向缸或整理箱中灌水,水要没过白菜。为了加快发酵,可加入豆腐脑或大豆腐中澄出的汁,每两颗白菜放小半碗即可,搅拌均匀,在 20 ℃条件下 10 d 即可腌好。

(二)辣白菜

辣白菜中含有钙、铜、磷、铁等丰富的无机物,能促进人体对维生素 C 和维生素 B 的吸收。使泡菜发酵产生酸味的乳酸杆菌,不但可以净化胃肠,而且能够促进胃肠内蛋白质的分解和吸收,抑制肠内其他有害菌的滋生。

1. 调料的制备

将 1.0~1.5 kg 盐和 0.25 kg 辣椒粉充分混合后用开水冲成糨糊状的辣椒浆,冷却待用。再将与辣椒等体积的蒜捣成泥,用刀将适量葱剁成碎末,同时把适量梨擦成细丝待用。将上述蒜泥、葱末、梨丝放入辣椒浆中,并加少量味精调匀。味精量不能过多,否则白菜易腐烂。

2. 白菜的准备

选择新鲜、优质、大小均匀、无烂叶、无病虫害的白菜作为原料。先将白菜的黄叶、老菜帮剥除，然后用水冲洗，将菜帮间的泥沙冲掉。50 kg 白菜用 3.0 ~ 3.5 kg 盐，用热水将盐化开，并配制成浓盐水，浓度越高越好。待盐水完全冷却后，将洗净的白菜（大棵白菜应在菜头处切一个十字口，或切成两半，使盐水渗入）放在盐水中浸泡3 min后取出。将浸泡后的白菜一层一层放在缸内码好，上面用石头压上，再将盐水倒入，浸泡 3 d 后将白菜取出，此时白菜已软化。沥一下水，把剩余盐水倒掉。如果白菜太大，软化不足，可在菜帮内撒一些盐。

3. 腌制方法

用手轻轻掰开菜帮，在每一个菜帮上涂上配好的调料，但调料量不宜太多。绿叶部分不要涂调料。调料涂好后，将菜帮合拢，放在缸内（或罐内），一层层码好，最上面放一层掉落的菜叶，最后压上石头。3 d 后，盐水渗出，此时要尝一下，如果太咸，可用淡盐水（不要用凉开水）冲一下，如太淡，可加一些浓盐水到合适为止。盐水应没过菜面，如盐水不足，可补加盐水，因为外露的白菜容易腐烂。经过 7 ~ 10 d 即可以食用。

4. 注意事项

蒜的用量不能太少，而且要捣烂。腌制应在天气较冷时进行，以 11 月下旬 ~ 12 月上旬为宜，此时夜间温度已在零下。如气温过高，白菜易酸化，味道不鲜。

5. 快速腌制辣白菜

将白菜老帮去掉，切成块，撒上精盐腌制 10 h 后用手轻搓，感觉腌透了之后，用手将盐水轻轻挤出（如果盐放多了也可以用清水冲洗一下）。将辣椒末用开水烫开，凉透，使之呈酱状。将大蒜及鲜姜切成碎末，与凉透的辣椒酱外加一点白糖混为一体拌匀，再均匀地拌到已经腌制好的白菜中。吃时可按自己的口味适当放点味精。

此辣白菜的特点是随吃随腌，两颗菜吃 10 d 左右即可以进行下一轮的腌制，用小盆或小坛盛装，空间占用小。

（三）糖醋菜

利用盐的高渗透压作用和糖醋液的酸性来保存食品，所得制品酸甜可口、质地脆嫩。

1. 原料选择及预处理

选择新鲜的大蒜、萝卜、黄瓜、生姜作为原料,去除不可食用的部分,大的原料要进行适当的切分。

2. 盐腌制

将 100 kg 蔬菜和 10 kg 食盐分层放入缸中,装至容器的 1/3 ~ 1/2,早晚各翻缸 1 次,连续翻 10 d 即可完成。将腌好的半成品捞出沥干水分并摊开晾晒,每天翻动 1 次,晒到原重的 70% 即可。

3. 糖醋液腌制

首先按 100 kg 盐坯用 70 kg 食醋、15 kg 红糖、15 kg 白糖的比例配成糖醋液,配制过程是先将醋加热至 80 ℃左右,再加入红糖溶解,稍凉后加入白糖。将配好的糖醋液加入装有盐坯的坛内,将坛口密封保存,1 个月后即可食用。

四、腌制蔬菜注意事项

(一)卫生条件

腌制前,原料要洗净。腌制用的容器,洗涤后应进行灭菌处理,如利用沸水热烫、蒸煮、酒精喷洒以及熏硫处理等。腌渍液煮沸灭菌后使用,腌制场所应经常保持清洁。

(二)腌制容器的选择

如腌制数量大,一般用缸腌。半干咸菜如香辣萝卜干、大头菜等一般用坛腌。通常以陶瓷器皿为好,切忌使用金属制品。

(三)腌制条件的控制

盐水浓度一般为 10% ~25%,保证菜体压实且盐水要淹没菜体。温度不宜高于 20 ℃,否则咸菜会很快腐烂变质。腌制场所阴凉通风,利于散发咸菜生成的热量。腌制好的咸菜保存在 2 ~3 ℃的环境中。

第四节 果蔬糖制品加工

果蔬糖制品是将果蔬加糖浸渍或热煮而成的高糖制品,按其加工方法和状态一般分为高糖制品(蜜饯类)和高糖高酸制品(果酱类)两大类。目前,果蔬糖制品主要有苹果脯、杏脯、蜜枣、糖姜片、冬瓜条、红薯条、橘饼、九制陈皮、雪梅以及各种果酱等。

一、果蔬糖制品类型

(一)果脯蜜饯类

该类制品具有一定的形状,是经整理、硬化等处理,并加糖煮制而成的制品,一般含糖量在60% ~70%。根据糖制品状态的不同,还可分为湿态果脯蜜饯(如蜜饯樱桃、山楂、青豆、红豆、冬瓜等,可直接食用,也可作为食品的辅料)、干态果脯蜜饯(蜜枣、苹果脯、杏脯、红薯条等,做成表观透明或糖霜状)和凉果(如话梅、九制陈皮,果品经盐腌制、脱盐、加甘草等配料蜜制、晒干而成,糖含量不超过35%,该制品表面多覆盖一层盐霜,味甜中有咸)。

(二)果酱类

该类产品不保持一定的形状,呈黏糊状、冻状或胶状。根据其状态不同,可分为果酱、果泥、果冻、果糕、果丹皮等。该类制品含糖量一般在55%以上,酸含量1%左右。

二、果蔬糖制品保藏原理

果蔬糖制品保藏原理是利用高浓度糖液的高渗透作用,抑制微生物的生长。保藏过程中要注意防潮,因为糖制品很容易吸收空气中的水分而使糖浓度降低。因此糖制品选用防潮纸或玻璃纸包裹,以防"流糖"现象发生。另外某些糖制品如果冻、果酱等是在熬制后趁热装进罐头瓶内的,并进行过灭菌处理,因此该类产品高糖的渗透作用和高热的灭菌作用并存,能够长期保存。

三、糖制品加工

(一)蜜饯类的加工工艺

1. 工艺流程

果蔬原料选择 → 挑选分级 → 形态整理 → 硬化和硫处理 → 漂洗 →

↗ 装罐→密封→灭菌→湿态蜜饯

预煮→糖制

↘ 干燥→上糖粉→整理→包装→干态蜜饯

2. 操作要点

(1)果蔬原料的选择

大多数果品和部分蔬菜均可用来加工蜜饯,但以含水量较少,固形物含量较高,肉质致密、坚实、耐煮制,颜色美观的品种为佳。

(2)硬化和硫处理

硬化处理即将整理好的果蔬放入硬化剂(如石灰、氯化钙、明矾、亚硫酸钙)稀溶液中进行适当时间的浸渍。硫处理可防止果蔬氧化变色,并且有一定的防腐作用。硫处理通常是将果蔬原料直接在0.1% ~0.2% 的亚硫酸及其盐类的溶液中浸泡适当时间,或将划缝刺孔的果蔬进行熏硫处理(硫黄用量为原料质量的0.1% ~0.2%)。硫处理后的果蔬原料要用清水漂洗,除去亚硫酸及其盐类的残液。

(3)漂洗和预煮

漂洗是为了充分洗去硬化剂、二氧化硫等,漂洗后产品中二氧化硫不得超过50 mg/kg。预煮可使果蔬原料组织细胞软化,增大细胞透性,有利于糖分渗入;同时排出原料中的黏性物质、气体和不良风味物质,以增进成品的透明度和改善制品风味;预煮可破坏氧化酶的活性,防止氧化变色,固定品质;对于用盐腌制和用亚硫酸保藏的果蔬,预煮还有助于脱盐和脱硫;对于经硬化处理的原料,预煮可去除硬化剂;预煮还可使干果、干坯迅速复水回软,有利于进行糖制。

(4)糖制

各种蜜饯的糖制过程,就是糖分渗入果蔬组织细胞的过程。对糖分渗入的要求是时间短,而又能充分渗入,因为渗入的糖分愈多,蜜饯形态就愈饱满,制品的品质也愈好,且耐藏性愈强。糖制的方法可分为加糖腌制(糖渍)和加糖煮制(糖煮)两大类。糖渍法不加热,可较好地保持产品的色泽、风味、营养和应有的形态。糖煮法渗糖较糖渍法迅速,但维生素损失较多。

(5)干燥和上糖粉

干态蜜饯糖制后要进行烘晒,使其表面不粘手,糖分含量接近72%,含水量不超过18% ~20%。所谓上糖粉,即在蜜饯表面裹一层糖粉,以增强其保存性。糖粉即砂糖在50～60 ℃条件下烘干后磨碎而成的粉。操作时,待收锅蜜饯稍冷,在糖未凝固时,加入糖粉拌匀,筛去多余糖粉,成品表面即可裹上一层白色糖粉。

(6)整理和包装

为了提高干态蜜饯的商品价值,干燥后的蜜饯常需进行整理、拣选、分级和包装处理。干态蜜饯包装以防潮为主要目的,一般先用塑料薄膜食品袋包装密封,再进行装箱,箱内衬以牛皮纸或硫酸纸等。湿态蜜饯糖制后加以拣选,取完整者装罐,加入清晰透明的糖液,或将原糖液滤清后加入。蜜饯装量为成品净质量的45%～55%,装罐后密封,并在90 ℃热水中灭菌20～40 min。

(7)储藏

储藏温度保持在12～15 ℃,避免温度低于10 ℃而引起蔗糖析晶。对于不灭菌和不密封的蜜饯,宜将空气的相对湿度控制在70%以下。

3. 果脯蜜饯加工中常见的问题

(1)返砂和流糖

返砂是指糖制品中液态部分的糖在某一温度以下,浓度达到过饱和时,即出现结晶的现象。果脯、蜜饯产品出现返砂现象后,将失去其应有的光泽,容易破损,同时降低了糖的保藏作用。流糖是返砂的逆现象,是指果脯蜜饯产品中转化糖含量过高时,在高温和潮湿的环境中就容易吸潮,形成易于流动的糖液,使产品表面发黏,容易变质。造成返砂、流糖的主要原因在于制品中转化糖占总糖量的比例问题。当转化糖含量占总糖量的30%以下时,就会出现不同程度的返砂现象;当转化糖占总糖量的50%时,在良好的条件下产品不易返砂;当转化糖占总糖量的70%以上时,产品易发生流糖现象。

解决返砂和流糖的方法有控制煮制的条件,掌握蔗糖与转化糖的比例,即严格掌握糖煮的时间及糖液的pH值(糖液的pH值应保持在2.5～3.0)。蔗糖在稀酸与热的作用下,可水解为等量的葡萄糖和果糖,因此可加柠檬酸或酸的果汁调节。另外,为防止返砂,在糖制加工中,还可以加入部分饴糖、蜂蜜或淀粉糖浆,因为这些物质中含有大量的转化糖、麦芽糖和糊精,而在蔗糖结晶的过程中,它们有抑制晶核的生长、降低结晶速度和增加糖液饱和度的作用。此外糖制时加入少量果胶、蛋清等非糖物质同样有效,因为这些物质能增大糖液的黏度,抑制蔗糖的结晶过程,增加糖液的饱和度,从而防止制品结晶。

(2)煮烂与皱缩

煮烂主要是作为原料的果实过熟、糖煮温度过高、煮制时间过长等原因造成的。果脯的皱缩指原料由于“吃糖”不足而在干燥后出现的皱缩干瘪的现象。煮烂与皱缩是果脯生产中常出现的问题。为防止煮烂,应采用成熟度适当的果实作为原料,并且应注意,经过前处理的果实,不应立即用浓糖液煮制,应先放入煮沸的清水或者1%的食盐溶液中热烫几分钟,再按工艺煮制;另外在煮制前用氯化钙溶液浸泡果实,对防止煮烂也有一定的作用。为防止皱缩,在糖制过程中应采用分次加糖的方法,使糖液浓度逐渐升高,延长浸渍时间。因为如果一次加糖过多,糖液浓度骤然升高,果实表面的细胞组织急剧收缩,外部的糖液反而不易渗入,造成“吃糖”不足。此外,还可以采用真空煮制法。真空煮制压强一般控制在83 545 Pa或更高些,温度为55~70 ℃。其原理是利用真空条件降低果实内部压力,然后增压,借放入空气时果实内外压力之差,促使糖液渗入果肉。这种煮制方法不仅渗糖快,制品“吃糖”充足,不易皱缩,而且由于糖煮温度低,煮制时间短,能够有效地防止煮烂,并能较好地保持果实的色香味及维生素等。

(3)变色

果脯蜜饯在加工过程中,由于操作不当,可能产生褐变现象或颜色发暗现象。原因主要有3种。

①酶褐变。酶是具有生物活性的蛋白质,在较高的温度下,多数酶会因钝化而失去活性。因此,为防止酶褐变,主要采用热烫处理的方法。在采用多次浸煮法加工果脯时,应注意第一次热烫处理必须使果实中心温度达到热糖液的温度。

②非酶褐变。转化糖能够与果实中的氨基酸发生美拉德反应,产生黑蛋白素。糖煮的时间愈长,温度愈高,转化糖愈多,愈能加速这种褐变。因此在达到热烫和糖煮目的的前提下,应尽可能缩短糖煮时间。真空煮制法对防止非酶褐变具有较明显的作用。非酶褐变在果脯干燥过程中也会发生,特别是在烘房温度高、通风不良、干燥时间长的情况下,成品的颜色就会较深暗,这可以通过改进烘干设备,缩短烘烤时间加以克服。

③氧化变色。为防止氧化变色,常在糖煮之前进行硫处理。硫处理既可防止制品氧化变色,又能促进糖液的渗透。方法有两种:其一,用质量为原料的0.1%~0.2%的硫黄,在密闭的容器或房间内点燃进行熏蒸处理。其二,预先配制好0.1%~0.15%的亚硫酸溶液,把处理好的原料投入亚硫酸溶液中浸泡数分钟即

可。需要注意的是,经硫化处理的原料,在糖煮前必须充分脱硫,以防止制品中二氧化硫超标,而且在成品进行检验时,须检验二氧化硫的残留量。

(二)果酱类的加工工艺

1. 果胶的胶凝作用

(1)高甲氧基果胶形成凝胶的条件

果胶是一种亲水胶体,在水合以后能形成高度亲水的黏性溶液,并带负电荷,是一个稳定的胶体分散体系。但当溶液的 pH 值低于 3.5 时,它的电荷会被中和,若再在溶液中加入 50% 以上的糖(脱水剂),高度水合的果胶便会脱水,果胶分子之间靠氢键结合,并胶凝成网状结构。

影响高甲氧基果胶胶凝的主要因素有溶液的 pH 值、温度、糖的浓度和果胶的种类与性质。

(2)低甲氧基果胶形成凝胶的条件

低甲氧基果胶由于甲酯化程度低,因此分子中有大量的游离羟基存在,从而对金属离子比较敏感。当与钙离子或其他多价金属离子接触时,果胶分子之间便可通过羟基和钙离子或其他多价金属离子所形成的离子键连接成网状结构而胶凝。

影响低甲氧基果胶胶凝作用的因素主要是钙离子浓度、果胶的种类与性质、pH 值和温度。

2. 工艺流程

原料选择 → 预处理 → 加热软化 → 捣碎 → 过滤 → 配料 →

↗ 装罐 → 密封 → 灭菌 → 冷却 → 成品(果酱、果泥、果冻)

浓缩→ 注模 → 冷却 → 包装 → 成品(果糕、果冻)

↘ 刮片 → 干燥 → 切块 → 包装 → 成品(果丹皮)

3. 操作要点

(1)原料选择

果酱类加工的原料要求含有较多的果胶和有机酸,具有浓郁的芳香味,成熟度适中。过熟的原料中果胶和酸的含量已大大降低,会影响凝胶的形成,而成熟度过低的原料制出的产品色泽暗,风味差。用含果胶和有机酸少的果蔬生产果酱类制品时,必须添加一定量的果胶及有机酸,也可与富含果胶和有机酸的原料混合加工。

(2)预处理

包括选择、洗涤、去皮、去心和切分等,主要目的是洗净不洁物,去除不可食用的部分,便于破碎或取汁。对于去皮切分后易变色的原料,必须尽快放入食盐水或食用柠檬酸溶液中护色,以免影响成品的颜色。

(3)加热软化

目的是破坏酶的活性,防止变色和果胶水解;软化果肉组织,便于打浆、取汁;促使果肉组织中果胶溶出,以利于成品的胶凝。软化最好采用夹层锅,加水量为果肉质量的20% ~50%,也可用糖水进行软化,糖液浓度为10% ~30%。水沸腾后加入果肉,大火烧沸后改用小火,不断搅拌使上下层果块软化均匀,果胶充分溶出。软化时间一般为10 ~20 min。

(4)配料

①配方因原料种类和产品要求而异。

果酱配方:一般要求果浆占总配料质量的40% ~55%,白砂糖占45% ~60%(其中允许使用的淀粉糖浆量占总糖量的20%以下),柠檬酸添加量一般以使成品含酸量在0.5% ~1.0%为宜,果胶添加量以使成品含果胶量达1.0%左右为宜。

果冻配方:果肉软化后及时进行压榨取汁,砂糖用量为果汁质量的70% ~80%(其中可用5%的淀粉糖浆),柠檬酸添加量以使成品含酸量达0.7%左右(pH值为3.1左右)为宜,果胶添加量以使成品含果胶量达1.0%左右为宜(视果胶凝结程度而定)。

②根据浓缩前处理好的果蔬组织及砂糖等的配合比例,计算浓缩后能制得的成品量。

③配料中所用的砂糖、柠檬酸、果胶或其他增稠剂均应事先配成浓溶液过滤备用。砂糖一般配成70% ~75%的浓糖浆,柠檬酸配成50%的溶液。若用果胶粉,先在果胶粉中加入果胶粉量2 ~4倍的砂糖,充分拌匀,再加入果胶粉量10 ~15倍的水,加热使其溶解,注意边加热边搅拌,以防粘锅。若用琼脂,可用温开水浸泡软化,洗净杂质,加热溶解后过滤,加水量为琼脂质量的20倍。

(5)浓缩

投料顺序:先将果蔬肉浆(汁)加热浓缩20 min左右,然后分几次加入浓糖浆。继续浓缩至接近终点(糖度为60%以上)时,依次加入果胶液或其他增稠剂溶液、柠檬酸溶液,加入后充分搅匀,继续浓缩至终点。

终点的判断方法:①依据酱液的沸点,当沸点达到105 ℃左右时即可出锅。②用折光仪测定糖度,当糖度达到65%左右即可出锅。③挂片法,用搅拌的木铲从锅中挑起少许酱体倒下,当熬制的酱体沿着木铲呈片状下落时,即认为达到终点,该法靠经验判断。

浓缩目前常用的方法有常压浓缩和真空浓缩。常压浓缩即将物料盛于干净夹层锅中,在常压下加热浓缩,时间以30~60 min为宜。浓缩过程中应不断搅拌,防止粘锅并使锅内各部分温度均匀一致。浓缩初期,可加入少量植物油,避免加热时果酱飞溅,保证水分正常蒸发。真空浓缩即将物料盛于真空锅中,再减压加热浓缩。该法对产品的色、香、味的保存效果优于常压浓缩,且浓缩速度快。常用的装置有单效浓缩装置和双效浓缩装置,其中双效浓缩装置更节省能源。

(6)装罐、密封、灭菌、冷却

果酱类制品含酸量较高,应采用防酸涂料铁罐或玻璃罐盛装,包装容器应洗净消毒。果酱出锅后,趁热快速装罐密封,一般要求每锅果酱自出锅至分装封口完毕不超过30 min,密封时酱体温度不低于80 ℃。

果酱类在加热浓缩过程中,物料中的绝大部分微生物已被杀死,且果酱的糖度高,pH值低,一般装罐密封后残余的微生物不易生长繁殖。在工艺卫生条件好的情况下,密封后只要倒罐数分钟,利用酱体余热对罐盖进行消毒即可。大规模生产时为了安全,常在密封后趁热灭菌,一般在100 ℃条件下灭菌5~15 min(根据罐型大小而定)。灭菌后迅速冷却至38 ℃左右。

(7)注模成型和刮片干燥

果冻和果糕在浓缩后可装罐保存。装罐的具体要求与果酱相同,但灭菌温度应低一些,一般为85~90 ℃。也可以在浓缩后趁热注入成型器中,冷却后即成一定形态的凝胶体,取出经包装即为成品。

制果丹皮时,将浓缩后的浓稠浆液用木框或成型机摊成薄片,然后在60~70 ℃的烘房中干燥至不粘手,取下经切块包装即为成品。

4. 果酱加工中常见的问题

(1)变色

造成果酱变色的原因很多,有金属离子的作用、单宁氧化、糖和酸及含氮物质的作用、糖的焦化等。防止果酱变色的办法有:加工操作迅速;碱液去皮后务必洗净残碱;迅速预煮,破坏酶的活性;加工过程中防止果酱与用铜、铁等金属制成的器具接触;尽量缩短加热时间;浓缩过程中不断搅拌,防止焦化;浓缩结束后迅速装罐、密封、灭菌和冷却;贮藏温度保持在 20 ℃左右。

(2)糖结晶

糖结晶是果酱中转化糖含量过低造成的。因此,应严格控制配方,使果酱中糖含量不超过 65%,其中转化糖应占 30% 左右。也可用淀粉糖浆代替部分砂糖,一般占总加糖量的 20%。

(3)汁液分泌

汁液分泌是由果块软化不充分、浓缩时间短或果胶含量低,未形成良好的胶凝造成的。防止汁液分泌的方法为:充分软化,使原果胶水解而溶出果胶;对果胶含量低的可适当增加糖量,添加果胶或其他增稠剂增强凝胶作用。

(4)发霉变质

原料腐烂严重;加工、贮藏过程中卫生条件差,装罐时瓶口污染,封口温度低、不严密,灭菌不足等因素均可造成产品发霉变质。防止方法为:严格分选原料并清洗干净,剔除腐烂原料;库房要严格消毒,通风良好;对车间、工器具、人员要加强卫生管理;装罐过程中严防瓶口污染;装罐后密封温度要大于 80 ℃并且封口要严密,灭菌必须彻底。

四、果蔬糖制实例

(一)蜜枣

北方蜜枣是以大锅糖煮而成的。煮前原料经过硫处理,煮制时间较长,蔗糖转化率较高,色泽淡,不结霜,半透明。

1. 工艺流程

原料选择→切缝→硫处理→糖煮→初烘→成型→复烘→分级→包装→成品

2. 操作要点

(1)原料选择

鲜枣于由青转白时采收。按大小分级,分别加工,每千克 100 ~ 120 个为最好。

(2)切缝

用小弯刀或切缝机将枣切出 60 ~ 80 道缝。刀深以果肉厚度的一半为宜,切缝太深,糖煮时易烂;太浅,糖分不易渗入。同时要求纹路均匀,两端不切断。

(3)硫处理

枣在切缝后一般要进行硫处理。将枣装筐,入熏硫室处理30~40 min,硫黄用量为枣质量的0.3%。或采用0.5%的亚硫酸氢钠溶液浸泡原料1~2 h。

(4)糖煮

以大锅糖煮。先配制40%~50%的糖液35~45 kg,与50~60 kg的枣同时下锅,大火煮沸,加枣汤(上次煮枣后的糖水)2.5~3 kg,煮沸,如此反复3次后,再进行6次加糖煮制。第1~3次每次加糖5 kg、枣汤2 kg,第4~5次每次加糖7 kg,第6次加糖10 kg左右,煮沸20 min后,连同糖液入缸糖渍48 h,整个糖煮时间1.5~2 h。

(5)烘焙

初烘温度55 ℃,中期最高不超过65 ℃,烘至果面有薄糖霜析出为止,时间约24 h。趁热将枣加压成型(扁腰形、元宝形或长圆形)。复烘温度为50~60 ℃,烘至果面析出一层白色的糖霜为止,需30~36 h。

(二)低糖红薯脯

1.工艺流程

原料选择→清洗→去皮→切分→硬化→护色→漂洗→预煮→糖渍→烘制→包装→成品

2.操作要点

(1)原料选择

选择成熟度高、薯身饱满、条形顺直、无腐烂、无虫斑的黄心或红心新鲜红薯。

(2)去皮、切分

刮去外表皮,并挖净斑眼,用切条机切成厚3~5 mm、宽15 mm、长30~50 mm的红薯条,要求厚度、宽度尽量一致。

(3)硬化、护色

将红薯条浸泡在含0.3%的焦亚硫酸钠、0.15%的柠檬酸、0.08%的氯化钙和1.0%的磷酸氢二钠的复合护色液中硬化及护色2~3 h,防止红薯条在生产过程中发生酶促褐变或在糖煮时发生软烂现象。

(4)漂洗

将红薯条从硬化护色液中捞出后,用清水漂洗去药液及胶体,然后放入沸水中烫漂 5 ~ 10 min，再捞出放入清水中漂洗干净，除去黏液。

(5)预煮

果葡糖浆、淀粉糖浆、低聚异麦芽糖的比例为 3: 6: 1，加水配制成浓度为 40% 的与红薯条等质量的糖液，再加入占糖液质量 0.2% 的柠檬酸、0.15% 的 CMC - Na 和 0.06% 的山梨酸钾，充分搅拌混合均匀，然后将糖液煮沸，放入红薯条预煮 10 min(进一步使酶失活，使果肉适度软化，促进果实吸收糖分)。

(6)糖渍

预煮后的红薯条放入浸渍罐中，在 85.33 kPa 的真空度下进行 40 ~ 60 min 的抽空处理，然后注入糖液，浸渍 10 ~ 12 h。

(7)烘制、包装

将糖渍后的红薯条捞出，沥去糖液，并用 0.1% 的 CMC - Na 溶液清洗红薯条表面的糖液，然后沥去水分，铺于烘盘上，利用鼓风式干燥箱在 50 ℃的温度下烘制 12 h 左右，取出冷却后包装即得成品红薯脯。

(三)糖姜片

糖姜片又叫明姜片、冰姜片。外形呈片状，姜黄色，表面附着白色糖霜，质地柔软，食之甘甜微辛，有兴奋发汗、止呕暖胃、解毒驱寒的作用。

1. 工艺流程

原料选择→清洗→刮皮→切片→护色处理→烫漂→漂洗→沥干→糖制→包装→成品

2. 操作要点

(1)原料选择

选择新鲜肉厚、块形较大、纤维未硬化的嫩姜作为原料。

(2)刮皮、切片

刮去生姜表面的薄皮，横切成厚约 0.5 cm 的薄片。

(3)护色处理

将姜片坯在 0.5% 的亚硫酸氢钠溶液中浸泡 10 min，取出姜片，在清水中漂去残液并沥干水分。

(4)烫漂、漂洗

将护色处理过的姜片坯放在沸水中烫漂 10 min 后，立即在冷水中漂洗冷却。

(5)糖制

每100 kg鲜姜用糖85 kg。先用35 kg糖分层糖渍姜片,24 h后连同糖液一起倒入锅内,再加白糖30 kg,煮沸1 h。将姜片连同糖液倒入容器内,冷渍24 h。将姜片与糖液再次倒入锅内,加入剩余的白糖,煮沸浓缩,直至糖浆可以拉成丝状为止。捞出姜片,沥去糖浆,晾干。再将姜片置于箩筐中,用预先研细的白糖粉搅拌均匀,筛去多余的糖粉。

(6)包装

干燥后即可用PE袋或PA/PE复合袋定量密封包装。

(四) 南瓜酱

1. 工艺流程

原料选择→清洗→去皮→去籽→切块→软化→打浆→浓缩→装罐→排气→密封→灭菌→冷却→保温→成品

2. 操作要点

(1)原料选择

选用肉质厚、糖含量高、纤维含量少、色泽金黄的南瓜品种。

(2)去皮、去籽、切块

削去坚硬带蜡质的表皮,对半剖开,挖去瓜瓤和瓜籽,用不锈钢刀切成10 cm左右的小块。

(3)软化

100 kg南瓜加50 kg水,在夹层锅内加热煮沸至南瓜软熟为止。

(4)打浆

将煮软的熟南瓜肉投入打浆机中打成糊状。

(5)浓缩

将砂糖在夹层锅中加热溶化,配成70%的糖液,用纱布过滤备用。将柠檬酸用少量水溶解。取糖液总量的1/3与南瓜糊混合,在夹层锅中加热煮沸约10 min,加入其余糖液和淀粉糖浆,继续加热浓缩10～15 min,加入柠檬酸液后再加热至沸,至可溶性固形物达66%～67%即可出锅。通常的配比为:南瓜糊50 kg、砂糖55 kg、淀粉糖浆5 kg、柠檬酸0.28 kg。

(6)装罐

将旋口空玻璃罐与罐盖在沸水中煮沸5～8 min,沥干水分,趁热装罐。

(7)排气、密封

装罐后旋紧罐盖,要求密封时酱体中心温度不低于80℃。

(8)灭菌、冷却

采用沸水灭菌,分段冷却。

(9)保温

擦干罐盖和罐身表面的水分,放入保温库(20 ℃左右)保温7昼夜。

(五)马铃薯、胡萝卜制果丹皮

1.工艺流程

原料选择→整理→清洗→切片→软化→破碎→过筛→浓缩→刮片→烘烤→揭片→包装→成品

2.操作要点

(1)原料选择与整理

选用新鲜、无病虫害的胡萝卜,取出纤维部分(即中柱),挖去马铃薯发芽部分。

(2)清洗、切片

原料用清水洗净后,切成薄片。

(3)软化

将原料放入蒸锅,加水蒸煮30 min左右,以胡萝卜柔软、可打浆为宜。

(4)破碎

用打浆机将蒸煮后的胡萝卜和马铃薯(二者比例为7∶3或8∶2)打成泥浆,越细越好,用筛孔直径为0.6 mm的筛过滤。

(5)浓缩

将过滤后的浆液加入白砂糖熬煮,通常马铃薯和胡萝卜为100 kg时,加白砂糖60～65 kg。同时加入少量柠檬酸。熬煮一段时间,当浆液变成稠糊状时,用铲子铲起,呈薄片状下落即可。此时要求pH值在3左右,如酸度不够,可适当补加柠檬酸溶液。

(6)刮片

将浓缩好的糊状物倒在玻璃板上,用木板条刮成0.5 mm厚的薄片,不宜太薄或太厚,太薄制品发硬,太厚则揭片时易碎。

(7)烘烤

将片状的果浆放入烘房,在55~65 ℃的温度下烘烤12~16 h,至果浆变成韧性的果皮时揭片。

(六)果冻

果冻通常是以果胶、琼脂为凝固剂,添加各种不同的果汁、蔗糖等制成的。目前市场上流行的小容器果冻大多是用果冻粉(以卡拉胶、魔芋粉为主要原料,添加其他植物胶和离子配制而成)、甜味剂、酸味剂及香精配成的凝胶体,可以添加各种果汁,调配出各种果味及各种颜色,盛装在卫生透明的聚丙烯包装盒内,一年四季都可食用。

1. 工艺流程

溶胶→煮胶→消泡→过滤→调配→灌装→封口→灭菌→冷却→干燥→成品

2. 操作要点

(1)溶胶

按果冻粉0.8%~1%、白砂糖15%和阿斯巴甜(60倍)0.1%的比例将三者混合均匀,在搅拌条件下将上述混合液慢慢地倒入冷水中,然后不断进行搅拌,使胶溶解。也可静置一段时间,使胶充分吸水溶胀。

(2)煮胶

将胶液边加热边搅拌至煮沸,使胶完全溶解,并维持微沸的状态8~10 min,然后除去表面泡沫。

(3)过滤

趁热用经过消毒的、孔径为150 μm的不锈钢过滤网过滤,以除去杂质和一些可能存在的胶粒,得滤液备用。

(4)调配

当料温降至70 ℃左右时,在搅拌条件下先加入事先溶解好的柠檬酸(0.2%)、乳酸钙(0.1%)溶液,并调节pH值至3.5~4.0,再根据需要加入适量的香精和色素调香、调色。

(5)灌装、封口

调配好的胶液立即灌装到经消毒的容器中,及时封口。

(6)灭菌、冷却

由于果冻灌装温度低(80 ℃以下),因此灌装后要进行巴氏杀菌。封口后的果冻送至85 ℃的热水中浸泡灭菌10 min,灭菌后立即采用干净的冷水喷淋或浸泡,使其冷却至40 ℃左右,以便最大限度保持食品的色泽和风味。

(7)干燥

用50~60 ℃的热风干燥,除掉包装外面的水分,避免包装袋中产生水蒸气,防止产品在贮藏销售过程中发霉。

第五节 果酒、果醋的酿制

果酒是利用果浆或果汁通过酒精发酵而酿成的含醇饮料。酿造果酒的水果通常以猕猴桃、杨梅、橙子、葡萄、荔枝、蜜桃、草莓等较为理想,选取时要求成熟度达到全熟透、果汁糖分含量高且无霉烂变质、无病虫害。果酒营养丰富,含有多种糖类、有机酸、芳香酯、维生素、氨基酸和矿物质等营养成分。其中一些酒中的单宁、白藜芦醇、花色素以及其他多酚类物质可预防和治疗心血管疾病,抗菌,抗动脉硬化,对癌症、艾滋病等具有一定的疗效。经常适量饮用,能增加人体营养,有益于身体健康。另外,果酒在色、香、味上别具风韵,不同的果酒可以满足不同消费者的饮酒需求。酿造果酒还可以节约酿酒用粮,具有广阔的发展前景。

果醋是以果实或果汁为原料,经酒精发酵、醋酸发酵酿造而成的制品,也可直接用果酒通过醋酸发酵制成。所得的果醋可以用于烹调,也可制成口服液直接饮用或调配成果醋饮料。

一、果酒酿制工艺

(一)工艺流程

水果分选→破碎→除梗→分离取汁→果汁澄清→二氧化硫处理→果汁调整→酒精发酵→倒桶→贮酒→过滤→冷处理→调配→过滤→灭菌→装瓶→成品

(二)操作要点

1. 前处理

前处理包括水果的分选、破碎和除梗。破碎时要求每个水果均破裂,但不能将种子和果梗破碎,否则种子内的油脂、糖苷类物质及果梗内的一些物质会增加酒的苦味。破碎后立即将果浆与果梗分离,防止果梗中的青草味物质和苦涩物质溶出。破碎机有双辊式破碎机、鼓形刮板式破碎机、离心式破碎机、锤式破碎机等。

2. 分离取汁

破碎后不加压自行流出的果汁叫自流汁,加压后流出的汁液叫压榨汁。自流汁质量好,宜单独发酵制取优质酒。压榨分两次进行。第一次逐渐加压,尽可能压出果肉中的汁。所得到的汁质量稍差,可单独酿造,也可与自流汁合并。将残渣疏松后,加水或不加,进行第二次压榨。压榨汁杂味重,质量低,宜做蒸馏酒或用于其他用途。压榨所用的设备一般为连续式螺旋压榨机。

3. 果汁澄清

压榨汁中的一些不溶性物质在发酵中会产生不良效果,给酒带来杂味,而用澄清汁制取的果酒胶体稳定性高,对氧的作用不敏感,酒色淡,铁含量低,芳香稳定,酒质爽口。因此得到的果汁需进行澄清。

4. 二氧化硫处理

二氧化硫在果酒中的作用有杀菌、澄清、抗氧化、增酸、使色素和单宁类物质溶出、使酒的风味变好等。常使用的二氧化硫以气体或亚硫酸盐的形式存在,前者可用管道直接通入,后者则需溶于水后加入。发酵基质中二氧化硫浓度为 60 ~ 100 mg/L。此外,确定二氧化硫用量时尚需考虑下述因素:原料含糖量高时,二氧化硫与糖结合机会增加,用量略增;原料含酸量高时,活性二氧化硫含量高,用量略减;温度高,二氧化硫易被结合且易挥发,用量略减;微生物含量和活性越高,二氧化硫用量越大;霉变严重,二氧化硫用量增加。

5. 果汁调整

(1)糖的调整

酿造酒精含量为10% ~12% 的酒,果汁的糖度应为 17 ~20 °Bx,如果糖度达不到要求则需加糖。实际加工中常用蔗糖或浓缩汁来调整。

(2)酸的调整

酸可抑制细菌繁殖,使发酵顺利进行;使红葡萄酒颜色鲜明,酒味清爽,并具有柔软感;与醇生成酯,增加酒的芳香味;增加酒的耐贮藏性和稳定性。干酒中酸含量宜在0.6% ~0.8%,甜酒 0.8% ~1.0%。一般 pH 值大于 3.6 或可滴定酸低于

0.65%时应该在果汁中加酸。

6.酒精发酵

(1) 酒母的制备

酒母即扩大培养后加入到发酵醪中的酵母菌,生产用酒母需经三次扩大培养,分别称一级培养(试管或三角瓶培养)、二级培养、三级培养,最后用酒母桶培养。方法如下。

一级培养:于生产前10 d左右,选成熟无变质的水果,压榨取汁,装入洁净、干热灭菌过的试管或三角瓶内。试管内果汁装量为1/4,三角瓶则为1/2。装后在常压下沸水灭菌1 h,或在58 kPa下灭菌30 min。冷却后接入培养菌种,摇动果汁使之分散,进行培养,发酵旺盛时即可进入下级培养。

二级培养:在洁净、干热灭菌的三角瓶内装1/2果汁,接入上述培养液,进行培养。

三级培养:选洁净、消过毒的10 L左右大玻璃瓶,装上发酵栓后加果汁至容积的70%左右。加热灭菌或用亚硫酸灭菌,后者每升果汁应含二氧化硫150 mg,但需放置一天。瓶口用70%的酒精进行消毒,接入二级菌种,用量为2%,在保温箱内培养,繁殖旺盛后,供酒母桶培养用。

酒母桶培养:将酒母桶用二氧化硫消毒后,装入12~14 °Bx的果汁,在28~30 ℃下培养1~2 d。培养后的酒母即可作为生产用酒母直接加入发酵液中,用量为2%~10%。

(2)发酵设备

发酵设备应能控温,易于洗涤、排污,通风换气良好等。使用前应进行清洗,用二氧化硫或甲醛熏蒸消毒处理。发酵设备也可制成发酵、贮酒两用设备,要求不渗漏,能密闭,不与酒液起化学反应。常用的发酵设备有发酵桶、发酵池,也有专门发酵设备,如旋转发酵罐、自动连续循环发酵罐等。

(3)酒精发酵

发酵分主(前)发酵和后发酵。主发酵时,将果汁倒入容器内,装入量为容器容积的4/5,然后加入3%~5%的酒母,搅拌均匀,温度控制在20~28 ℃。发酵时间随酒母的活性和发酵温度而变化,一般为3~12 d。残糖降为0.4%以下时主发酵结束。然后进行后发酵,即将容器密闭并移至酒窖中,在12~28 ℃下放置1个月左右。发酵结束后要进行澄清。

7. 调配

果酒的调配主要有勾兑和调整。勾兑即将原酒与勾兑酒以适当的比例混合，调整即根据产品质量标准对勾兑酒的某些成分进行调整。勾兑一般先选一种质量接近标准的原酒作为基础原酒，据其缺点选一种或几种另外的酒作为勾兑酒，加入一定的量后进行感官和化学分析，从而确定比例。调整主要针对酒精含量、糖、酸等指标。酒精含量最好用酒精含量高的同品种酒进行调整，也可加蒸馏酒或酒精调整；甜酒若含糖量不足，用同品种的浓缩汁调整效果最好，也可用砂糖调整，视产品的质量而定；酸分不足可用柠檬酸调整。

8. 过滤、灭菌、装瓶

过滤方法有硅藻土过滤、薄板过滤、微孔薄膜过滤等。果酒常用玻璃瓶包装。装瓶时，空瓶用浓度为2% ~4% 、温度在50 ℃以上的碱液浸泡后，清洗干净，沥干水后灭菌。果酒可先经巴氏杀菌再进行热装瓶或冷装瓶。酒精含量低的果酒，装瓶后还应进行灭菌。

二、果酒酿造实例

（一）红葡萄酒

红葡萄酒是用皮渣与葡萄汁混合酿造而成的。酿造过程中，发酵作用和固体物质的浸渍作用同时存在，因此固体物质中的单宁、色素等酚类物质溶解在葡萄酒中，影响着葡萄酒的颜色、气味和口感。酿造红葡萄酒一般采用红皮白肉或皮肉皆红的葡萄品种作为原料。

1. 工艺流程

工艺流程见图5－5。

2. 操作要点

（1）破碎、除梗

可用滚筒式或离心式破碎机将果实压破，再用除梗机去掉果梗，以使酿成的酒口味柔和。经破碎和除梗的葡萄浆中含有果汁、果皮、籽实及细小果梗，应立即送入发酵池。发酵池上面应留出一定的空隙，不可加满，以防浮在池面的皮糟因发酵产生二氧化碳而溢出。

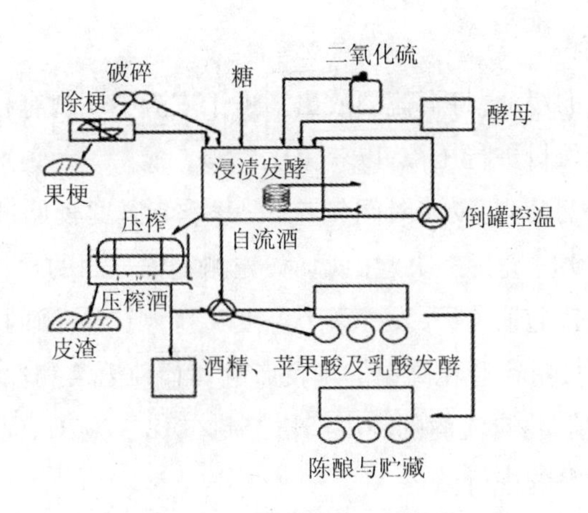

图 5－5 红葡萄酒酿造工艺流程

(2)二氧化硫处理、添加酒母

破碎、除梗后,一般根据原料的卫生状况和工艺要求加入 50～100 mg/L 的二氧化硫。二氧化硫可起到杀菌、澄清、增酸、溶解及抗氧化的作用。经过二氧化硫处理后,即使不添加酒母,酒精发酵也会自然触发。但是有时为了使酒精发酵提早触发,也加入人工培养酒母或活性干酵母。

(3)发酵

从把葡萄浆送入发酵池,到主发酵完毕即新葡萄酒出池,这一过程称为发酵。发酵前需调整糖度,加糖量一般以葡萄原来的平均含糖量为标准,加糖不可过多,以免影响成品质量。在葡萄浆入池时将二氧化硫一次加入,发酵过程中不再添加,其用量根据糖分、酸度和葡萄的完好程度而定。经 2～3 h 后,加入酒母,加入量为果浆的 5%～10%。加入后充分搅拌,使酒母均匀分布。红葡萄酒酿造过程中,浸渍与发酵是同时进行的,因此要控制好温度。温度过高,影响酵母菌的活动,导致发酵终止,引起细菌性病害和挥发酸含量的升高;温度过低,达不到良好的浸渍效果。温度以 25～30 ℃为宜,此温度范围不仅能够满足上述两方面的要求,而且 28～30 ℃有利于酿造单宁含量高、需较长时间陈酿的葡萄酒,25～27 ℃适于酿造果香味浓、单宁含量相对较低的新鲜葡萄酒。

(4)倒罐

将发酵罐底部的葡萄汁泵送至发酵罐上部,目的是使葡萄汁淋洗整个皮渣表面,起到加强浸渍的作用。每天倒灌 1 次,每次倒 1/3 罐。

(5)出罐和压榨

经过一定时间的浸渍,将自流酒放出。由于皮渣中还含有相当一部分葡萄酒,因此应将皮渣用压榨机进行压榨,以获得压榨酒。

如果生产优质葡萄酒,浸渍时间较长,发酵季节温度较低,则自流酒的分离应在相对密度≤1.000 时进行。决定出罐前,先测定葡萄酒的含糖量,低于 2 g/L 即可出罐。如果生产普通葡萄酒,发酵季节温度又高,则自流酒的分离应在相对密度为 1.010 ~ 1.015 时进行,避免高温的不良影响和葡萄酒柔和性的降低。分离时可调整葡萄酒的 pH 值,将自流酒的温度严格控制在 18 ~ 20 ℃,促进酒精发酵的结束和苹果酸 - 乳酸发酵的进行。

皮渣的压榨应在发酵容器中不再产生二氧化碳时进行。压榨酒中干物质、单宁及挥发酸含量比自流酒要高。压榨酒可以直接与自流酒混合,也可以进行下胶、过滤等净化处理后与自流酒混合,或单独贮藏用作其他用途。

(6)陈酿

陈酿时要求温度低、通风良好。适宜陈酿的温度为 15 ~ 20 ℃,相对湿度为 80% ~ 85%。陈酿期间除应保持适宜的温度、湿度外,还应注意换桶、添桶。第一次换桶应在发酵完毕后 8 ~ 10 d 进行,除去渣滓,并同时补加二氧化硫到 150 ~ 200 mg/L。第二次换桶在第一次换桶后 50 ~ 60 d 进行。在第二次换桶约 3 个月后进行第三次换桶,再经过 3 个月以后进行第四次换桶。为了防止病菌侵入与繁殖,必须随时填满贮酒容器的空隙,不让它的表面与空气接触。在新酒入桶后,第一个月内应 3 ~ 4 d 添桶一次,第二个月 7 ~ 8 d 添桶一次,以后每月一次。一年以上的陈酒,可每隔半年添桶一次。添桶用的酒必须清洁,最好使用品种和质量相同的原酒。

(二) 白葡萄酒

白葡萄酒选用白葡萄或红皮白肉葡萄作为原料,由葡萄汁酿造而成,酿造过程中不存在葡萄汁与皮渣之间的物质交换。

1. 工艺流程

工艺流程见图 5 - 6。

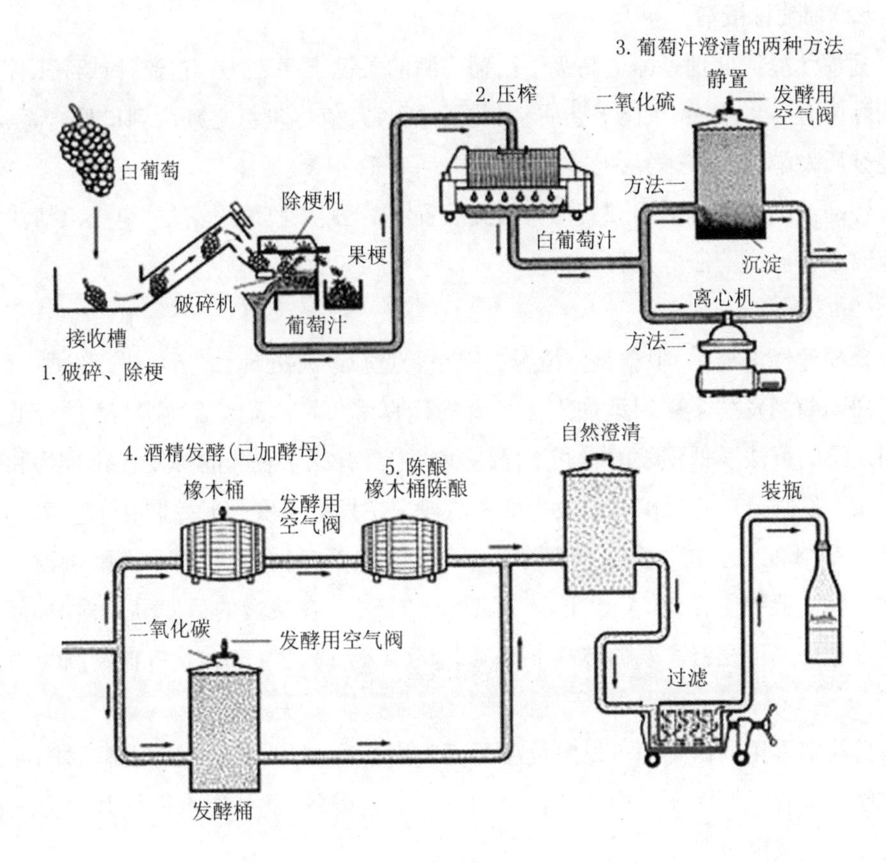

图 5 – 6　白葡萄酒酿造工艺流程

2. 操作要点

(1) 葡萄汁分离

酿造白葡萄酒的原料葡萄经破碎(压榨)后立即分离出葡萄汁。为了避免浸渍作用、发酵触发和氧化现象,果汁应单独进行发酵。果汁分离是酿造白葡萄酒的重要工序。葡萄破碎后经淋汁取得自流汁,再经压榨取得压榨汁。为了提高果汁质量,一般采用二次压榨的方法分级取汁。自流汁和压榨汁质量不同,应分别存放,用作不同用途。

果汁分离后需立即进行二氧化硫处理,每 100 kg 葡萄加入 10 ~ 15 g 偏重亚硫酸钾(相当于二氧化硫 50 ~ 75 mg/kg),以防果汁氧化。破碎后皮渣单独发酵蒸馏即得白兰地。

(2)葡萄汁澄清

葡萄汁澄清处理是酿造高级干白葡萄酒的关键工序之一。自流汁或经压榨的葡萄汁中含有果胶质、果肉等杂质,因此混浊不清,应尽量将之减少到最低含量,以避免杂质发酵给酒带来异杂味。

葡萄汁的澄清可采用二氧化硫低温静置澄清法、果胶酶澄清法、皂土澄清法和高速离心分离澄清法等几种方法。

(3)发酵

葡萄汁经澄清后,根据具体情况决定是否进行改良处理,之后再进行发酵。

白葡萄酒发酵多采用添加人工培育的优良酵母(或固体活性酵母)进行低温密闭发酵的方法。低温发酵有利于保持葡萄中具有原果香味的挥发性化合物和芳香物质。发酵分成主发酵和后发酵两个阶段。主发酵温度一般控制在 16 ~22 ℃,发酵期 15 d 左右。主发酵后残糖降低至 5 g/L 以下时,即可转入后发酵阶段。后发酵温度一般控制在 15 ℃以下,发酵期约 1 个月。在缓慢的后发酵过程中,葡萄酒的香味更趋于完善。残糖继续下降至 2 g/L 以下时,就应出酒,将葡萄酒与酒渣分开。

目前常采用的白葡萄酒发酵设备是密闭夹套冷却的钢罐,用它发酵时降温比较方便。也有采用密闭外冷却后再回到发酵罐发酵的,此外还有采用其他方式冷却发酵液的发酵设备。

3. 白葡萄酒的防氧化

白葡萄酒中含有多种酚类化合物,如儿茶素、单宁、绿原酸等。这些物质具有较强的嗜氧性,在与空气接触时很容易被氧化生成棕色聚合物,使白葡萄酒的颜色变深(呈黄色或棕色),酒的新鲜果香味减少,甚至出现氧化味,使酒在外观和风味上发生劣变。防止白葡萄酒氧化的措施主要有:发酵期间严格控制温度;避免酒液与空气接触;将与酒液接触的金属设备、器具涂以食用级防腐涂料;成品酒装瓶前添加抗氧化剂;等等。

(三)苹果酒

苹果品质优良、甜酸适口,果实含糖量一般在 5% ~8%,主要为葡萄糖、果糖和蔗糖,总酸含量一般在 0.4% 左右,主要是苹果酸,其次是柠檬酸。此外苹果中还含有一定量的氨基酸、无机盐和维生素等,营养价值比较高。苹果酒是以新鲜苹果为原料酿造的一种饮料酒。一般制作苹果酒的果实要求成熟、无霉烂，以国光苹果和青香蕉苹果等品种为佳。早熟品种适宜生食不宜酿酒，而中晚熟品种既可生食又可酿酒。常饮苹果酒，不仅能增进食欲、帮助消化、补充营养，还能防止肥胖症。

1. 工艺流程

原料分选→清洗→破碎→压榨取汁→果汁→添加防腐剂→主发酵→换桶→调酒精度→后发酵→陈酿→冷冻→澄清处理→苹果原酒→化验→巴氏杀菌→冷冻→过滤→装瓶→贴商标→包装入库

2. 操作要点

(1)原料分选

选择香气浓、肉质紧密、成熟度高、含糖多的苹果，其中成熟度应为80% ~90%或更高。拣出有褐斑和受伤的果子，清除叶子与杂草。摘除果柄，用不锈钢刀(不可用铁制刀)将果实腐烂部分及受伤部分清除。因为褐斑会给酒带来苦味，受伤果和腐烂果易引起杂菌感染，影响发酵的正常进行。苹果果实的大小对苹果酒的质量有一定的影响。苹果果实的外层果肉含汁比内层多，苹果的香气多集中在果皮上，而小果实的比表面积大于大果实的比表面积，因此，小果实不仅出汁多、出酒多，而且果香芬芳。

(2)清洗

使用清水将苹果冲洗干净，沥干。对于表皮农药含量较高的苹果，可先用1%的稀盐酸溶液浸泡，然后再用清水冲洗，洗涤过程中可用木桨搅拌。

(3)破碎

使用破碎机将苹果破碎成0.2 cm左右的碎块，但不可将果籽压碎，否则果酒会产生苦味。缺乏条件的小厂可手工捣碎，有条件的工厂可选用不锈钢制成的破碎机破碎，或者选用带有花岗石或木制轧辊的破碎机破碎，严禁使用铁轧辊。破碎要尽可能充分，以提高出汁率。

(4)压榨取汁

破碎后的果实立即压榨取汁。无条件的小厂也可采用布袋压榨。榨汁前加入

20%～30%（体积分数）的水，加热至70 ℃保温20 min，趁热榨汁。在榨取的果汁中加入0.3%（体积分数）的果胶酶，45 ℃保温5～6 h，将果汁澄清。澄清后的果汁过滤，去除沉渣（压榨后的果渣可经过发酵和蒸馏生产蒸馏果酒，用来调整酒精度）。

（5）添加防腐剂

为了保证苹果发酵的顺利进行，压榨后的果汁必须添加防腐剂，以抑制杂菌生长。一般加入二氧化硫，使其浓度达到75 mg/kg即可，也可在每50 kg果汁中添加4.5 g偏重亚硫酸钾。

（6）主发酵

压榨后的果汁先放在阴凉处静置24 h。待固形物沉淀后，再将果汁移入清洁的发酵桶或缸内，装入的量为容器体积的4/5。发酵可采用"天然发酵"或"人工发酵"的方法。"天然发酵"是利用苹果汁中所带有的酵母菌发酵。"人工发酵"即添加3%～5%的酒母，摇匀进行发酵。发酵温度控制在20～28 ℃，发酵期为3～12 d。如果在16～20 ℃下低温发酵，则利于防止氧化，产品口味柔和纯正，果味香浓且与酒香协调，发酵时间为15～20 d。如温度高，则酵母生长和发酵活力强，发酵期短。这主要根据发酵时的状况而定。发酵后期酒液应呈淡黄绿色，残糖达到0.5%以下时主发酵结束。

（7）换桶

用虹吸的方法将果酒移至另一干净桶中（酒脚与发酵果渣一起蒸馏生产蒸馏果酒）。

（8）调酒精度

主发酵后苹果酒的酒精度一般为3%～9%（体积分数）。应添加蒸馏果酒或食用酒精，将酒精度提高至14%。

（9）后发酵

将酒桶密封后移入酒库中，在15～28 ℃下进行1个月左右的后发酵。后发酵结束后要再次添加食用酒精，使酒精度提高到16%～18%（体积分数）。同时添加二氧化硫，使新酒中含硫量达到0.01%（体积分数）。换桶后再进行1～2年的陈酿。

（10）陈酿

陈酿是将酒长期密封贮存，使酒质澄清，风味醇厚。发酵液由酒泵打入洗净、灭过菌的储藏容器内,装满密封,以避免氧化。储藏温度不要超过 20 ℃。陈酿期间要换几次桶,一般新酒每年换桶三次:第一次是在当年的 12 月份,第二次是在来年的 4 ~5 月份,第三次是在来年的 9 ~10 月份。陈酒每年换桶一次。

(11)冷冻

酒的贮存期结束后,应采用人工(或天然)冷冻的方法进行处理,使酒在冰点以上 0.5 ~1.0 ℃存放 5 ~7 d,然后立即过滤,以提高透明度和稳定性。

(12)调配

成熟的苹果酒在装瓶之前要进行酸度、糖度和酒精度的调配,使酸度、糖度和酒精度均达到成品酒的要求。

(13)装瓶、灭菌

经过滤后,苹果酒应清亮透明,带有苹果特有的香气和发酵酒香,色泽为浅黄绿色。此时就可以装瓶。如果酒精度在 16%(体积分数)以上,则不需灭菌。如果酒精度低于 16%(体积分数),必须要灭菌。

(四)蓝莓酒

蓝莓又名越橘,大小兴安岭是中国野生蓝莓的最大产区。蓝莓果为小浆果,果实呈蓝色,近圆形,果肉细腻,富含水溶性色素,果皮柔软。果实中干物质含量高,耐贮藏,被国际粮农组织列为人类五大健康食品之一。蓝莓果实营养丰富,属高氨基酸、高锌、高钙、高铁、高铜、高维生素的营养保健果品。蓝莓酒风味纯正,酒体丰满,清澈亮丽且具有保健功效。蓝莓酒的生产对于开发东北野生资源,促进经济增长有很高的价值。

1. 工艺流程

果胶酶、亚硫酸 (↓破碎后) 蔗糖、柠檬酸 (↓调整成分) 酒母 (↓主发酵)

原料分选→清洗→破碎→榨汁→果浆→调整成分→主发酵→后发酵→下胶澄清→冷处理→过滤→灭菌→包装→成品

2. 操作要点

(1)原料分选

采摘时进行分选,分选时主要除去坏粒,否则经过封装和运输容易扩大感染,对酿酒不利。

(2)破碎与榨汁

将分选并清洗好的蓝莓用破碎机进行破碎。在破碎时,应使果肉破碎率达到97%以上,以便在发酵过程中果肉与酵母菌充分接触。在此期间,添加适量的亚硫酸和果胶酶。亚硫酸分解产生的二氧化硫在果酒生产中有抑制杂菌生产繁殖、抗氧化、改善果酒风味和增酸的作用,蓝莓榨汁后应立即添加;果胶酶可以提高果酒的产量和质量,改善香气与品质。

(3)调整成分

将蔗糖、柠檬酸等辅料溶解后送入调配罐中进行调配。用柠檬酸调节酸度,使pH 值在3.2~3.5之间,用蔗糖调糖度,按最终生成15%(体积分数)的酒精补糖。

(4)主发酵

在上述已调整成分的蓝莓浆中,添加1.5%左右的酒母进行接种,发酵温度控制在22 ℃左右。蓝莓浆分离所得的一次汁,按发酵后酒精度达15%~16%加砂糖(分两次加),第一次加1/2~3/4,在18~23 ℃下,发酵3~4 d后,加剩余的糖。在主发酵的6~8 d内,每天搅汁2次,每次30 min。发酵为密闭发酵,发酵期20~30 d。当残糖降至0.5%以下时,停留2~3 d,再换桶一次,即为原酒。

(5)后发酵

主发酵之后要进行后发酵,这主要是为了降低酸度,改善酒的品质。后发酵期间加强管理,保持容器密封、桶满。蓝莓酒贮存室温度要求在8~15 ℃,贮存室内有风机以排出二氧化碳。保持60 d左右,然后过滤除去杂质。

(6)下胶澄清

蓝莓酒是一种胶体溶液,是以水为分散剂的复杂的分散体系,其主要成分是呈分子状态的水和酒精,而其余小部分为单宁、色素、有机酸、蛋白质、金属盐类、多糖、果胶质等,它们以胶体(粒子半径为1~100 nm)形式存在,是高度分散的热力学不稳定体系,在销售过程中,会出现失光、混浊,甚至沉淀现象,影响蓝莓酒的感官质量。采用合适的澄清剂进行下胶澄清能够使酒液澄清透明,去除蓝莓酒中引起混浊、改变颜色和风味的物质。下胶澄清在室温18~20 ℃条件下进行,以用蛋清粉与皂土制备成的下胶液作为澄清处理剂。

(7)冷处理

冷处理工艺对于改善蓝莓酒的口感,提高蓝莓酒的稳定性起着非常重要的作用。冷处理采取直接冷冻的方式,温度控制在-4.0~-2.5 ℃,用板框式过滤机趁冷过滤。

(8)过滤、灭菌及包装

按配方要求将原酒调配好后,经理化指标检验和卫生指标检验,合格的蓝莓酒半成品用过滤机、灭菌机、灌装机、封口机等进行过滤、装瓶、封口,再置于80 ℃的热水中灭菌30 min,冷却,按食品标签通用标准贴上标签并喷上生产日期,即为蓝莓酒成品。

(五) 红姑娘酒

红姑娘又名挂金灯、锦灯笼,为茄科植物酸浆带宿萼的果实,成熟果实甜美清香,营养丰富,是一种独特的浆果,富含柠檬酸、草酸、维生素C、类胡萝卜素、酸浆果红素及酸浆甾醇A、B等。果汁味酸,果实性寒、味苦。主治肺热喉痛、肺病、腮腺炎、热疝、血淋,外治皮肤疮肿、天疱疮、牙龈肿痛,有清热解毒、利咽、化痰、利尿之功效。

1. 工艺流程

原料分选→清洗→破碎(加果胶酶、亚硫酸)→榨汁→调整成分(加白砂糖、柠檬酸)→主发酵→果汁分离(皮渣可生产红姑娘白兰地)→后发酵→下胶澄清→陈酿→均衡调配(加白砂糖、柠檬酸)→冷处理→过滤→灭菌→包装→成品

2. 操作要点

(1)原料分选与清洗

选择发育良好、成熟、颜色鲜红的果实,剔除霉烂和有虫害的果实,剥去外皮,然后用流水充分洗涤,洗净后于冷库中进行冷藏,温度在 -5 ~ 10 ℃。

(2)破碎与榨汁

洗净的红姑娘用打浆机打浆,在此期间,添加适量的亚硫酸和果胶酶。亚硫酸分解产生的二氧化硫在果酒生产中有抑制杂菌生长繁殖、抗氧化、改善果酒风味和增酸的作用,红姑娘榨汁后应立即添加;果胶酶可以提高果酒的产量和质量,改善香气与品质。将处理后的果浆泵入调配装置中进行调配。

(3)调整成分

将蔗糖、柠檬酸等辅料溶解后送入调配罐中进行调配,用柠檬酸调节酸度,使pH值在3.3 ~3.6之间,用蔗糖调糖度(按1.7 °Bx糖产1°酒添加)。调配后进行搅拌。

(4)主发酵

调配好的果浆直接加入发酵罐中,发酵醪不超过罐容积的2/3,并记录入罐时间、罐号、数量及理化指标。在果浆中加入活性酵母,开始发酵,一般发酵5~7 d。

(5)后发酵

主发酵之后需要有后发酵过程,主要是为了降低酸度,改善酒的品质。后发酵期间应加强管理,保持容器密封、桶满,使原酒在10~15 ℃条件下保持60 d左右,然后过滤除去杂质。

(6)下胶澄清

红姑娘酒是一种胶体溶液,是以水为分散剂的复杂的分散体系,其主要成分是呈分子状态的水和酒精,而其余小部分为单宁、色素、有机酸、蛋白质、金属盐类、多糖、果胶质等,它们以胶体形式存在,是高度分散的热力学不稳定体系,在销售过程中,会出现失光、混浊,甚至沉淀现象,影响红姑娘酒的感官质量。采用合适的澄清剂能够使酒液澄清透明,去除红姑娘酒中引起混浊、改变颜色和风味的物质。在室温18~20 ℃条件下,以用蛋清粉与皂土制备的下胶液作为澄清处理剂进行下胶澄清。

(7)均衡调配

根据成品酒的质量要求及相应的风味和口感,需对红姑娘原酒进行适当的均衡调配。如果生产甜酒,需添加白砂糖;如果酸度不够,可添加柠檬酸。

(8)冷处理

该工艺对于改善红姑娘酒的口感,提高红姑娘酒的稳定性起着非常重要的作用。冷处理采用直接冷冻的方式,温度控制在-5.0~-5.5 ℃,用板框式过滤机趁冷过滤。

(9)灭菌

调配后对新酒进行过滤、装瓶、封口,然后置于70℃的热水中灭菌20 min,冷却,即为成品。

三、果醋酿制工艺

(一)固态发酵

1.工艺流程

原料挑选→清洗→破碎→调整糖度→拌料→接种→固态酒精发酵→固态醋酸

发酵→后熟→淋醋→熬煮灭菌→陈酿→灭菌→成品

2. 操作要点

(1)原料挑选

落果、其他加工产品的下脚料均可作为果醋的原料,但一定要保持原料新鲜、无腐烂。为了常年加工,可将不易保存的果实制成果干进行保存,使用前浸泡使其吸饱水分即可。

(2)破碎

原料破碎后,其可溶性固形物能够与酵母菌、醋酸菌充分接触。

(3)调整糖度

一般糖度以调至18%为宜,可加入白砂糖进行调整。为了降低成本,可加入小米、大米等的糖化醪进行调整,也可直接将适量粮食蒸熟后加入发酵醅内,但接种时需要同时加入糖化酶。

(4)接种

拌料时加入麸皮、稻壳,其用量以拌好后的料手握成团、松开即散为原则。拌好料后同时接种酵母菌、醋酸菌。通过控制温度和通气量来调节发酵类型(酒精发酵或醋酸发酵)。也可先接种酵母菌,不加或少加麸皮,在缺氧状态下进行酒精发酵。酒精发酵完成后接种醋酸菌,并加入适量的麸皮和稻壳,在有氧条件下进行醋酸发酵。

(5)发酵

酒精发酵期间,以温度控制在35～38 ℃为宜。醋酸发酵期间,醅温最好控制在39～40 ℃。主要通过倒醅的方法来降低温度,也可通过压实封缸降低醅温,或采用缸口封塑料薄膜的方法来调节温度,此法也可减少醋酸的挥发。

(6)淋醋

一般后熟1～2周后淋醋。采用三套循环法,先用二醋浸泡成熟醋醅20～24 h,淋出来的是头醋,剩下的头渣用三醋浸泡,淋出来的是二醋,缸内的二渣再用清水浸泡,淋出三醋。

(7)熬煮灭菌

生醋液有酵母味,且不便于长期保存,可先在90 ℃下灭菌10 min,然后进入陈酿环节。

(8)陈酿

陈酿是醋酸发酵后为改善食醋风味进行的贮存。陈酿有两种方法:一种是醋醅陈酿,即将成熟醋醅压实盖严,封存数月后直接淋醋,或用此法贮存醋醅,待销售旺季淋醋出厂。另一种是醋液陈酿,即在醋醅成熟后就淋醋,然后将醋液贮存入缸或罐中,封存1~2个月,可得到香味醇厚、色泽鲜艳的陈醋。

(9)灭菌

80~90 ℃下灭菌10 min,而后迅速降温,澄清后可包装出厂。

(二)液态发酵

液态发酵法可节约大量辅料,缩短生产周期,而且可实现机械化生产,降低劳动强度。液态发酵法有表面发酵法、速酿法、液体深层发酵法等形式。

1. 工艺流程

原料挑选→清洗→破碎→榨汁→调整糖度→接种酵母菌→液态酒精发酵→加醋酸菌→液态醋酸发酵→过滤→灭菌→陈酿→成品

2. 发酵方法

(1)表面发酵法

该法是在敞口容器中,直接将酵母加入果汁中进行酒精发酵,然后加入醋酸菌,利用液体表面溶入的少量氧气,在表面形成一层菌膜,进行醋酸发酵。该法在醋酸发酵过程中不借助任何促进溶氧的措施,所以发酵过程较为缓慢。

(2)速酿法

该法是在酒精发酵完成后,采用速酿塔进行醋酸发酵(见图5-7),使大量氧气溶入稀酒液。速酿塔内可接种醋酸菌,也可利用其中残存的醋酸菌进行发酵,发酵周期短,故称为速酿法。该方法设备简单,一般农户或小型工厂均可生产。

(3)液体深层发酵法

该方法利用专门的醋酸发酵罐,使发酵液在一定转速的机械搅拌下混进大量的空气,快速完成醋酸发酵过程。此方法适用于新建的大型醋厂。

四、果醋酿造实例

(一)苹果醋

加工苹果醋的原料通常是苹果生产中产生的大量落果、残次果及加工中的下

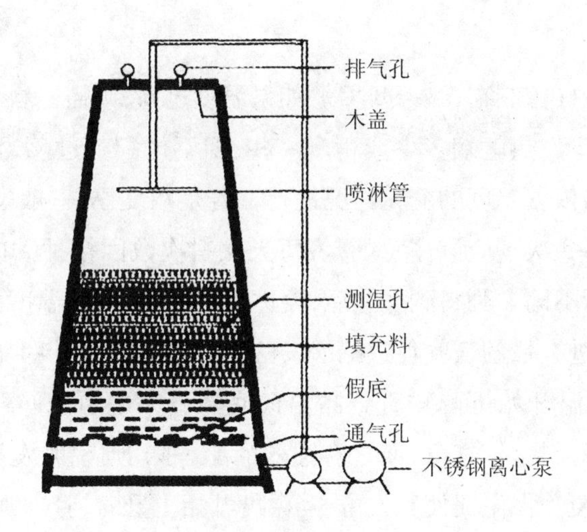

图 5－7　速酿塔

脚料，因此酿造苹果醋不但可以提高资源的利用率，增加经济效益，而且可以实现良性循环。

1. 工艺流程

原料挑选→清洗→破碎→调整糖度→加热灭酶灭菌→拌料→发酵→下盐和后熟→淋醋→熬煮灭菌→陈酿→灭菌→包装→成品

2. 操作要点

(1)原料挑选及处理

原料不要求完整，但一定要新鲜、无腐烂霉变的部分。所以要严格剔除虫果及腐烂部分，然后洗净放入木制或不锈钢用具中捣碎。

(2)调整糖度

为了提高出醋率，可加入白砂糖将苹果的糖度提高到 18% 左右（用手持糖量计测定糖度）。为了减少成本，也可加入适量小米或大米进行共同发酵。

(3)加热灭酶灭菌

将破碎的果实放入锅中煮沸 20 min 左右，以煮透为宜。

(4)拌料

在捣碎的果料中掺入麸皮，用量以手握原料能从指缝中挤出水为宜。在拌好的原料中加入占总量 3% 的酵母（酵母先在 10～15 倍 35 ℃温水中活化 30 min）、10% 的麸曲或加入醋酸菌，搅拌均匀后装入木质的板箱或缸中。

(5)发酵

发酵温度最好控制在35~38 ℃。如果温度过高,则需翻料。一般上部的料先发热,注意有多少发热就翻多少或稍多一些,切不可翻料过急,否则会导致发酵停止。翻料应严格依据温度的变化情况进行。若是在夏季,一般发酵70 h后要翻到底,翻料次数2~3次。应该注意的是:每天翻料次数因接种麸曲的多少和发酵季节的不同而有所不同。翻料到底之后,要进行倒缸,即根据温度的变化进行彻底的翻料,目的是混进大量的氧气促进醋酸发酵。一般24 h翻料1次,翻3次后,即发酵约70 h后,品温开始下降。直到品温彻底降下来之后,观察料的状态,闻其味道。若麸皮发亮,料呈棕红色,闻之有强烈的醋香味,则说明发酵完成。若温度过低,则可用棚膜覆盖保温促使其发酵,当温度开始上升时,管理则与上同。

(6)下盐和后熟

发酵完成后,及时下盐。下盐的目的是抑制醋酸菌的活动,一般1%的盐即可使其停止活动。若加盐不及时,醋酸菌会再次活动,使温度升高导致烧醅。一般加入食盐的量为醋醅的2%~5%,夏季用盐多些,冬季用盐可适当减少。具体操作如下:先将一半食盐撒在醋醅上,用平铲翻起上半缸醋醅将其拌匀,放入另一缸内,次日再把余下的盐拌入剩余的醋醅中,拌匀后即成醋坯。将醋坯倒入另一缸中压实,缸上撒一层谷糠或稻壳,再用薄膜封严,经2~3 d的后熟,即可淋醋。在后熟期间,尚未转化成醋酸的酒精及中间产物会进一步氧化,同时还会发生酯化反应,可增进醋的品质。

(二)蓝莓果醋

以蓝莓为原料酿制果醋,不仅口感好,色泽艳丽,能保持蓝莓果实原有的香味,而且兼有蓝莓、食醋的营养价值和保健功能。

1.工艺流程

原料挑选→清洗→破碎榨汁→糖酸调整→酒精发酵→醋酸发酵→生醋→陈酿→澄清→精滤→装瓶→灭菌→检验→成品

2.操作要点

(1)原料挑选及处理

取新鲜成熟的蓝莓,挑出霉烂果及杂质,用清水冲洗干净后,投入榨汁机中榨汁,再将榨出的果汁连果渣一起放到储备罐中备用。

(2)糖酸调整

用柠檬酸将蓝莓汁的pH值调整到3.5,用蔗糖调糖度(按每千克糖可产醋酸0.666 7 kg计),调整后进行搅拌。

(3)酒精发酵

将准备好的果汁灭菌后,按2/3体积装入发酵罐中,再将活化的酵母液(将高活性干酵母在无菌条件下加入到35 ℃的2%糖水中复水15 min,然后将温度降至34 ℃保持1 h,即活化)加入发酵罐,搅拌均匀,密闭发酵。每天对发酵果汁的糖度、酒精含量进行测定。若果渣下沉,酒精度和糖度不再变化,则表明酒精发酵结束。滤出残渣,将发酵液装入用来进行醋酸发酵的发酵罐中。

(4)醋母的制备

取浓度为1.4%的豆芽汁100 mL,葡萄糖3 g,酵母膏1 g,碳酸钙2 g,琼脂2.5 g,混合,加热溶化,分装于干热灭菌的试管中,每管装4~5 mL。在98 kPa的压强下灭菌15 min,取出,再加入体积分数为50%的酒精0.6 mL,制成斜面。冷却后,在无菌条件下接种醋酸菌,30 ℃培养箱中培养2 d。再取1%豆芽汁15 mL、食醋25 mL、水55 mL、酵母膏1 g、酒精3.5 mL,装在500 mL三角瓶中,在无菌条件下接入固体培养的醋酸菌种1支,30 ℃恒温培养2~3 d。在培养过程中,充分供给氧气,促使菌膜下沉繁殖,成熟后即成醋母。

(5)醋酸发酵

按占原料10%的比例,将醋母接入到准备醋酸发酵的蓝莓酒液中,搅拌均匀,给足氧气,每天观察发酵情况,并测定发酵液的酸度和酒度,直到酒度不再降低,酸度不再增加时,发酵结束。

(6)陈酿

为提高果醋的色泽、风味和品质,刚发酵结束的果醋要进行陈酿。为防止果醋半成品变质,陈酿时将果醋半成品在密闭容器中装满,密封静置半年即可。

(7)澄清及精滤

陈酿的果醋含有果胶物质,长时间存放易形成沉淀影响感官品质。加果胶酶将果胶分解后,再用离心机精滤。

(8)灭菌及检验

将澄清后的果醋用灭菌机灭菌,趁热装瓶封盖,放置24 h,检验合格后即为成品。

(三)红姑娘果醋

1.工艺流程

原料分选→清洗→榨汁→果汁澄清(加果胶酶)→调整成分→酒精发酵(加酒母)→醋酸发酵(加醋酸菌)→过滤→加热→灭菌→调配→成品

2.操作要点

(1)原料分选及处理

选取肉质鲜艳、无霉烂的红姑娘,用清水冲洗掉泥沙后去皮,用打浆机打浆。然后添加质量为红姑娘质量0.01%的果胶酶,在40~50 ℃下酶解3~5 h。添加果胶酶有利于将红姑娘中的果胶物质分解为可溶性成分。

(2)调整成分

理论上100 g葡萄糖发酵能生成51.1 g酒精,实际上只能生成45~46 g。补加蔗糖时,先在蔗糖中加入质量为其4倍的水,用蒸汽加热至95~98 ℃,然后用冷凝水降温至50 ℃加入到果汁中。

(3)酒精发酵

将果汁温度降到30 ℃,接入1%(按发酵液总量计)人工培养的酒母,进行酒精发酵。发酵温度30~34 ℃,不能超过35 ℃。发酵4~5 d后,酒精度为5%~8%,酸度1%~1.5%,酒精发酵基本完成。

(4)醋酸发酵

采用液态表面法发酵。对酒精发酵好的酒液进行调制,使其酒精度为3%~4%,醋酸含量达到2%左右。加入人工培养的醋酸菌种子5%~10%,30 ℃下进行发酵。发酵30 d左右,发酵液酸度为5%~5.8%时,发酵结束。

(5)灭菌

在85 ℃下,灭菌30 min。

第六节　果蔬副产品综合利用

每年收获季节,果蔬除大量供给市场和用于贮藏加工外,往往还有大量的副产品,如果肉碎片、果皮、果心、种子及其他果蔬产品的下脚料;在原料生产基地,从栽培至收获的整个生产过程中,还会有很大数量的落花、落果及残次果实。这些副产品的用途可分两类:一类为可食性物质的提取,一类为非可食性物质的提取。可食性物质有果胶、香精油、天然色素、糖苷、有机酸类、种子油、蛋白质、维生素等;非可食性物质有乙醇、甲烷、活性炭等。

果蔬加工副产品中有的具有很高的利用价值及经济价值。如:从甜菜渣、苹果渣、橘皮、西瓜皮等下脚料中提炼的果胶,属于半乳糖醛的胶体大分子聚合物,分子的长链结构能形成稳固的凝胶结构。其中,高甲氧基果胶可用在含糖的胶凝食品中,低甲氧基果胶可用在低糖或无糖的食品中。从葡萄籽中提取的葡萄籽油,有营养脑细胞、调节自主神经、降低血清胆固醇的作用,它可作为幼儿和老人的营养油及高空作业人员的保健油。葡萄皮渣还可用于提取天然色素,用于酒类和饮料的生产;提取食物纤维,作为强化食品的原料;提取单宁,应用于纺织及化学工业。番茄红素是使番茄呈现红色的主要物质,属于类胡萝卜素。大部分的番茄红素存在于水溶性果膜和果皮中,因此,挤压后的番茄副产品中含有大量的番茄红素。在番茄加工中,番茄红素会大量流失,采用超临界二氧化碳萃取技术从番茄副产品中提取番茄红素和β－胡萝卜素 ,并加入一定量乙醇,其回收率可达50%。另外,核果类果实的核是制造活性炭的良好原料;利用蘑菇预煮液可制成健肝片;从生姜渣中可以提取姜油树脂;从洋葱中可提取黄酮;从南瓜籽中可提取糖蛋白、多糖等活性物质。因此副产品要综合利用,无废弃开发具有广阔的发展前景。

一、果胶物质提取

许多果蔬原料中都含有果胶物质,其中以柑橘类、苹果、山楂等含量较为丰富,其他如杏、李、桃等含量也较多。果胶物质是以原果胶、果胶和果胶酸三种状态存在于果实组织内的,一般在接近果皮的组织中含量最多。各种状态的果胶物质具有不同的特性。在果实组织中,果胶物质存在形态的不同,会影响果实的食用品质和加工性能。果胶物质中的原果胶及果胶酸不溶于水,只有果胶可溶于水。果胶在溶液状态下遇酒精和某些盐类如硫酸铝、氯化铝、硫酸镁、硫酸铵等易凝结沉淀,进而可以从溶液中分离出来。通常就是利用这一特性来提取果胶的。

(一)高甲氧基果胶的提取

高甲氧基果胶通常称为果胶,是一种白色胶体,无臭无味,它与适量的糖和酸一起加热后可凝结成凝胶。在水果中,以柑橘类、苹果和山楂的凝冻能力最强。

1. 工艺流程

原料处理→抽提→抽提液处理→浓缩→沉淀洗涤→烘干→粉碎

2. 操作要点

(1)原料处理

提取果胶的原料要新鲜,积存时间过长会使果胶分解而导致损失,因此如不能及时进入抽提工序,原料应迅速进行热处理,目的是钝化果胶酶以免果胶分解。通常将原料加热至95 ℃以上,保持5 ~7 min即可。还可以将原料干制后保存,在干制前应及时进行热处理。干制保存的原料,其果胶提取率一般会低些。在抽提果胶前,将原料破碎成3 ~5 mm的小块,然后加水进行热处理,接着用清水淘洗几次。为了提高淘洗效率,可以用50 ~60 ℃的温水进行淘洗,除去其中的糖类及杂质,以提高果胶的质量,最后压干备用。

(2)抽提

加入原料质量4 ~5倍的0.15%盐酸溶液,以原料全部浸没为度。调节pH值至2 ~3,加热至85 ~90 ℃,保持1.0 ~1.5 h,并不断搅拌,后期温度可适当降低。在保温抽提的过程中,应控制好pH值、温度和时间。温度过高或时间拖延过久,均会使果胶进一步分解而降低其含量。反之,又会使原果胶成分不能充分利用。幼果即未成熟的果实,其原果胶含量较多,可适当增加盐酸用量,延长抽提时间,但以增加抽提的次数为宜,并应分次及时将抽提液加以处理。

(3)抽提液处理

以上所得的抽提液约含1%的果胶。先用压滤机过滤,除去其中的杂质碎屑,再加入1% ~2%的活性炭,温度保持在60 ~80 ℃,经20 ~30 min后压滤脱色,以改善果胶成品色泽。如果抽提液的强度高不易过滤,可加入2% ~4%的助滤剂硅藻土。

(4)浓缩

将抽提液浓缩至3% ~4%。为防止果胶分解,浓缩的温度宜低,时间宜短。目前多采用真空浓缩法,温度45 ~50 ℃,此法可将浓度提高至7% ~9%。如需保存,可用碳酸钠调节pH值至3.5,然后装瓶密封,在70 ℃热水中灭菌30 min,迅速冷却,或将果胶液装入大桶中,加0.2%的亚硫酸氢钠搅匀、密封。

如用喷雾干燥装置将浓度为7% ~9%的果胶浓缩液喷雾干燥成粉末,即得果胶粉，可长期保存。方法是将果胶浓缩液经高压喷头喷入干燥室，室内温度保持在120～150 ℃。果胶细雾接触热空气后，瞬时便干燥成细粉落到干燥室的底部。用螺旋输送器将细粉送到包装车间，立即通过孔径为300 μm的筛进行筛分，然后装入聚乙烯薄膜袋中密封。

（5）沉淀洗涤

没有喷雾干燥条件的厂家可采用下述方法制取果胶粉。

①酒精沉淀法：将95%的酒精加入浓缩抽提液中，使液态的酒精含量达到60%以上，果胶即可从抽提液中以棉絮状凝结析出。过滤得到团块状的湿果胶，然后将其中的溶液压出，再用60%的酒精洗涤1～3次，并用清水洗涤几次，最后经压滤除去过多的水分。此法提取的果胶粉杂质少、纯度高、胶凝力强，但成本较高。酒精可以重新蒸馏回收，提高浓度后再度利用。为节约酒精用量，果胶液经浓缩后再进行沉析，这样可以降低成本。

②酒精与明矾结合沉淀法：先用氨水将抽提液的pH值调整至4～5，随即加入适量的饱和明矾溶液，再调整pH值至4～5，即见果胶沉淀析出。为促进果胶的沉析，可加热至70 ℃，沉析完成后即滤出果胶，用清水冲洗数次，除去其中的明矾。然后用少量0.1%～0.3%的稀盐酸将果胶溶解，再按上述步骤用酒精重新将果胶沉析出来，并再加以洗涤。这样酒精的用量可以减少很多。

（6）烘干、粉碎

将经过压榨除去水分的湿果胶送入真空干燥室中，在60 ℃左右的温度下烘干。干燥至含水量10%以下，然后用球磨机将果胶块研细，利用孔径为300 μm的筛进行筛分后立即包装。

（二）低甲氧基果胶的提取

低甲氧基果胶的凝冻性质可因多价离子盐类的存在而增强。在一般低甲氧基果胶溶液中只要加入钙或镁离子，即使其中的可溶性固形物含量低至1%，仍能凝结成凝胶，这样在加工中就能大大节约用糖量，同时为保健食品的生产提供了新的原料。因此在果胶的提取工业中，低甲氧基果胶的生产得到了重视。

低甲氧基果胶通常要求其甲氧基含量为2.5%～4.5%，因此低甲氧基果胶的制取，主要是使高甲氧基果胶脱去一部分原来含有的甲氧基。一般是利用酸、碱和酶等的作用以促进甲氧基的水解，或将其与氨作用使酰胺基取代甲氧基。这些脱甲氧基的工序可以在稀果胶抽提液压滤以后进行，其中酸化法和碱化法比较容易。

1. 酸化法

在果胶溶液中,用盐酸将 pH 值调整至 0.3 左右,然后在 50 ℃的温度下进行水解脱脂,保温约 10 h,直至甲氧基减少到所要求的程度为止。接着加入酒精使果胶沉淀,过滤出其中的固体,用清水洗涤余留的酸液,并用稀碱液中和溶解,再用酒精沉淀,最后将沉淀物洗净、压干、烘干。

2. 碱化法

用0.5 mol/L 的氢氧化钠溶液将果胶溶液的 pH 值调至 10 左右,使甲氧基水解脱除。在水解过程中要继续以碱调整,以保持其 pH 值,水解时间 1 h 左右。水解完成后,用盐酸调整 pH 值至 5,再用酒精沉淀果胶,放置 1 h,并不断搅拌,过滤分离后再用酸性酒精浸洗,并用清水反复洗涤以除去盐类,最后压榨除水、干制。

该法的优点是作用迅速,但要注意 pH 值与温度的关系,控制不好会损害果胶分子结构从而影响质量。一般 pH 值为 8.5,温度不宜超过 35 ℃。如果提高 pH 值,则要降低温度。

二、果胶提取实例

(一)苹果皮渣提取果胶

苹果皮渣中果胶的含量可达 15%。一般从苹果皮渣中提取果胶的方法是酸解法。

1. 工艺流程

原料清洗→干燥→粉碎→酸液水解→过滤→浓缩→沉析→干燥→粉碎→检验→标准化处理→成品

2. 操作要点

(1)原料处理

苹果皮渣来源于苹果浓缩汁厂或罐头厂,一般新鲜的苹果皮渣含水量较高,极易腐烂变质,要及时处理。将苹果皮渣清洗去杂后,在温度为 65 ~ 70 ℃的条件下烘干,并进行粉碎,用孔径为 200 μm 的筛进行筛分后待用。

(2)酸液水解

在粉碎后的苹果皮渣粉末中,加入质量为皮渣粉末 8 倍左右的水,用盐酸调节 pH 值至 2.0 ~ 2.5,在 85 ~ 90 ℃下,酸解 1.0 ~ 1.5 h。

(3)浓缩

酸解完毕后进行过滤,去渣留液。将过滤液在温度为 50 ~ 54 ℃、真空度为 0.085 MPa 的条件下进行浓缩。

(4)沉析

浓缩后得到的浓缩液要及时冷却并进行酒精沉析。在冷却后的浓缩液中按 1∶1的比例加入 95% 的乙醇,待沉析彻底后,过滤或离心分离,脱去乙醇并回收,得到湿果胶。

(5)干燥、粉碎

将所得湿果胶在 70 ℃下真空干燥 8 ~ 12 h,然后粉碎到粒径为 200 μm 左右,即成为果胶粉。必要时可添加 18% ~ 35% 的蔗糖进行标准化处理,以达到商品果胶的要求。

(二)葡萄皮果胶的提取

1. 工艺流程

原料预处理→酸浸提→过滤→浓缩→酒精沉析→干燥→粉碎→标准化处理→成品

2. 操作要点

(1)原料预处理

葡萄皮破碎至粒径为 2 ~ 4 mm,在 70 ℃下保温 20 min 以使酶钝化,再用温水洗涤 2 ~ 3 次,沥干待用。

(2)酸浸提

加入质量为原料 5 倍的水,用柠檬酸调整 pH 值至 1.8,在 80 ℃下浸提 6 h,然后进行过滤,得到滤液。

(3)浓缩

将滤液在温度为 45 ~ 50 ℃、真空度为 0.133 MPa 的条件下进行浓缩,使果胶液浓度达到 5% ~ 8%。

(4)酒精沉析

在浓缩后的浓缩液中加入乙醇,使得乙醇浓度达到 60%,进行沉析。再分别用 70% 的乙醇和 75% 的乙醇洗涤沉淀物。

(5)干燥、粉碎

酒精沉淀物经洗涤后沥干,并在55～60 ℃下烘干,粉碎至粒径为300 μm左右,再经标准化处理即为果胶成品。

(三)马铃薯渣中提取低甲氧基果胶

1. 工艺流程

原料处理→钝化果胶酶→酸化水解→脱脂转化→真空浓缩→沉淀分离→干燥→粉碎→成品

2. 操作要点

(1)原料处理

用水洗涤马铃薯渣两次,除去淀粉及杂质。

(2)钝化果胶酶

加入温水,在50～60 ℃下保持30 min,以钝化天然果胶酶,洗涤后压干。

(3)酸化水解

加入硫酸溶液调整pH值至2,在90 ℃的温度下酸化水解1 h后,过滤得果胶提取液。

(4)脱脂转化

将果胶提取液冷却后,加入酸化乙醇,在30 ℃下保持6～10 h,进行脱脂转化,然后进行真空浓缩,再冷却至室温。

(5)沉淀分离

在浓缩后所得的果胶液中加入酒精进行沉析,要求果胶液中的最终酒精浓度在50%左右。

(6)干燥、粉碎

将果胶沉淀物在60 ℃下真空干燥4 h后,粉碎成为粒径为200～300 μm的粉末,即为低甲氧基果胶。

三、色素的提取

随着科学技术的发展,合成色素对人体的危害已日益引起人们的高度重视,目前世界各国所使用的合成色素的品种和数量日趋减少。而天然色素不仅使用安全,而且还具有一定的营养或药理作用,深受消费者的信赖和欢迎。因此合成色素逐渐被天然色素所取代已是大势所趋,开发安全可靠的天然色素对保障人类身体健康和促进食品工业的发展都具有十分重要的意义。

为了保持果蔬色素的固有优点和产品的安全性、稳定性,一般在提取时大多采用物理方法,较少使用化学方法。目前提取色素的工艺主要有浸提法、浓缩法和先进的超临界流体萃取法等。

(一)工艺流程

1. 浸提法工艺流程

原料→清洗→浸提→过滤→浓缩→干燥成粉或添加溶媒制成浸膏→成品

该法设备简单,关键是提高产品得率和纯度。

2. 浓缩法工艺流程

原料→清洗→压榨果汁→浓缩→干燥→成品

该法用于天然果蔬汁的直接压榨、浓缩提取色素。

3. 超临界流体萃取法工艺流程

原料→清洗→萃取器萃取→分离→干燥→成品

该法将现代高新技术用于果蔬色素的提取。

(二)操作要点

下面综合介绍上述三种方法的操作要点。

1. 原料处理

果蔬原料中的色素含量与原料的品种、成熟度、生态条件、栽培技术、采收手段及贮存条件等有密切关系。如葡萄皮色素、番茄色素的含量,不同品种以及不同成熟度的原料差别很大。浸提法生产中,收购到的优质原料需及时晒干或烘干,并合理贮存。有些原料还需进行粉碎等特殊的前处理,以便提高提取效率。提取不同的色素,对原料要进行不同的处理,生产前要严格试验,找出适宜的前处理方法。对于超临界流体萃取法,也应将原料洗涤、沥干并适当破碎后,再提取色素。

2. 萃取

对于浸提法,萃取时应注意:第一,应选用理想的萃取剂,因为优良的萃取剂不会影响所提取色素的性质和质量,并且提取效率高、价格低廉,回收或废弃时不会对环境造成污染;第二,萃取的温度要适宜,既要加快色素的溶解,又要防止非色素类物质的溶解增多;第三,大型工业化生产应采用进料与溶剂成相反梯度运动的连续作业方式,以提高效率并节省溶剂;第四,萃取时应随时搅拌。对于超临界流体萃取法,一般所选的萃取剂为二氧化碳,在萃取时应控制好萃取压力和温度。

3. 过滤

过滤是浸提法提取果蔬色素的关键工序之一,若过滤不当,成品色素会出现混浊或产生沉淀,尤其是一些水溶性多糖、果胶、淀粉、蛋白质等,如不过滤除去,不仅会严重影响色素溶液的透明度,还会进一步影响产品的质量和稳定性。过滤常常采用的方法有离心过滤、抽滤、超滤技术等。另外,为了改善过滤效果,往往采用一些物理化学方法,如调节 pH 值、用等电点法除去蛋白质、用酒精沉淀提取液中的果胶等。

4. 浓缩

色素浸提过滤后,若有有机溶剂,需先回收溶剂以降低产品成本,减少溶剂损耗。大多采用真空减压浓缩法先回收溶剂,然后继续将溶液浓缩成浸膏状。若无有机溶剂,为加快浓缩速度,多先采用高效薄膜蒸发设备进行初步浓缩,然后再进行真空减压浓缩。真空减压浓缩的温度控制在 60 ℃左右,而且需隔绝氧气,以利于产品质量的稳定。切忌用火直接加热浓缩。

5. 干燥

为了使产品便于贮藏、包装、运输等,有条件的工厂都尽可能地把产品制成粉剂,但是国内大多数产品还是液态型的。由于多数色素产品未能找到喷雾干燥的载体,直接制成的色素粉剂易吸潮,特别是花苷类色素,在保证产品质量的前提下,制成粉剂有一定的难度,因此这类色素可以保持液态。干燥工艺有塔式喷雾干燥、离心喷雾干燥、真空减压干燥以及冷冻干燥等。

6. 包装

包装材料应为轻便、牢固、安全、无毒的物质,液态产品多用不同规格的聚乙烯塑料瓶包装,粉剂产品多用薄膜包装;包装容器必须进行灭菌处理,以防其污染产品。无论何种类型产品和使用何种包装材料,为了色素的质量稳定和长期贮存,一般都应放在低温、干燥、通风良好的地方避光保存。

经过以上提取工艺得到的仅仅是粗制果蔬色素。这些产品色泽差、杂质多,有的还含有特殊的臭味、异味,直接影响着产品的稳定性、染色性,限制了它们的使用范围,所以必须对粗制品进行精制纯化。目前常用的方法有酶法纯化、膜分离纯化、离子交换树脂纯化、吸附解析纯化等。

四、色素提取实例

(一)葡萄皮红色素的提取

1. 工艺流程

原料选择→浸提→粗滤→离心→沉淀→浓缩→干燥→成品

2. 操作要点

(1)原料选择

选用含有红色素较多的葡萄皮,或选用除去籽的葡萄渣,干燥待用。

(2)浸提

浸提时用酸化甲醇或酸化乙醇,按与原料相等质量加入,在溶剂的沸点温度下,保持pH值为3~4。浸提1 h左右,得到色素提取液,然后加入维生素C或聚磷酸盐进行护色,速冷。

(3)离心

粗滤后进行离心,以便去除部分蛋白质和杂质。

(4)沉淀

向离心后的提取液中加入适量的酒精,使果胶、蛋白质等沉淀分离。

(5)浓缩

在温度45~50 ℃、真空度93 kPa的条件下进行减压浓缩,并回收溶剂。

(6)干燥

浓缩后进行喷雾干燥或减压干燥,即可得到葡萄皮红色素粉剂。

(二)类胡萝卜素的提取

1. 工艺流程

原料选择→洗涤→软化→浸提→浓缩→干燥→成品

2. 操作要点

(1)原料选择及处理

选用胡萝卜皮渣,洗涤后在沸水中热烫10 min。

(2)浸提

以体积比为1∶1的石油醚与丙酮的混合物作为提取溶剂。第一次浸提24 h后分离提取液,进行第二次、第三次浸提,至提取液无色为止。将数次获得的提取液混合后进行过滤。

(3)浓缩

将过滤后的提取液在温度50 ℃、真空度67 kPa的条件下进行浓缩,得到膏状产品并回收溶剂。

(4)干燥

膏状产品在35~40 ℃下进行干燥,得到粉状类胡萝卜素制品。

(三)番茄红色素提取

1.工艺流程

原料洗涤→破碎→浸提→过滤→浓缩→干燥→成品

2.操作要点

(1)原料处理

将番茄皮渣洗涤后破碎。

(2)浸提

以氯仿作为溶剂提取番茄红色素。向破碎后的番茄皮渣中加入质量为原料质量90%的氯仿,用盐酸调节pH值至6,在25 ℃下提取15 min,然后过滤得到番茄红色素提取液。

(3)浓缩

提取液在温度45 ℃、真空度67 kPa的条件下进行浓缩,得到膏状产品并回收溶剂。

(4)干燥

真空干燥后可得到番茄红色素产品。

五、籽油的提取

果蔬的种子含有丰富的油脂和蛋白质。如柑橘种子含油量达20%~25%,杏仁含油量达51%以上,桃仁为37%左右,葡萄种子为12%以上,番茄种子含油量达22%~29%。油中的亚油酸占35%以上,这些油都可提取出来供食用或满足工业上的需要。

蔬菜种子的含油量也很丰富，如冬瓜籽含油量为29%，辣椒籽含油量为20%～25%，因此籽油提取也是果蔬副产品综合利用的途径之一。

（一）葡萄籽油的提取

葡萄籽油的提取可采用压榨法、萃取法，下面主要介绍常用的压榨工艺。

1. 工艺流程

葡萄籽分选→破碎→软化→炒坯→预制饼→上榨→粗滤→毛油→过滤→高温水化→静置分离→脱水→碱炼→脱皂→洗涤→干燥→脱色→过滤→脱臭→加抗氧化剂→精油

2. 操作要点

（1）原料处理

将葡萄籽用风力或人力分选，基本除净杂质后用双对辊式破碎机破碎，所有成熟种子都必须破细。然后将含水分12%～15%的葡萄籽在温度65～75 ℃的条件下软化30 min，必须全部达到软化效果。

（2）炒坯及上榨

用平底炒锅炒坯，火候必须均匀，料温110 ℃，出料水分为7%～9%，不焦煳，炒熟炒透，时间20 min。炒后立即倒入压饼圈内进行人工压饼，动作迅速，用力均匀，中间厚，四周稍薄，趁热装入榨油机，饼温以100 ℃为宜。上榨时动作迅速，饼垛必须装直，防止倒垛，应轻压勤压，使油流不断线。车间温度保持在35 ℃左右，避免因冷风吹入降低品温而影响出油率。同时在出油口处安装一个2～3层的滤布以清除油饼渣等杂物，得毛油。

（3）高温水化

毛油经过滤后进行高温水化，即当油温升至50 ℃时加入0.5%～0.7%的煮沸食盐水，用量为油量的15%～20%，随加随搅拌，终温为80 ℃左右，直至出现均匀分散的胶粒为止，约15 min。保温静置6～8 h，油水分离层明显时进行分离。然后使用水浴锅以油代水加热，使油温达105～110 ℃，直至无水泡为止。

（4）碱炼

采用双碱法，将油温预热至30～35 ℃时，首先按用碱量的20%～25%加入30%（体积分数）的纯碱，防止溢锅，以60 r/min的转速搅拌，待泡沫落下后再加入

20% ~22%(体积分数)的烧碱,终温 80 ℃。

(5)脱皂

碱炼完毕后保温静置,当油、皂分离层清晰,皂脚沉淀时分离。

(6)洗涤

用 80 ~85 ℃的雾状软水喷于油面进行洗涤,用量为油重的 10% ~15%,并不断搅拌。可洗涤 1 ~3 次,洗净为止。

(7)干燥

将油间接加热至 90 ~105 ℃,持续 10 ~15 min,水分蒸发完毕为止。

(8)脱色及过滤

采用吸附法,加入混合脱色剂(活性白陶土或活性炭等)在常压、80 ~95 ℃条件下充分搅拌,持续 30 min,在 70 ℃下过滤,或自然沉降后再过滤。

(9)脱臭及加抗氧化剂

在脱臭罐中进行脱臭处理。间接蒸汽加热至 100 ℃,喷入直接蒸汽,真空度 800 ~1 000 Pa,时间 4 ~6 h,蒸汽量为每吨油 40 kg。最后加入适量抗氧化剂即得成品精油。

(二)番茄籽油的提取

番茄籽油是一种优质的保健植物油。研究表明,番茄籽油含有较多的人体必需脂肪酸——亚油酸(含量为 60% ~70%)和维生素 E(含量约为 0.9%),其中维生素 E 的含量高于小麦胚芽油。目前,提取番茄籽油所用的原料主要是番茄酱厂的副产品——番茄籽,提取的方法主要有索氏抽提法、溶剂提取法、超临界流体萃取法等。下面介绍超临界流体萃取法提取番茄籽油的工艺。

1. 工艺流程

番茄籽分离→洗涤→晒干→粉碎→超临界流体萃取→分离

2. 操作要点

(1)番茄籽分离及处理

将番茄酱厂的番茄渣放在水中分离出番茄籽,捞出、沥干,然后晒干或烘干,再用粉碎机粉碎成粉状,使之粒度均匀一致,待用。

(2)超临界流体萃取

用二氧化碳作为萃取剂进行萃取。将粉碎后的番茄籽原料放入封闭的萃取缸中,通入液态二氧化碳。萃取条件是:萃取压力 15 ~ 20 MPa,萃取温度40 ~ 50 ℃,二氧化碳流量 20 kg/h,萃取时间 1 ~ 2 h。

(3)分离

将萃取液减压分离,得到番茄籽油。

第六章　食用菌加工技术

食用菌是能够形成大型的肉质(或胶质)子实体(或菌核)类组织的高等真菌,是一种无毒害的具有排毒、抗癌、健身等重要价值的可供人类食用的菌类总称。黑龙江省自然环境得天独厚,特别适宜食用菌的生长发育。黑龙江省的食用菌无论是外观还是内在品质都好于南方,而且主要是在夏、秋季节收获。食用菌品种主要有黑木耳、平菇、香菇、滑菇、榆黄蘑、金针菇、猴头及珍稀菇类杏鲍菇、白灵菇等十余个品种,深加工的产品主要有干品、盐渍品、罐头等。

由于食用菌本身具有易开伞、易变质等特点,因此食用菌深加工具有时间上的紧迫性。同时食用菌营养丰富,特别是必需氨基酸种类较全,且还含有很多药用成分。因此,在深加工时,可与其他食物一同加工成各种营养价值和保健价值都很高的食品。另外食用菌深加工可选用的材料广泛,从子实体、碎屑到加工废液都可以作为加工的原料。总之,食用菌深加工具有时间紧、原料范围广等特点,对食用菌进行深加工可以提高其经济效益和资源的利用率。

第一节　食用菌干制

干制是指脱除一定量的水分从而尽量保持原料原有风味的加工技术,它是一种既经济而又大众化的加工工艺。其特点:一是干制设备可简可繁,简易的生产技术较易掌握,生产成本比较低廉,可以就地取材,当地加工。二是干制品水分含量低,干物质含量相对较高,在包装中容易保存,而且体积小,质量轻,携带方便,较易贮藏运输。三是由于干制技术的发展,干制品质量显著提高,食用方便,已成为食品工业中重要的组成部分。四是干制品可以调节生产淡旺季,有利于全年供应。

食用菌干制的方法可分为自然干制和人工干制两类。

一、自然干制

自然干制是依靠风吹、日晒等自然条件使新鲜食用菌干燥的方法，这是一种传统的加工方法。它不需要特殊的设备，简单易行，节省能源，成本较低。

将适时采收的新鲜食用菌摊铺于以竹或苇编成的晒帘上，不可用铁丝编的晒帘，因铁丝易生锈，影响食品卫生。

食用菌排放方式：银耳以耳片朝天、基座靠帘，一朵朵地排放，切不可重叠，以免压坏伸展的朵形。其他菇类应采取菇盖朝上、菇褶向下的方式，依次排放好。白天出晒，晚上连同晒帘一起搬进室内。通常晒 1 ~ 2 d，进行整靠拼帘，再晒 2 ~ 3 d，一朵朵地翻起，把基座或菇褶向上，晒至干燥后收藏。

此法的缺点是干燥过程慢，时间长，产品质量低，而且常受气候的影响，特别是在潮湿多雨的天气，干燥时间更长，产品质量下降，甚至大量腐烂损失。

二、人工干制

与自然干制比较，人工干制不受气候条件的限制，可人为地控制干燥条件，干制时间短。在干制过程中，由于高温破坏了酶的活性，食用菌的呼吸作用也逐渐停止，减少了后熟所造成的不良影响及有机物质的消耗，相对增加了产品的质量百分比。干制品外形丰满、色泽好、香味浓。而且在烘干过程中，霉菌孢子、害虫被杀死，提高了商品价值，更利于长期保存。

干制设备种类较多，可以根据生产规模大小选择适当的设备。

烘房目前在生产中被普遍采用，适合于大量生产加工，设备费用低，操作管理简便。

（一）火炕式烘房

火炕式烘房在我国沿用已久，其基本结构一般为长方形（见图 6－1），长 4.8 m，宽 2.4 m，高 1.8 m。房顶盖瓦，以利于通气。门开在侧面中间，宽 0.67 m，高 1.70 m。烘房内有人行道和火炕（见图 6－2），人行道宽 0.7 m，并有一定斜度。烘干时，在炕底放木柴，上面放木炭，这样的大炕可以连续燃烧一昼夜。每条火炕中间筑小墙，高 40 cm。当需要烘干的食用菌较少时，只用“挂角火”，即斜向两个炕生火，大量烘干时才全部生火。

在火炕和人行道之间筑一道火墙，高 60 cm，厚 20 cm，以便于在烤架上转动烤

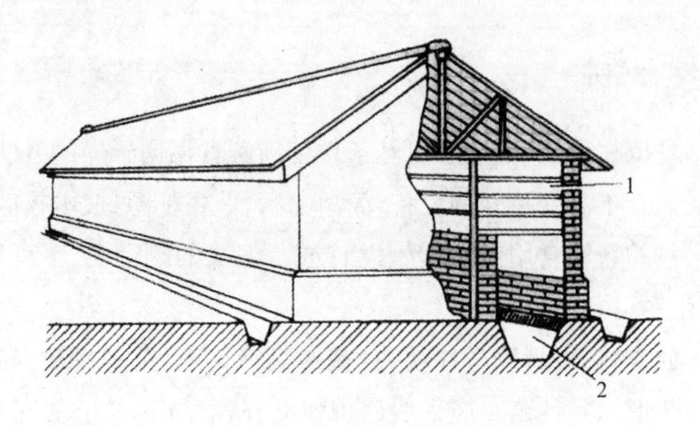

图 6-1 烘房的结构

1. 烤架;2. 火炕

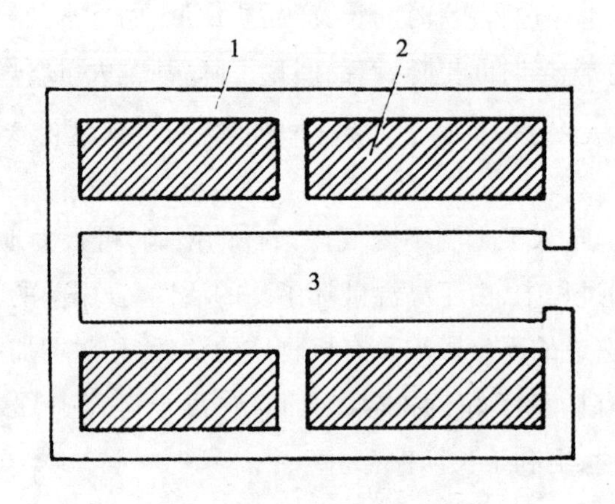

图 6-2 火炕

1. 火墙;2. 火炕;3. 道坑

筛。炕上设烤架,分层放烤筛。层距 25 cm,下层离地面 80 cm。烤筛用竹料编成,长 80 cm,宽 60 cm,筛板留方形网眼(见图 6-3)。

(二)烟道式烘房

烟道式烘房的基本结构为长方形,一般建在室内。在烘房的一端设炉灶,火门在烘房外,另一端设烟囱。烘房内设烟道,连接炉灶和烟囱。烟道宽、深各 40 cm,上面铺铁板,封口要严密,不能漏烟,也可用陶瓷管作为烟道。在烘房四周距地面约 10 cm 处每隔 1 m 开 1 个宽 5 cm、高 10 cm 的进气孔,用活动门控制开关。在房顶上每隔 1 m 开 1 个排气孔,进气孔和排气孔的位置要错开。烘烤时,在室内安装

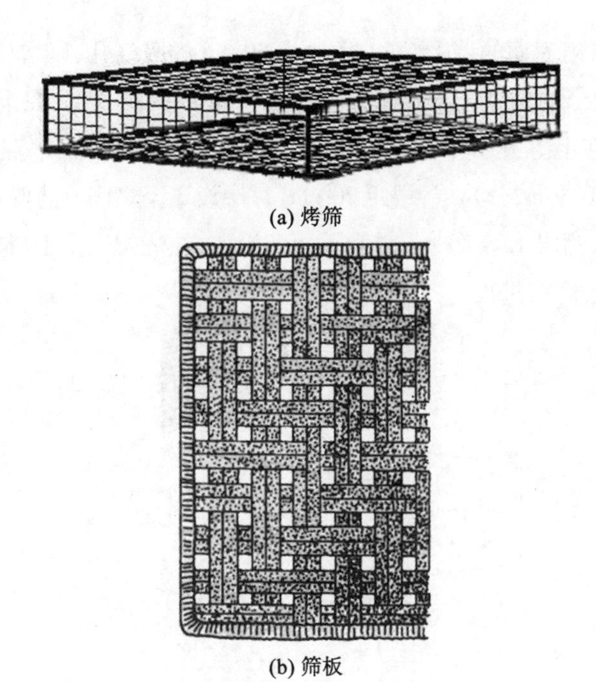

(a) 烤筛

(b) 筛板

图 6－3　烤筛

小型鼓风机,这样能够较快地带走烘房内的水分,提高排潮效果。在靠近烤架的地方开设侧门,侧门上安有玻璃窗,以便能在烘房外打开侧门调整烤筛,并通过玻璃窗来检查温度计上的读数。

(三)热风式烘房

热风式烘房见图 6－4,它利用干热气流在物体表面的流动来迅速排除水分,脱水速度快,效率高,并能提高食用菌的烘干质量。烘房长 8 ~ 10 m,宽 2 m,整个结构分为干燥室、散热室和送风设备 3 个部分。干燥室设在烘房下面,长 5 ~ 7 m,高 2 m,上面设排气层,高 1 m。干燥室可放 5 ~ 7 层烤筛,墙上开 4 个 20 cm 见方的玻璃窗,间距 1.0 ~ 1.5 m,窗内各挂 1 支温度计,可定时进行观察。散热管由 2 行竖立的钢管组成,每行 6 根,每根直径 16 cm。上端焊接在 2 根直径 20 cm 的横向钢管上,下端焊在 10 cm 厚、40 cm 见方的钢板上。钢板下面是火炕,火炕高 60 cm、宽 40 cm。火炕距干燥室 1 m,火炕一侧是烧火口,对面砌 1 个边长 80 cm、高 4 m 的烟囱与火炕相连。生火时,热气通过钢板进入干燥室内,煤烟从烟囱排出。送风设备是 1 台由 10 kW 电动机带动的大型电风扇。电风扇安装在距散热管

30 cm 处，在电风扇后面的墙上，开 1 个边长 50 cm 的吸气孔，以增加通气量。电动机安装在灶外适当的位置。干燥室上部设有 1 m 高的排气层，在干燥室的另一端与下层相通，并在上方开 1 个边长 80 cm 的通气窗，用来排出水蒸气。室内设烤架，长 1.8 m，宽 0.9 m，分 8 层，层距 20 cm，每层设 3 个烤筛。烤筛以竹制为佳，长 90 cm，宽 60 cm，筛眼 15 ~ 20 mm。为了便于操作，在烤架上安上滑轮，干燥室地面铺 2 条导轨，便于烤架进出。

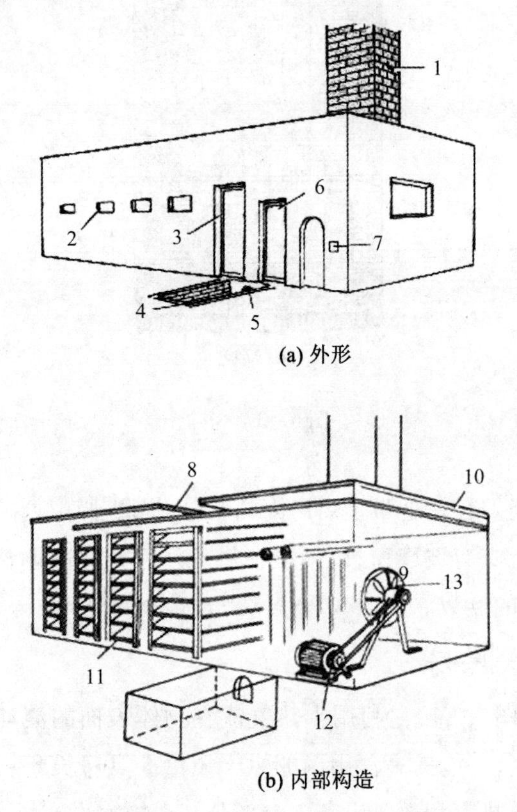

(a) 外形

(b) 内部构造

图 6－4　热风式烘房

1. 烟囱；2. 测温窗；3. 进料门；4. 火炕；5. 灶口；6. 机房门；7. 开关；8. 通气窗；9. 散热管；10. 隔板；11. 烤架；12. 电动机；13. 电风扇

（四）简易干燥箱

用木材或铁皮做成的简易干燥箱见图 6－5，箱顶部设排气筒，可用电炉或无烟木炭作为热源，并用小型鼓风机从外面通入少量的风，以加快排潮，使烘干效果良好。

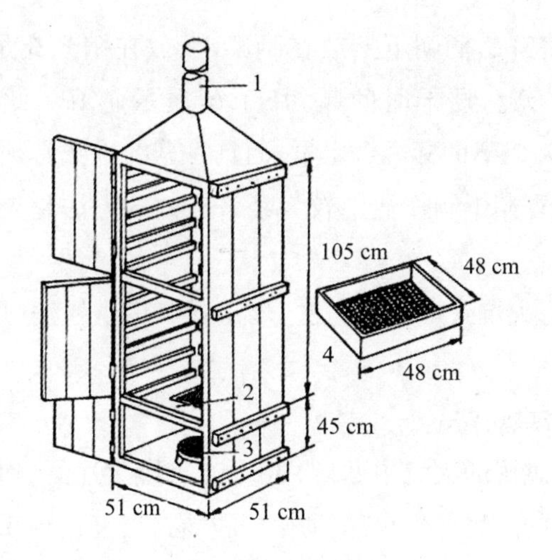

图 6－5 简易干燥箱

1. 排气筒;2. 白铁皮;3. 电炉;4. 烤筛

三、食用菌干制实例

(一)香菇干制

香菇营养丰富,味道鲜美,其干制品(俗称干菇)有花菇、厚菇与薄菇等之分。加工好的香菇,其价值能提高近1倍。

1. 工艺流程

原料选择→处理→干制→分级→包装→成品

2. 操作要点

(1)原料选择

选用菇膜刚刚破裂,菇盖边缘稍内卷,菇褶全部伸直,七八成熟,且色泽好、香味浓、菇盖厚、分量足、肉质韧的香菇作为干制原料。采收后应防止过分挤压,以免损伤外形。

(2)处理

去蒂(留下0.5～1.0 cm),按菇盖大小分开放置,在短时间内进行干制。

(3)干制

晒干香菇时,将鲜菇柄朝下摊放在晒筛上,放在阳光充足的地方暴晒。3~5个晴天即可晒干鲜菇。晒干时间越短,干菇质量越好。此时香菇含水量约为20%,高于干菇13%以下的标准含水量,而且香菇的香味必须经过50 ℃以上温度的烘烤才会产生。香菇干制作业中较为经济有效的方法是先将鲜菇晒至半干,再以热风强制脱水。

烘干香菇时,有火炕式烘房烘烤法、烟道式烘房烘烤法、烘干箱烘干法和烘晒结合法。

① 火炕式烘房烘烤法

将木炭堆放在烘房的火炕中,厚约30 cm,点燃至通红,均匀地摊在火炕里,在其上面盖一层薄薄的灰烬。烘房先预热4 h左右,温度达到35 ℃,排出湿气后,再将香菇放进去烘烤。

将香菇去蒂,按大小、厚薄分开,菇柄朝下,均匀地摊放在烤筛上,先晒4~6 h,然后分层放到烤架上。注意将较干的香菇放在下层,较潮的香菇放在上层。

烘烤温度控制在40~50 ℃,即以用手背触底层烤架时稍烫手为适宜。烘干香菇时要经常检查火力和香菇的干燥程度,待香菇五成干时,根据香菇的多少,把两筛或三筛合并为一筛,在筛内摊匀(不能太厚),继续烘烤。

当下层菇七八成干时,倒入电热焙笼(见图6-6)内焙干,此时将上层菇移至下层,上层再放入鲜菇。

图6-6 电热焙笼

入焙笼时,烘烤温度不宜过高,以 40 ~ 50 ℃为宜,以后可升至 60 ℃,至干燥、菇柄易断时取出。将干香菇从焙笼中取出后摊晾,发现没有干透的,应挑出放回焙笼内重新烘烤,反复烘烤直到完全干燥为止。干香菇的含水量应在 13% 以下。

② 烟道式烘房烘烤法

具体操作方法与火炕式烘房烘烤法相似,烘烤时必须掌握以下几点。

掌握好烘烤温度,温度要先低后高,开始时不能超过 40 ℃,以后每隔 3 ~ 4 h 升高 5 ℃,最高温度不能超过 65 ℃。为提高香菇品质,除了防止升温过快、温度过高使菇体变黑外,还要防止烘房温度的剧烈变化。若温度波动幅度较大,会使菇盖过分收缩而龟裂,边缘向内倒卷,菇形畸变,菇褶倒塌。

需设有排气孔或安装电动抽气机,让水汽及时排出,否则会导致菇褶变黑。

烘烤时不要将香菇一次烤干。把香菇烘至八成干后,即需"出烤",放于干燥处,若干小时后再"复烤"3 ~ 4 h,这样香菇干燥一致,不易破碎,并且香味浓。

如用炭火和煤火烘烤,则必须无烟无火舌,上面要加一层散热铁板,使热量均匀。

③ 烘干箱烘干法

对采收的鲜菇要及时整理,并在 3 ~ 4 h 内移入烘箱。根据菇体大小厚薄、开伞与不开伞分类上筛,菇褶统一向上或向下均匀整齐排列,把大、湿、厚的香菇放在筛子中间,小菇和薄菇放在上层,质差菇和菇柄放入底层。整个干燥过程分为四个阶段。

预备干燥阶段:即香菇刚入箱粗脱水阶段,温度要控制在 30 ~ 50 ℃,将水分降至 75%。晴天采收的香菇起始温度可以为 40 ℃,粗脱水时间 3 ~ 4 h;雨天采收的香菇起始温度应为 30 ℃,粗脱水时间应为 4 ~ 5 h。此期间因香菇湿度大,细胞尚未被杀死,温度不能长时间低于 35 ℃,且应开大进风口和排风口,使湿气尽快排出,温度均匀上升,每小时升 1 ~ 2 ℃。

干燥阶段:香菇中的水分继续蒸发,香菇逐渐进入硬化状态,外形趋于固定,干燥程度达 80% 左右。温度由 50 ℃慢慢均匀上升至 55 ℃,需 8 ~ 10 h。此阶段应调小进风口和排风口。

定型阶段:香菇水分蒸发速度减慢,菇体开始变硬,对干菇形状起决定作用。温度保持在 55 ℃,需 3 ~ 4 h。

完成阶段:烘箱内温度由 55 ℃上升至 60 ℃,并保持 1 h 左右以杀死虫卵。直至香菇内部湿度与表面湿度一致,含水量为11%~13%,色泽光滑时干燥完成。

④ 烘晒结合法

用日晒干燥的方法制成的香菇香味差,烘晒结合制成的干菇色泽好,香味浓。方法是:将采下的鲜菇当天置于太阳下晒6 h左右,再将其立即烘烤。将已烘干且菇体完整、色泽均匀的干菇按大小进行分级,每200~500 g封入一只聚乙烯塑料袋中,迅速密封装箱、装盒,在冷凉干燥处保存。

3. 香菇的分级

干香菇的分级所采用的三类九级标准是目前国内较常用的分级标准之一。三类九级标准是按菇肉厚度、菇盖花纹、色泽、铜锣边(即菇盖边缘内卷,约相当于七成熟菇的干制品)等指标,将干香菇分成花菇、厚菇、薄菇三类,每类又分三个等级。

一等:菇盖直径6 cm以上,盖面红棕色或紫褐色,皱纹细密,卷边2 mm以上;无发霉、变黑、烤焦,菇褶乳白色或黄白色,香味浓郁。

二等:菇盖直径4~6 cm,盖面红棕色或紫褐色,皱纹颇粗,卷边低于2 mm;无发霉、变黑等,菇褶乳白色或黄白色,香味浓。

三等:菇盖直径2.5~4.0 cm,盖面红棕色或黄褐色,已开伞;菇肉稍薄,无发霉、变黑等,菇褶乳白色或黄白色。

(二)香菇冷冻干燥加工

冻干香菇含水量低,小于或等于5%,复水率高达87.2%,是一种保持香菇色、香、味、形及营养成分最好的加工方法。

1. 工艺流程

香菇原料验收分级→预处理→冻结→升华干燥→解析干燥→出机→包装→入库

2. 操作要点

(1)验收分级及预处理

新鲜香菇采摘后首先应按分级标准进行验收分级,然后进行防褐变处理,通常可先进行漂洗或在柠檬酸或硫酸钠稀溶液中浸泡2 min,再沥干、切片。

(2)冻结

香菇平均冻结速度为每分钟1 ℃左右,冻结时间约为90 min,最终温度在-30 ℃左右,确保无液体存在。否则,干燥过程中会出现营养流失、体积缩小等不良现象。

(3)升华干燥

在压力为30～60 Pa的真空箱内进行升华干燥,香菇料温－25～－20 ℃之间,时间为4～5 h。

(4)解析干燥

升华干燥后,香菇仍含有少量的胶体结合水,很难脱掉,必须提高温度才能达到产品所要求的水分含量。解析干燥时料温由－20 ℃升到45 ℃左右,压力为10 Pa左右,时间为8～9 h。

(三)木耳干制

木耳是一种味道鲜美、营养丰富的食用菌,含有丰富的蛋白质、铁、钙、维生素、粗纤维,其中蛋白质含量和肉类相当,铁含量比肉类高10倍,钙含量是肉类的20倍,维生素 B_2 含量是蔬菜的10倍以上。木耳还含有多种有益氨基酸和微量元素,被称为"素中之荤"。其加工方法主要是干制。

1. 工艺流程

选料→干燥→分级→包装→成品

2. 操作要点

(1)选料

木耳有三种,即春耳、伏耳和秋耳。

(2)干燥

木耳采后应及时干燥,自然干燥、人工干燥皆可。自然干燥即日晒,将木耳摊在晒席上或摊在铺有纱布的木框内晒1～2 d。晒时不宜翻动,以免木耳卷成拳耳或破碎。晒干即为成品。

(3)分级

根据木耳朵形大小、颜色深浅、肉质厚薄进行分级。

(4)包装

装入塑料薄膜食品袋内,封口后装箱外运。

3. 产品质量要求

一般8～10 kg鲜木耳可制成干木耳1 kg,要求成品干硬发脆,无其他杂质,色深形大。大量种植木耳的场所可建造小规模烘房或购买脱水设备进行木耳脱水。

在烘干过程中应采取阶段性升温技术，切不可高温急烘，操作务求规范。在升温的同时启动排风扇，将热源均匀输入烘房。待温度升到 35～38 ℃时，将摆好鲜木耳的烘帘分层放入烘房，促使木耳干燥。

烘房温度控制：1～4 h 时保持在 38～40 ℃，4～8 h 时保持在 40～45 ℃，8～12 h 时保持在 45～50 ℃，12～16 h 时保持在 50～53 ℃，17 h 时保持在 55 ℃，18 h 时至烘干保持在 60 ℃，同时可上下、里外翻动，以使木耳干燥均匀。其间如有耳片黏结成块，可以喷清水使其回潮离散，然后继续烘干。

此外应注意排湿、通风。随着耳体内水分的蒸发，烘房内通风不畅会造成湿度升高，导致成品色泽灰褐，品质下降。操作要求：1～8 h 时打开全部排湿窗，8～12 h 时通风量保持在 50% 左右，12～15 h 时通风量保持在 30%，16 h 后耳体已基本干燥，可关闭排湿窗。翻动时"哗哗"有声时，表明木耳已干，可出房、冷却、包装、贮运。一般干木耳含水量要控制在 15% 以下，用铁皮箱或聚乙烯塑料袋包装，以防回潮。

（四）银耳干制

1. 晾晒法

将采下的鲜银耳挖去黄褐色的耳脚和杂质，用清水淘洗干净，去掉泥沙、木屑等杂物。将耳片朝上，摊晾在铺有白色纱布的晒席上晾晒，不可堆放。一般 2～3 d 可晒干，其间反复翻动。

2. 烘烤法

遇多雨天气，须用烘烤法干制银耳。方法是将银耳均匀排放在涂有少许植物油的烤筛上，先用 30～40 ℃的温度烘烤 1～2 h，然后升温至 40～50 ℃烘烤 6～8 h。烘烤时注意加强通风，排除水汽，最好用风扇式排气扇排湿。烘烤过程中要勤翻动并调换烤筛的位置。当耳片含水量降到 30% 左右时，将温度提高到 50～60 ℃；当含水量降到 12% 以下时，即可结束烘烤。

3. 竹签炭烘法

有的山区耳农采用竹签炭烘法干制银耳。在 3 根竹签上面擦少许植物油（便于烘干后下签），然后将鲜银耳穿上。穿耳后，将竹签两头放在火槽两端的铁架上烘烤。火力以手背放在竹签上感觉不烫为准，即 50～60 ℃之间。烘干时不用明火，常在木炭燃着后覆盖一层草木灰。一面烘干后再翻一面烘，待两面和中间都烘干时,略等回潮,再取下签,天晴时置阳光下晒干。

干银耳极易吸潮,烘干结束后应立即分级包装。先将干银耳密封于聚乙烯塑料袋内,再放入纸箱或木箱内,每箱内放一些小袋石灰用以吸潮。成品存放在通风干燥处,定期检查质量。

4. 银耳质量优劣的鉴别

(1)朵形

形似菊花、瓣大而松、质地轻者为上品,朵形小或未长成菊花形者为下品。

(2)色泽

色白如银、白中透明、有鲜亮的光泽者为上品,色泽发黄或色泽不匀、有黑点、不透明者为下品。

(3)组织

个大如碗、朵片肉质肥厚、胶质多、蒂小、水分适中者为上品,朵片肉质单薄、无弹性、蒂大者为下品。

(4)杂质

无碎片、无杂质者为上品,容易破碎、碎片多、杂质多者为下品。

5. 银耳分级

(1)一级品

足干,色白,无杂质,不带耳脚,朵整肉厚,整朵呈圆形,朵直径大于4 cm。

(2)二级品

足干,色白,无杂质,不带耳脚,朵整肉厚,朵形不甚圆,朵直径大于2 cm。

(3)三级品

足干,色白,略带米黄色,朵肉略薄,无杂质,不带耳脚,整朵呈圆形,朵直径大于2 cm。

(4)四级品

足干,色白,带米黄色,有斑点,朵肉薄,不带耳脚,整朵呈圆形,朵直径大于1.3 cm。

(5)等外品

足干,色白,带米黄色,朵中有斑点,朵肉薄,略带耳脚(其数量不得超过5%),无杂质,无火烘朵及黑朵,无碎末,朵形不一,朵直径小于1.3 cm。

（五）菇片干制

杏鲍菇、蘑菇等可以切片烘干。一般切片厚度在0.40～0.45 cm之间，按切片后的等级分开，摊在烘房的烤筛上，不要重叠。烘干时，开始温度控制在30～40 ℃范围内慢慢烘烤。随着水分的减少，温度逐步升到55～60 ℃，并开动烘房的送风机，加强排湿。干燥时应循序缓慢地进行烘干。干燥的切片以边角不卷起、指甲掐不动、抓起来沙沙作响为宜。一般烘干需5～6 h，菇片含水量不超过8%。菇片烘干后，要在干燥的环境下迅速筛选分级，并密封于塑料袋内，以防干菇片回潮。

（六）猴头菇干制

1. 晒干法

将采收下来的鲜猴头菇剪去菇柄基部，清除杂质，排放于竹帘上，在烈日下暴晒。先将切面朝上晒1 d后，再翻转过来晾晒至干。或者将鲜猴头菇切片，在沸水中杀青2～3 min后，用冷水迅速冷却，沥干水分，放于竹帘上晾晒至干。

2. 烘干法

将采收的鲜猴头菇去杂后，先风干1～2 d，然后按大小分别烘烤。先用40～50 ℃的温度烘至七八成干，再升温至60 ℃，烘至含水量13%以下，冷却后及时分装于塑料袋中密封保存。

3. 猴头菇干品分级标准

正品：形状完整，无伤痕残缺，茸毛齐全，身干，体大量重，色泽金黄，无霉烂，无虫蛀。

次品：色黑身潮，个小无茸毛，黏附杂质。

（七）竹荪干制

竹荪采下后，将不能食用的菇盖和菇托去掉，留下菇柄等部分，保持菌体完整、清洁。如有脏物，则用清水漂洗、沥干，及时加工制成竹荪干。

1. 自然干燥法

在晴天将竹荪抹上菜油或猪油，摊晾在晒席上，在阳光下暴晒至干。

2. 炭火烘干法

在炭或煤炉上，放一块铁板或一只平底铁锅烘干竹荪。温度由低到高，40 ℃烘至半干，再以60 ℃烘烤至八九成干，再降至40 ℃左右烘干，注意火不能直接接触竹荪。

3. 脱水干燥法

在脱水干燥过程中，温度每升高5～7 ℃，均须保持30 min。在50 ℃时通风排湿3 h，再升高至55 ℃，最后升至60 ℃保持1 h。每次在升温前30 min必须开窗看颜色，烘干后在室温下放置30 min，即可包装。

（八）姬松茸干制

1. 晒干

采收前2 d停止向菇体喷水。当菇盖直径长至4 cm、含苞未放、表面为淡褐色的纤维鳞片、菇膜尚未破裂时采摘。要选择晴天采摘，采时用手握住菇柄基部，轻轻转动取出，再用竹片刮掉菇盖和菇柄上的泥沙，用不锈钢剪剪去菇脚，清洗一遍。将菇褶朝上摆放于晒席或竹筛上，放在通风处的阳光下翻晒，3～4 d可干燥。

2. 烘干

将清洗过的鲜品在通风处沥干水，或在太阳下晾晒2 h。先将烘干机预热至50 ℃后让温度适当降低，再按菇体大小、干湿分级，大菇、湿菇排放在烤架中层，小菇、干菇排放在顶层，质差或畸形菇排放于底层。菇褶朝下，均匀排放。烘干分三个工艺流程。

（1）调温定型

晴天采摘的姬松茸，烘烤起始温度控制在37～40 ℃，雨天采摘的姬松茸则调至33～35 ℃。菇体受热后，表面水分大量蒸发，此时要打开全部进气窗和排气窗排除水汽，以使褶片固定，直立定型。当温度自然下降至26 ℃时，恒温保持4 h。若此时温度过高，将出现褶片倒伏、菇形损坏、色泽变黑的情况，降低商品价值。

（2）菇体脱水

以26 ℃为起始温度，每小时升高2～3 ℃。通过开、闭气窗及时调节相对湿度到10%，维持6～8 h。当温度匀速缓慢上升至51 ℃时保持恒温，以确保褶片直立和色泽固定。在此期间调整上层、下层烤筛的位置，使菇体干燥度一致。

（3）整体干燥

恒温后经6～8 h升至60 ℃。当烘至八成干时，应取出烤筛晾晒2 h后再上机烘烤，双气窗全闭烘制2 h左右。用手轻折菇柄易断，并发出清脆响声即结束烘烤。冷却后将优质干品及时装入塑料袋封口。

一般8～9 kg鲜菇加工成1 kg干品菇。采用此法加工的干品菇气味芳香，菇褶白、直立，朵形完整无碎片，菇盖淡黄无龟裂，无脱皮，铜锣形收边内卷，干燥均匀。无变黑、霉变、畸形菇。

第二节　食用菌盐渍加工

食用菌盐渍加工具有简单易行、设备简单、成本低廉、产品便于贮运等特点。同时，盐渍加工还能调节食用菌生产的淡旺季，满足外贸出口和国内市场的需要。

一、盐渍加工工艺

（一）工艺流程

原料选择→分级→清洗→烫漂→冷却→腌制→检验→调酸→装桶→成品

（二）操作要点

1. 原料选择与分级

除了胶质类食用菌外，其他食用菌均可以用于腌制加工。原料应当新鲜完整、肉厚质嫩、色泽正常、无污染、无虫蛀、无霉变。加工前，剔除腐烂变质的食用菌，去除培养基、泥沙等杂质，剪去菇柄基部过长的部分。根据菇体大小、菇盖直径、菇柄长短进行分级，必要时适当切分。对于淡色调的食用菌，为防止原料氧化褐变，采收后到加工前还需要用维生素C、亚硫酸钠等抗氧化剂进行护色处理。

2. 烫漂与冷却

食用菌用水清洗后进行烫漂，烫漂在不锈钢或铝制容器中进行。加清水于容器中，加水量为容器容积的2/3左右，在水中添加体积分数为0.05%～0.10%的柠檬酸或3%～5%的食盐。烫漂液煮沸后，将食用菌倒入烫漂，食用菌的加入量为烫漂液的30%左右。轻轻搅拌使食用菌受热均匀，待菇体变软烫透时捞出，置于冷水中迅速冷却。烫漂温度控制在95 ℃左右，时间视菇体大小而定，一般为5～8 min。

3. 腌制

食用菌腌制的方法有食盐水浸渍和干盐腌渍两种。

(1)食盐水浸渍

按每100 kg清水加盐25～30 kg的比例备好食盐。将清水加热,把食盐倒入热水中继续加热并搅拌使食盐溶解,经过滤后倒入缸内冷却。此食盐水溶液的浓度在22%左右,把冷却的食用菌放入食盐水中浸渍,食用菌与食盐水的比例为1.0: 1.1。2 h后,检查缸中食盐水浓度,若下降到15%,把食用菌捞出放入另一个盛相同浓度食盐水的缸中浸渍。浸渍过程中轻轻搅拌,使菇体吸收盐分均匀一致。经常测定食盐水浓度,浓度低时用饱和食盐水补充。浸渍至缸中食盐水浓度稳定在20%为止。腌制过程中,为防止食用菌浮在液面上而造成腐烂,液面应放一层竹帘,上压重物。

(2)干盐腌渍

按每100 kg烫漂过的食用菌加盐15 kg的比例称取食盐。先在缸内撒一层厚约2 cm的底盐,然后铺一层食用菌,撒一层盐,如此逐层铺放,直到离缸口10 cm左右时,最后铺一层2～3 cm厚的盖面盐,盖上竹帘,压上重物。随着食用菌体内的水分不断外渗,缸中的食盐逐渐溶解,盐分不断地渗入食用菌,食用菌被盐水淹没。腌制过程中通常要换缸,即把腌制的食用菌取出,转入另一只缸内,并将原缸中食用菌上下层位置对换,使缸内盐浓度上下一致,并使盐分均匀地渗透到菇体内。

4. 调酸与装桶

按50: 42: 8的比例,分别称取柠檬酸、偏磷酸钠和明矾配制调酸液。用少量热水将其溶化并使三者混匀后,倒入饱和食盐水中,使食盐水的pH值降到3.0～3.5,食盐浓度达到23%。把腌渍好的食用菌从缸内捞出,沥去盐水,剔除色泽异常的腌渍菇及杂质,按规定量装入容器内。食用菌腌渍品供出口时,应装入特制的塑料桶内,桶内衬两层塑料薄膜食品袋。待腌渍菇装好后,再装入调酸后的食盐水,使质量达到标准。两层塑料薄膜食品袋要分别用回头把扎紧,以防袋内盐液外渗。塑料桶应盖好内外两层盖,最后在桶外注上品名、等级、代号、毛重、净重和产地等。

二、盐渍加工实例

(一) 蘑菇盐渍加工

1. 工艺流程

漂洗→杀青→腌制→装桶

2. 操作要点

(1)漂洗

将采摘的鲜菇削去蒂柄、清除杂质后,及时用0.02%的焦亚硫酸钠溶液漂洗,然后再放到0.05%的焦亚硫酸钠溶液中浸泡10 min护色。漂洗后要及时用清水清洗3~4次,焦亚硫酸钠残留量不得超过0.002%。也可改用0.05 mol/L的柠檬酸溶液(pH值为4.5)来漂洗蘑菇,此方法也能显著改善菇色。

(2)杀青

配制浓度为10%的食盐水,用铝锅、搪瓷锅或不锈钢锅煮制,切忌使用铁锅。将食盐水放在锅内用旺火煮沸,再放蘑菇。下锅的蘑菇不宜过多,一般以每100 kg食盐水放40 kg蘑菇为宜,使菇体全部淹没在食盐水中。用旺火使水温保持在98 ℃以上,并用竹棒或木棒不断在锅内搅拌,上下翻动,并用铝勺捞去泡沫。煮沸的时间一般掌握在10~12 min,以熟至透心为度。鉴别的方法:一是将蘑菇捞起投入冷水中,蘑菇下沉即表明已煮熟,而浮在水面上的则未熟;二是将蘑菇剖开,煮熟的蘑菇内外均呈黄色,若菇心仍显白色则未熟。煮好的蘑菇要及时放在清水中冷却,一般要经20~30 min才能彻底冷透。

若加工数量较大,来不及煮制的蘑菇可放在浓度为0.6%的食盐水中短期保存。

(3)腌制

冷却的蘑菇沥去清水后,先放到浓度为15%~16%的食盐水中腌制3~4 d。蘑菇逐渐变成黄白色,再转入23%~25%的食盐水中继续腌制。每天转缸1次,发现食盐水浓度低于20%时,应立即加食盐补足。腌制1周后,当缸内食盐水浓度不再下降,稳定在20%左右时,即可装桶。

(4)装桶

将蘑菇捞起,沥去食盐水,5 min后称重,装入专用塑料桶内,然后在桶内灌满新配制的20%的食盐水,用0.2%的柠檬酸溶液调节pH值至3.5以下,然后加盖封存。

如果不能马上装桶,应在最后一次倒缸时调整食盐水浓度,并在菇体上加盖竹帘,用石块压好,然后灌入20%的食盐水,使蘑菇完全浸没在食盐水中。这样可以短期贮藏,在3~5个月内不会变质。

(二)草菇盐渍加工

1. 工艺流程

漂洗→杀青→腌制→转缸→装桶

2. 操作要点

(1)漂洗、杀青

草菇采收后置于清水中洗去尘埃、杂质,及时放入5% ~7%的食盐水中煮3 ~5 min,以菇体中心熟透为度。捞出迅速放入冷水中冷却,或用流水冲凉,至凉透后腌制。

(2)腌制

腌制前先准备24%的饱和食盐水,做法是:将水煮沸后按比例加入食盐,边煮边搅拌,然后用纱布过滤,去除杂质,冷却后使用。将杀青后的菇体投入食盐水中,让食盐水淹没菇体,并以木片、竹片轻压,以防菇体暴露于空气中变色腐败。在缸表面分次撒食盐,直到食盐溶解很缓慢时停止。

(3)转缸

腌制7 ~10 d后,要转缸1次,即捞出菇体转入另一口缸中,重新灌满24%的饱和食盐水,以排除不良气体。在保存过程中,若食盐水浓度低于规定的浓度,应及时加入食盐,使其浓度保持在24%,这样腌制20 d左右即可装桶外运,菇体可保存2 ~3个月。

食用时,只要把盐渍草菇放在清水中浸泡脱盐,或于0.1%的柠檬酸溶液中煮5 ~10 min再在清水中漂酸即可。

(三) 金针菇盐渍加工

1. 工艺流程

原料准备→预煮杀青→冷却和盐渍→装瓶、装桶

2. 操作要点

(1)原料准备

鲜菇剪根去杂后,在食盐水中漂洗干净,浸入3% ~5%的低浓度食盐水中。待浸泡发软后捞出,沥干水分,再在高渗盐液中预煮杀青。

(2)预煮杀青

先在铝锅中放入25%的食盐水,煮沸后放入金针菇,边煮边搅拌,使其受热均匀,煮沸时间4 min左右。一般煮沸后菇体在水中下沉即可。

(3)冷却和盐渍

捞出金针菇,迅速放于流动水中冷却,然后浸渍在浓度22% ~24%、pH值3.5的食盐水中。为防止菇体上浮,应在菇体上覆盖纱布,加压加盖。

应控制食盐水浓度及pH值,特别是在盐渍的前几天,要注意观察食盐水浓度和pH值变化情况,随时调整。当pH值上升时,可用柠檬酸来调节。盐渍20 d后,即可分别装罐。

(4)装瓶、装桶

将盐渍好的金针菇装入罐头瓶或专用塑料桶中,桶内要衬塑料袋。捞出金针菇,沥去食盐水,按质量进行分装,然后灌满22% ~24%的食盐水,调节pH值至3.5左右,使菇体不浮出液面,密封贮藏。

(四)猴头菇盐渍加工

1. 工艺流程

原料验收→漂洗→预煮→冷却→盐渍→装缸

2. 操作要点

(1)原料验收、漂洗

采收的猴头菇用剪刀剪去菇柄后再验收。猴头菇漂洗的主要目的是除去苦味。将猴头菇浸泡在水中,然后捞出挤干,如此反复数次,才能除去苦味。

(2)预煮

将洗去苦味的猴头菇放入0.1%的柠檬酸溶液中预煮10 min,捞出放入清水中冷透。

(3)盐渍

先在陶瓷缸底部撒一层食盐,再将沥干水分的猴头菇装入缸中,装一层猴头菇撒一层食盐,菇盐比为4∶1。然后上下翻动3 ~4次,使其混合均匀。上面压石块,把猴头菇全部浸入食盐水中。

三、食用菌盐渍注意事项

食用菌在盐渍过程中经常发生菇体腐烂变质情况,其中常出现的一种是菇体颜色发红，手触发黏，菇软，而后腐烂，特别是夏季温度高时，盐渍菇常因此变质腐烂。这主要是由一种极端嗜盐菌引起的，它们属于微生物中古细菌亚界盐杆菌科，细胞呈杆状或球状，能在15%～30%的食盐水中生活，在食盐中存在。因此食用菌盐渍时应尽量选用优质食盐，经过灭菌后使用。同时，嗜盐细菌的生长速度和温度的高低有密切关系，在20 ℃以下时生长缓慢，在30 ℃以上时生长活跃，所以一般盐渍菇变质腐烂常发生在7～8月。因此，盐渍菇保存温度应尽量限制在30 ℃以下，保存在阴凉、干燥、没有直射光的地方。同时还要注意及时采收，轻拿轻放。杀青时大菇小菇分开，以免大菇夹生、小菇煮熟过度，要求以煮透为度，冷却时要冷至菇心。食盐水浓度要在22 °Bé以上。产品在运输前，如果是铁桶包装的，需扎紧内衬的塑料袋，如开口或塑料袋破裂食盐水外流，除腐蚀铁桶外，还会使食用菌因缺水而变质；如果是塑料桶包装的，一定要加足饱和食盐水，放上减震内盖，拧紧外盖。各个工艺过程要环环扣紧，把好质量关，确保以优质产品供应市场。

第三节　食用菌糖制加工

糖制品是以食糖与食用菌为原料混合煮制或蜜制而成的一种加工产品。

一、糖制加工工艺

（一）工艺流程

原料选择→分级→清洗→烫漂→硬化→预煮漂洗→糖制→烘干→上糖衣或糖粉→冷却→包装→成品

（二）操作要点

不同品种的食用菌在糖渍时采取的工艺会有差异，但硬化、预煮漂洗、糖制等核心工序都必须有，且有一些共同的要求。

1. 硬化

食用菌原料一般均不耐煮制。糖渍前必须经硬化处理，以增强其耐煮性。硬化处理是将原料浸泡于石灰或氯化钙、明矾、亚硫酸钙稀溶液中，浸渍适当时间。硬化剂的选择、用量及处理时间必须适当。硬化剂选用不当或处理过量，会生成过多的果胶酸钙盐，或使部分纤维钙化，从而降低原料对糖分的吸收量，并使糖制品质地粗糙,品质低劣。一般来说,干态蜜饯原料需要用脱酸的石灰处理;食用菌脯及含酸量低的原料选用氯化钙、亚硫酸钙等盐类处理;本身较耐煮的原料可不用硬化处理。

2. 预煮漂洗

经硬化处理的原料以及某些新鲜原料,在加糖煮制前,需进行预煮漂洗,以除去黏附的硬化剂及盐,同时排出原料中的黏性物质,增加成品的透明度,排除过多果酸,以免蔗糖过多地转化。增大细胞膜透性,有利于糖分渗入,使细胞组织软化,质地脆嫩。预煮在沸水中进行。

3. 糖制

根据蜜饯种类、原料质地的不同,大致可分为加糖合煮(糖煮)、加糖浆腌渍(糖渍)和糖煮与糖渍交叉进行三种方法。

(1)糖煮

该法适于组织较紧密、耐煮制的原料,加工迅速,但色、香、味差,维生素 C 损失多。

一次糖煮法:将原料与糖液(浓度为 30% ~40%)混合,一次糖煮成功。虽然快速省工,但持续加热时间长,原料易被煮烂,色、香、味差,维生素 C 损失严重,糖分也不易达到内外平衡,从而引起原料组织一次失水过多,造成不良的干缩现象。

多次糖煮法:分 3 ~5 次糖煮。一般第一次糖煮时的糖浓度为 30% ~40%,煮至原料稍软为止,冷却 24 h,其后每次糖煮时糖浓度均比上次增加 10%,煮沸 2 ~3 min,而后冷却 12 ~24 h,当糖浓度达 60% 以上时煮至终点收锅。

快速糖煮法:将原料盛于糖液中迅速交替加热和冷却。操作时,将原料装入网袋中,投入到浓度为 30% 的糖液中,煮沸 4 ~8 min,取出后立即浸入同浓度的冷糖液中(15 ℃以上)冷却 5 ~8 min,再取出置于浓度为 40% 的热糖液中煮沸 4 ~8 min,如此反复进行 4 ~5 次,最后完成糖煮过程。

真空糖煮法:真空糖煮时,一般先将原料常压煮片刻,使肉质柔软,而后进行真空糖煮浓缩。对于肉质紧密的原料,浓缩宜较慢,以利糖分充分扩散。而肉质柔软的原料,浓缩宜较快,以免长时间的剧烈沸腾引起原料破裂。真空糖煮的真空度一般为 0.669×10^5 ~ 0.853×10^5 Pa,糖煮温度为 50 ~70 ℃。

扩散糖煮法:将原料盛于一组真空扩散器内,用浓度由低到高的糖液对一组扩散器的原料连续多次进行浸渍。操作时，将原料密闭于真空扩散器内，抽真空使真空度达到 0.933×10^5 Pa 以上，排除原料组织内的空气，而后加入 90 ℃的糖液，待糖分扩散平衡后，将糖液按顺序转入另一扩散器内，再在原扩散器内加入较高浓度的热糖液，如此连续进行几次，制品即达到所要求的糖浓度。

(2)糖渍

该法适用于组织柔嫩、不耐煮的原料，其做法主要有以下几种：

① 分次加糖，不加热，逐步提高糖浓度，使糖分缓缓扩散到原料内部组织，达到平衡。

② 在糖渍过程中，取出糖液，经浓缩后回加于原料中，使原料与热糖液接触，利用温差加速糖分扩散。

③ 在糖渍过程中，结合日晒提高糖浓度。

④ 减压糖渍，将原料与浓糖液盛于真空锅内，抽成一定真空，降低原料内部压力，然后破除真空，原料内外压力差促使糖分迅速扩散到原料内。

4. 烘干、上糖衣或糖粉

除糖渍蜜饯外，多数制品在糖制后需进行烘晒，除去部分水分，使表面不粘手，以利于保藏。烘烤温度不宜超过 65 ℃，烘烤后的蜜饯含水量在 18% ~22%，含糖量达 60% ~65%。制糖衣蜜饯可在干燥后用饱和糖液浸泡一下取出冷却，使糖液在制品表面上凝结成一层糖衣薄膜，使制品不黏结，不返砂，增强保藏性。在干燥快结束的蜜饯表面撒上结晶糖粉或白砂糖拌匀，筛去多余糖粉即得晶糖蜜饯。

二、糖制加工实例

(一)平菇蜜饯

1. 工艺流程

原料采摘→护色→第一次烫漂→硬化→第二次烫漂→糖渍→糖煮→烘烤→包装→成品

2. 操作要点

(1)原料处理

采摘时要求菇体饱满、充实、基本上不开伞、无机械损伤。采摘后立即放入 0.03% 的焦亚硫酸钠溶液中护色，迅速运至加工厂。对于菇丛较大者应将其分开，菇盖肥大者可将其一分为二。

(2)烫漂

平菇生命力旺盛,极易老化变色,因此采摘后要及时进行烫漂处理。另外平菇组织疏松,气体含量高,质地脆嫩。若采用一次烫漂,程度不够时排气不足、质脆易烂;若增加烫漂度,可充分排出组织内气体,但易造成组织软烂,烫漂度难掌握。可采用两次烫漂,第二次烫漂在硬化处理后进行,此时由于组织经过了硬化处理,对烫漂度的略微增加不敏感,不会发生组织软烂现象。第一次烫漂水温 95 ~ 100 ℃,处理时间 2 ~ 3 min。第二次烫漂水温 80 ~ 85 ℃,处理时间 5 ~ 7 min。

由于菇盖和菇柄在组织质地上差异较大,菇柄粗大的平菇需单独处理。菇柄采用一次烫漂的方式,不进行硬化处理,适当延长煮制时间,95 ~ 100 ℃下烫漂 7 ~ 8 min。

(3)硬化

用2% ~4%的澄清石灰水(用盐酸调 pH 值至 4 左右)浸泡 6 ~ 8 h 即可。也可直接用0.4% ~0.5%的氯化钙溶液浸泡处理8 ~ 10 h。硬化后用清水洗去残液,进行第二次烫漂,然后再用清水漂洗干净。

(4)糖渍

将漂洗干净的菇体沥干水分,加入浓度为 40%的糖液,冷浸 5 ~ 6 h,使菇体水分初步析出,以减少糖煮时的烂损。

(5)糖煮

将浓度为 50%的糖液煮沸,加入上述糖渍的原料,大火煮沸后改用文火微沸,浓缩处理 40 ~ 50 min(菇柄处理 60 ~ 70 min)。为了增强蜜饯的防腐能力,改善蜜饯风味,煮制时可加入 0.05%的苯甲酸钠和 0.8% ~1.0%的柠檬酸。浓缩至可溶性固形物达 70%时即可停止加热,浸泡 12 ~ 14 h 后捞出,进行烘烤处理。

(6)烘烤、包装

制作干态平菇蜜饯的烘烤分两次完成。第一次烘烤时,温度控制在 60 ~ 65 ℃,保持 6 ~ 8 h,然后适当整形。第二次烘烤时,温度控制在 55 ~ 60 ℃,烘 4 ~ 6 h,至含水量降至 16% ~18%、产品不粘手时即可。适当回潮后剔除有杂质、发黑和煮烂的菇片,用无毒塑料袋定量包装。

带汁平菇蜜饯的制作:将糖煮好的平菇连同汁液趁热装入已清洗消毒的罐头玻璃瓶中,立即封盖,入沸水中处理 30 min,取出分段冷却即可。要求瓶内的平菇质量占总质量的60%以上。

(二)木耳蜜饯

1. 工艺流程

原料挑选→除杂→糖渍→糖煮→烘烤→成品包装

2. 操作要点

(1)原料处理

选择适时采摘的新鲜木耳,剪去蒂部,清除杂质,大朵剪成2~3 cm的条形,用清水冲洗干净,沥干备用。也可选用干木耳,先用70~80 ℃的热水浸泡1 h左右,待耳片充分吸水散开后再用刀切成条块备用。

(2)糖渍、糖煮

配制浓度为50%的糖液,将木耳与糖液以1∶2的比例加入锅中,煮沸10 min后倒入干净容器中,浸渍6~8 h,然后将木耳捞出,余下的糖液倒入锅中,调整糖液浓度至60%,同时加入0.3%的柠檬酸、0.05%的苯甲酸钠(以糖液质量百分比计),再将上述糖渍的木耳倒入锅中,文火煮制,并不断搅拌,以防焦煳,煮30~40 min,至浓度达68%时即可。

(3)烘烤

煮制结束后,将木耳捞起沥干糖液,放在瓷盘中,分开耳片,在60~70 ℃下烘1~2 h,烘至表面干燥、手捏无糖液为宜。

(4)成品包装

将烘烤后的木耳适当冷却后再滚上白砂糖粉(将白砂糖磨成粉,粒径为150~180 μm),既可装入塑料袋内密封保藏,也可定量抽真空密封包装。

(三)低糖金针菇脯

低糖金针菇脯是在传统果脯的基础上改进而来的产品。生产过程中,以葡萄糖代替了部分蔗糖,并采取了少煮多浸原则,用较低浓度的糖液煮制,降低了成品含糖量,缩短了生产周期。同时用具有保健作用的可食性胶质膜代替了传统的蜜饯类食品糖衣,使产品不甜腻、不粘手,且很好地保持了金针菇原有形态。

1. 工艺流程

原料选择与处理→修整→烫漂→硬化→水漂→糖浆熬制→糖渍→糖煮→胶膜化处理→回漂→烘干→包装→检验→成品

2. 操作要点

(1)原料选择与处理

选择菇伞较小的金针菇品种,菇体充实饱满,八九分成熟,色泽正常,无异味,无机械损伤。原料采收后,立即投入0.03%的焦亚硫酸钠溶液中,迅速运至生产厂家加工,以保持其原有风味。

(2)修整

用不锈钢刀修去菇柄下部褐变部分,控制其长度在10~12 cm,要求菇柄长短一致。

(3)烫漂

将修整好的金针菇投入沸水中,加热煮沸1~3 min,捞出后立即放入冷水中冷却,再捞出沥干。

(4)硬化

配制100∶5的石灰水,把金针菇浸入石灰水中,金针菇与石灰水的比例为1.0∶1.5。浸渍1 h后,用清水漂洗48 h,至灰汁漂净为止。

(5)糖浆熬制

将白砂糖和葡萄糖按1∶1的比例加入到一定量的水中煮沸,配制成50%的糖液。并加入0.5%的柠檬酸、0.05%的苯甲酸钠防腐剂(以糖液质量百分比计)。用4层纱布过滤,待用。

(6)糖渍

漂净的金针菇沥干水分加入冷糖液中浸渍24 h后再加白砂糖,继续浸渍24 h。金针菇与糖液比例为1∶2左右。

(7)糖煮

将金针菇与糖液一起倒入锅中,加热煮沸,用糖度计测定其糖度,并加入白砂糖调节,保持文火煮沸,最后测定其浓度为55%时,便可起锅。

(8)胶膜化处理

分别配制1%~5%的海藻多糖胶液和氯化钙溶液。配制海藻多糖胶液时须先将其溶解于水中,一边搅拌一边少量加入,搅匀2~3 h后便可使用。

把金针菇浸入海藻多糖胶液里或在金针菇表面均匀地喷涂一层胶液,再放入氯化钙溶液中进行钙化处理,即可将金针菇包裹在一层薄而透明的胶膜内。

(9)回漂

成型后的金针菇放入干净的清水中回漂,以除去涩味。

(10)烘干及包装

脱涩后将金针菇捞出放入烘箱内在50~60 ℃温度下干燥,去除其表面水分。整理使其外观一致,装入硬塑食品盒或食品塑料袋中,封口、密封保存,检验入库。有条件者,可采用真空或充氮气包装。

第四节 食用菌罐头加工

罐头食品可以长期贮存,运输携带和食用都很方便。食用菌罐头是我国食用菌出口的主要形式。

一、食用菌罐头加工工艺

(一)工艺流程

原料选择→验收→漂洗→预煮→分级→装罐→加汤汁→预封→排气→密封→灭菌→冷却→擦听→检验→包装

(二)操作要点

1. 原料选择

所有食用菌都可加工成罐头,但为提高质量,常选择质地致密、较耐热的双孢蘑菇、金针菇、猴头菇、银耳、草菇等作为加工原料。

2. 验收

鲜菇采收后极易变色和开伞,因此鲜菇在采收后到装罐前的处理要尽可能地快,以减少在空气中的暴露时间。事先可与产地联系好,采收后及时进行验收。为了确保罐头质量,要按照罐头规格要求,严格进行验收。验收后立即浸入2%的食盐水或0.03%的焦亚硫酸钠溶液中,要防止菇体浮出液面,并迅速运至工厂进行处理。

3. 漂洗

漂洗又叫护色。采收的鲜菇应及时浸泡在漂洗液中进行漂洗,目的是洗去鲜菇表面的泥沙和杂质,隔绝空气,抑制菇体中酪氨酸氧化酶的氧化作用,防止菇体变色，保持菇体色泽正常，同时抑制蛋白酶的活性，阻止菇体继续生长发育，使伞状菌不再开伞，保持原来的形状。漂洗液有清水、2%的食盐水和0.03%的焦亚硫酸钠溶液等。由于焦亚硫酸钠属于亚硫酸盐类，对人体有害，一些国家已禁止使用，我国规定二氧化硫残留量不得超过0.002%，所以漂洗后要立即捞出，放入另一装有清水的漂洗池中，冲洗干净。

为保证漂洗效果，漂洗液需注意更换，根据溶液的浑浊程度，使用1～2 h更换1次。鲜菇的漂洗一般手工进行，设备简单，只需配备几个水泥池和刷洗、搅动器具即可。漂洗池的大小按需要而定，长形和方形池均可，最好在池内靠底部装上可活动的金属滤水板，使清洗出的泥沙能随时沉入滤水板下部，保持上部水的清洁。池底装一重锤式排污和排泥沙门。

4. 预煮

预煮即杀青。鲜菇漂洗干净后及时捞起，用煮沸的稀食盐水或稀柠檬酸溶液等预煮10 min左右。预煮的目的是破坏菇体中酶的活性，排去菇体组织中的空气，防止菇体被氧化褐变；杀死菇体组织细胞，防止伞状菌开伞；破坏细胞膜结构，增加膜的通透性，以利于汤汁的渗透；使菇体组织软化，菇体收缩，增强塑性，便于装罐，减少菇盖破损。预煮时间以煮透为度。鉴定方法：将菇体捞出放入冷水中，菇体下沉者已煮透，浮在水面者未煮透；用牙咬菇肉，脆而不粘牙者已煮透，粘牙而无弹性者未煮透。如果没有煮透，菇体在保藏过程中就会变色甚至腐烂；如果预煮过久，则会产生某种挥发成分，使铁罐变黑。预煮完毕，立即捞起，放入冷水中冷却，终止热处理对菇体组织、营养成分的进一步作用。

由于食用菌中含有含硫氨基酸，在预煮时很容易与铁反应生成黑色的硫化铁，所以预煮容器应是铝质的或不锈钢的。小型加工厂常用的预煮设备有煮锅、倾倒式二重锅，较大厂家多采用连续预煮机，生产能力在每小时2～3 t。

5. 分级

为了使罐头内菇体大小基本一致，装罐前仍需对菇体进行分级。分级有人工分级和机械分级两种方式。小型加工厂多采用人工分级，采用简单的工具——分级筛进行分级。分级筛是用不锈钢、铝和硬质木料做成的，筛孔的大小根据具体菇体的分级标准而定。蘑菇分级标准和所对应的分级筛的孔径见表6－1。

表 6-1 蘑菇分级标准及相应分级筛孔径

级别	分级筛孔径(mm)	菇体大小(mm)
1	28	>28
2	25	25~28
3	23	23~25
4	20	20~23
5	18	18~20

机械分级常用振动筛和质量分级机。振动筛也是根据筛孔大小进行分级的,适用于对近似球形的菇体分级,如蘑菇、猴头菇、草菇等,每小时可分 1 000 kg 左右。质量分级机是以原料的质量进行分级的,不受原料形状的限制,适用于各种食用菌,但分级效率较低。

6. 装罐

经过处理的菇体,表面的微生物数量已大大减少,此时要尽快地进行装罐,以防止微生物的再次污染。装罐时要注意菇体大小、形状、色泽应基本一致,装罐量力求准确,并留有一定的顶隙。一般来说,马口铁罐要留 6 mm 的顶隙,玻璃罐要留 13 mm 的顶隙。

原料装罐方法有手工装罐和机械装罐。中小型厂多采用手工装罐。现在装罐机应用愈来愈普遍,和手工装罐相比,装罐机装罐迅速准确,操作时间短。

7. 加汤汁

菇体装罐后,需要再注入一定的汤汁,其目的是:增进风味;用汤汁的温度提高罐内菇体的初温;改变罐内的传热方式,提高灭菌效果,缩短灭菌时间;将罐内空气迅速排出,提高真空度。

汤汁的种类、浓度、加入量因食用菌种类不同而有所差异。通常应用的汤汁是精制食盐水或用柠檬酸调酸的食盐水。精制食盐水汤汁的配制方法是将清水在不锈钢锅内加热至沸,按所要求的比例加入精制食盐,食盐完全溶解后再保持微沸 5 min,过滤备用。用柠檬酸调酸的食盐水汤汁配制方法是在上述食盐水汤汁过滤前加入一定量的柠檬酸,待其溶解后过滤备用。注意加有柠檬酸的汤汁切忌接触铜质材料。加汤汁时,汤汁温度要求在 80 ℃左右。加汤汁一般采用注液机。

8. 预封

原料装罐后，在排气前要进行预封，以防止加热排气时罐中菇体因受热膨胀落到罐外、汤汁外溢等现象发生。预封使用封罐机，封罐机的滚轮将罐盖的盖钩与罐身的身钩初步勾连起来，勾连的松紧程度为罐盖能自由地沿着罐身旋转，但不能脱离罐身，以便在排气时让罐内空气能够自由地逸出。

封罐机的类型很多，马口铁罐的封罐机有手动式封罐机、半自动封罐机、自动封罐机、真空封罐机以及蒸汽真空封罐机等，玻璃罐封罐机有螺口玻璃罐封罐机、全自动真空封罐机等。

9. 排气和密封

为了抑制罐头中嗜氧细菌和霉菌的生长繁殖，防止在加热灭菌时容器因空气膨胀而变形和破损，减少菇体营养成分的损失等，罐头在密封前，要尽量将罐内空气排除。常用的排气方法有加热排气法和真空封罐排气法。

加热排气法是在排气箱中进行的。在排气箱中把罐头加热到 80 ℃左右，使罐头内容物膨胀，从而将原料中滞留或溶解的气体排出。排气箱种类有很多，结构都很简单，最简单的就是水浴锅，工厂中普遍使用的是通道排气箱和转盘式传送排气箱。罐头排气后立即用封罐机进行密封。

真空封罐排气法现在应用较多。把罐头送入密封室内，用真空泵把密封室抽成真空，将罐头中的空气抽去，然后在密封室内密封。真空封罐机可完成抽真空、排气和密封三道工序。

10. 灭菌、冷却

食用菌罐头按灭菌公式进行灭菌后，迅速冷却至 40 ℃左右。

11. 擦听、检验和包装

罐头灭菌后，及时擦净每个罐头上的水分、油污等，然后进行检验，合格产品装箱入库。

二、食用菌罐头加工实例

(一)蘑菇罐头加工

1. 工艺流程

选料→护色(漂洗)→预煮→冷却→分级→修整→装罐→排气→密封→灭菌→冷却

2. 操作要点

(1)选料

制作罐头的蘑菇要经过严格挑选,菇盖直径不超过 4 cm,菇柄长 1 cm,要求无褐斑、无虫蛀、无霉变、无泥沙。

(2)护色(漂洗)

在 0.2% 的焦亚硫酸钠溶液中漂洗 1 ~ 2 h 护色,捞出用清水冲洗后,再放到 0.2% 的焦亚硫酸钠溶液内浸泡 1 h,然后在清水中冲洗 1 ~ 2 h。漂洗时间不得长于 3 h,菇色变为纯白时即可停止漂洗,时间过长,会使蘑菇风味受到破坏。

(3)预煮

可用夹层锅、不锈钢锅或搪瓷锅预煮,水与蘑菇质量比为 3∶2。水沸后,将蘑菇放入锅中,煮沸时间为 10 ~ 15 min(夹层锅煮 5 ~ 8 min),以煮透为度,但预煮时间不可太长。也可用 5% ~ 7% 的食盐水进行预煮,这样可使菇体肉质结实,不变形。预煮后,熟菇的质量比鲜菇下降 35% ~ 40%,体积为原来的 40%,菇盖收缩率在 20% 左右。

(4)冷却

预煮后,要及时将蘑菇放在流水中冷却 1 ~ 2 h,能在 30 ~ 40 min 内快速冷却更好。至手触没有温热感时捞起,放在有孔的滤框内沥干水分。为不使蘑菇鲜味散失,要及时装罐。

(5)分级、修整

加工后的整菇分 4 级,用滚筒式分级机、机械振荡式分级机进行分级,每小时可分级 1 000 kg 左右。1 级菇在 1.5 cm 以下,2 级菇为 1.5 ~ 2.5 cm,3 级菇为 2.5 ~ 3.5 cm,4 级菇在 3.5 cm 以上,不超过 4 cm。要求形态完整,无严重畸形菇,允许有少量裂口。剔下来的不合格的蘑菇可以加工成片菇和碎菇。菇盖直径在

4.5 cm 以下的，可加工切成 3.5 ~ 5.0 mm 薄片，用切片机每小时可切 400 ~ 500 kg；超过 4.5 cm 的大菇和脱柄、脱盖、开伞但菇褶未发黑者，均可加工成碎菇。整菇与碎菇比例为 6∶4 ~ 7∶3。

（6）装罐

按照相应的罐瓶型号装入适量的蘑菇，再加入汤汁。汤汁配制方法为：精制食盐 2.5%，柠檬酸 0.05%，维生素 C 0.1% ~ 0.2%，于清水中溶解，煮沸后过滤。入罐时，汤温不得低于 85 ℃，罐内中心温度不能低于 50 ℃，以保证罐内形成真空。

（7）排气、密封

采用加热排气法排气 10 ~ 15 min，罐内中心温度达到 75 ~ 80 ℃时开始封罐。如采用真空封罐机，则在注入 85 ℃汤汁后，在封罐机的真空度维持在 66.7 kPa、罐内真空度为 46.7 ~ 53.3 kPa 时操作。

（8）灭菌、冷却

将罐头放在高压灭菌器内，在压强为 9.8 ~ 14.7 N/cm^2 的条件下，维持 20 ~ 30 min。起罐后，置空气中冷却到 60 ℃，再放到冷水中冷却到 40 ℃以下。

（二）草菇罐头加工

1. 工艺流程

鲜菇验收→修整→预煮→挑选分级→装罐→加汤→排气→密封→灭菌→冷却→质量检验

2. 操作要点

（1）鲜菇验收

鲜菇严格按等级标准进行验收。鲜草菇质量要求：菇色呈灰褐色或黑褐色，新鲜幼嫩，直径 2 ~ 4 cm，单个质量应小于 25 g；菇体完整，不开伞，不伸腰，允许有轻微畸形，无霉烂变质、异味、破裂、机械损伤，无死菇，无表面发黄、发黏、萎缩现象，菇脚切面平整，不带草丝、泥沙等杂质。

（2）修整

鲜菇采收后，剔除不合格菇，用小刀将菇柄基部泥沙、草屑等清除干净，修削面保持整齐光滑。修整后立即用清水漂洗干净，沥干后装于木桶中。加入一定量 0.05% 的盐酸溶液浸泡，加盖后贮运。用此法贮运，贮藏时间可达 6 h。加工前弃去酸液，将菇体冲洗干净即可。

(3)预煮

草菇用夹层锅或铝锅预煮。先倒入清水煮沸,然后按菇体大小分别入锅,水与草菇质量比为2∶1。一般需煮两次,第一次煮5～8 min,用冷水漂洗,换水再烧至沸腾,第二次煮5～8 min。预煮后立即用流动的清水冷却至没有温热感即可。

(4)挑选分级

完整的草菇分大、中、小3级加工成整菇,破裂菇及碎菇加工成片菇。大菇的横径3～4 cm,直径5 cm;中菇的横径2～3 cm,直径4 cm;小菇的横径1.5～2.0 cm,直径3 cm。

(5)装罐

装大菇时,每罐不得少于7个草菇。用525 g罐头瓶,固形物质量260～270 g;用315 g罐头瓶,固形物质量150～160 g。

(6)加汤

热水49 kg中加入1 kg精制食盐、1 g柠檬酸配制成汤汁。待食盐充分溶化后,用6～8层纱布过滤。注罐时汤汁温度70～80 ℃,装至离瓶口1 cm。

(7)排气、密封

加汤后,在温度为95～98 ℃的排气箱中排气7～9 min,使罐内中心温度达到80 ℃以上。排气后立即密封,使罐内真空度达到46.7～66.7 kPa。

(8)灭菌、冷却

封罐后立即进行灭菌。草菇在灭菌时会分泌一种黏性物质,影响热的穿透,因此,灭菌温度要提高到130 ℃。反压冷却至35 ℃以下。

(9)质量检验

冷却后的罐头,用纱布擦洗干净,于30～35 ℃下培养6～7 d。每批产品抽样进行细菌学检验。符合质量标准的罐头,准予出厂。

(三)猴头菇罐头加工

1.工艺流程

选料→定色漂洗→预煮→分级→装罐→封罐→灭菌→质量检验

2.操作要点

(1)选料

选择菇色洁白、肉厚壮实、菇形完整、直径5 cm左右、菇刺长0.2～0.4 cm、无虫蛀、无病斑、无机械伤、无苦味的鲜猴头菇，剪去菇蒂。

(2)定色漂洗

用0.03%的焦亚硫酸钠溶液浸1～2 min，用水清洗。控干后，再放到新配制的0.03%的焦亚硫酸钠溶液中漂洗定色，然后用自来水反复漂洗。

(3)预煮

用0.6%的柠檬酸溶液烫煮鲜猴头菇，鲜菇和水的质量比为1:1，煮沸8 min，使内外熟透一致，再用清水迅速冷却。

(4)分级、装罐

将煮熟的鲜菇，按大小、品质分级后装罐。每罐中固形物不少于55%，然后注入汤汁。汤汁配方为清水100 kg，精制食盐2.6 kg，柠檬酸50 g。柠檬酸在出锅前加入，经纱布过滤去渣。

(5)封罐、灭菌

若采用真空封口，真空度为46.7～53.3 kPa；若用蒸汽排气封口，罐中心温度要求70～80℃，于高压锅内灭菌，然后反压冷却。

(6)质量检验

冷却后的罐头，擦干后置于室温下培养7～10 d，汤汁无浑浊，猴头菇子实体色泽洁白即为合格品。

(四)金针菇罐头加工

1. 工艺流程

选料→预煮(杀青)→装罐→封口→灭菌→冷却→成品评定

2. 操作要点

(1)选料

原料必须是当天采收的新鲜产品。要求菇体金黄色至黄白色，整齐一致，无畸形，无斑点。剪去菇柄基部须根，除去杂质，冲洗、沥干后备用。

一级品菇盖直径1.5 cm以下，菇柄长15 cm左右，颜色洁白，整齐度好。

二级品菇盖直径2 cm左右，菇柄长9 cm左右，基部允许有1/3左右的黑褐色。

(2)预煮(杀青)

洗净后的金针菇要尽快预煮。方法是把金针菇放入90 ℃左右的热水中，加

0.3%的柠檬酸溶液预煮3～5 min,使组织软化适中,口感脆嫩鲜美,颜色金黄。预煮后立即用清水漂洗冷却,将金针菇表面的分泌物和杂质冲洗干净,捞出后晾干。

(3)装罐、封口

用四旋螺口玻璃瓶分装,装瓶时菇柄向下,菇盖朝上。每瓶净重340 g,其中固形物180 g,注入汤汁160 g。汤汁配制:精制食盐2%～3%,柠檬酸0.05%,于清水中溶解,煮沸后过滤,汤温85 ℃以上。排气时罐内中心温度达70～80 ℃,然后封口。

(4)灭菌、冷却

封好口的金针菇罐头应立即放入灭菌锅中加热灭菌。灭菌结束后迅速冷却,使罐中心温度达到40 ℃以下,取出后擦干,于35 ℃恒温下培养5～7 d。

(5)成品评定

7～10 d后,开罐评定,汤汁透明,菇体色泽乳白或金黄色,菇柄脆嫩,菇盖软滑,具有金针菇特有的鲜味和香味者为上品。检查包装,成品率95%,保存期2～3年。

(五)银耳罐头加工

1. 工艺流程

选料→分朵→漂洗→配糖液→装瓶→密封→灭菌→冷却→擦瓶→入库

2. 操作要点

(1)选料

选择新鲜、肉厚、洁白、朵大、无斑点、无腐烂、无泥沙的银耳做原料。

(2)分朵、漂洗

将银耳剪去根茎,并剪成小朵,大小均匀。用清水反复漂洗,清除杂质,沥干水分。

(3)配糖液

准确称取白砂糖,按糖与水1∶5的质量比加入开水,再加进0.05%的柠檬酸,用夹层锅煮至沸腾,然后经多层纱布过滤备用。

(4)装瓶、密封

先将300 g玻璃瓶、瓶盖及胶圈在沸水中烫5 min消毒,再将沥干的银耳分装在玻璃瓶中,装至瓶高的1/2。糖液加热后趁热注入玻璃瓶,至离瓶口12 mm处。

在蒸锅内加温使瓶中心温度达到 85 ℃以上,立即旋紧瓶盖。

(5)灭菌、冷却

封口后及时灭菌,在 10 min 内使温度达到 100 ℃,持续 15 min,随后立即用温水分段冷却到 35 ~ 40 ℃,以手摸瓶不烫手为度。

(6)擦瓶、入库

用干净纱布擦去附在瓶外的水分,在 35 ℃恒温下培养 5 ~ 7 d。认真检查有无封口不严、罐头瓶中存在污染和酸败等不合格成品,发现后要及时剔除。检查合格者,贴上商标,装箱入库,置干燥阴凉处保存。

银耳罐头合格标准是银耳细嫩,呈白色或淡黄色,汤汁透明,有银耳风味,无异味,呈小朵形,糖水浓度为 25% ~ 30%。

(六)滑子菇罐头加工

滑子菇又名滑菇,它菇体小,丛集生长,表面有半透明黏胶质,生命力旺盛,耐寒性强,呈淡黄色至黄褐色,菇肉细嫩,味道鲜美,营养丰富,可食用也可药用,是煲汤的良好添加品。

1. 工艺流程

原料验收→清洗→分级→挑选→装罐→称量→脱气→注汁→密封→灭菌→冷却→擦罐→保温→检验→包装

2. 操作要点

(1)原料验收及前处理

按标准要求验收合格原料,合格滑子菇在采后 12 h 以内进行加工。用流水反复清洗原料,将表面黏附着的杂质彻底洗净。用标准的分级筛将菇体按要求分成 4 个等级,剔除开伞和菇盖过大过小者以及变色菇。准确称取 300 g 装入罐中,不得混等级装罐。

(2)脱气

将滑子菇按不同等级送进排气箱内,缓慢升温至 90 ℃以上排气 30 min,以防黏稠汁液外溢。

(3)注汁、密封

脱气后边搅拌边注入 95 ℃以上的热水,注满罐为止(使罐头净重为410 g)。密封时罐中温度不得低于 90 ℃。

(4)灭菌、保温

灭菌后在(37±2)℃下保温7昼夜,剔除不合格品。

第五节　食用菌有效成分的提取

食用菌及其下脚料中含有多种有效成分,这些有效成分均需经过提取才能得到应用。

一、有效成分提取

(一)子实体有效成分的提取

子实体有效成分的提取方法有浸渍法、煎煮法、渗漉法和回流法4种。

1. 浸渍法

此法通过采用适当的溶剂浸渍,将子实体中的有效成分提取出来。根据对温度要求的差异,又可分为冷浸法和温浸法。

对遇热易破坏的成分,应采取冷浸法。取子实体粉碎,装入不锈钢锅内,加入5~8倍的溶剂,拌匀后盖严,在室温下放置24 h或更长时间(视具体情况而定),定时搅拌。过滤后滤渣中再加适量溶剂浸渍,如此反复2~3次,最后将滤渣用压滤机压榨,挤出的汁液和滤液合并备用。

温浸法是将子实体粉碎,装入不锈钢锅内,加6~12倍溶剂,加热至80~90 ℃或更高温度(一般用水浴或置于撤离火源的沸水锅中温浸2~4 h),过滤后滤渣中再加溶剂温浸,反复2~3次。一般第一次加12倍量溶剂浸渍3 h,第二次加10倍量溶剂浸渍2 h,第三次加8倍量溶剂浸渍1 h,经压滤后合并各次滤液,静置4~8 h,用纱布过滤即可。

水浸提法是最常用的方法,该法实质上是利用渗透作用原理的固液萃取。一要保持细胞内外溶液的浓度差,采取的办法是更换水,重复浸提2~3次,用水量与原料之比要适当,争取既使被浸提成分最大限度浸出,又不致浸出液太稀。第一次浸出水量最大,以后依次减少。二要掌握好浸提温度和酸碱度。食用菌中各种成分的转化均须经相应酶类的作用才能实现,如香菇中的香菇酸、核酸、糖类等,在相应酶的作用下分别转化成香菇精、5′-核苷酸、香菇多糖等,赋予香菇制品以优良的成分,因此在提取过程中要创造增强酶活性的条件。对酶活性影响最大的因素是温度和酸碱度,而不同的酶类各有最佳活性条件,应区别对待,条件的差别会导致不同的结果。

2. 煎煮法

对食用菌中一些水溶性有效成分可采用此法提取。先将子实体撕成碎块,加水煎煮,然后过滤即可。

3. 渗漉法

该法是动态浸出有效成分的提取法。此法得率高,节省溶剂。一般常用的溶剂为食用酒精、酸性或碱性水等。

渗漉法的装置是:在一只缸的底部开一孔,塞上有孔橡皮塞,将玻璃管插在橡皮塞的孔内,玻璃管上接一皮管,管上夹一夹子,用以调节流量,下面放一收集渗漉液的容器。提取时,先将子实体用食用酒精浸泡,膨胀后装入缸内(应预先在橡皮塞表面盖上纱布包裹的脱脂棉)逐层铺平,溶剂可加至高出子实体 3 ~5 cm。渗漉的流速以每千克料每分钟流出 1 ~3 mL 为宜。边渗漉边添加溶剂,直至渗漉液无色无味为止。最后将子实体取出压榨,榨汁和渗漉液合并后静置 24 h,过滤备用。

4. 回流法

应用有机溶剂加热提取时,或提取易挥发成分时为防止溶剂或易挥发成分挥发损失,可采用此法。

回流法的装置为:铝锅内盛水后放入球形烧瓶一只,瓶内装入子实体和溶剂,塞上瓶塞,瓶塞上打孔并接上冷凝管。

提取时,先将冷凝管的水源接通,然后在铝锅下加热,锅内水沸腾后继续加热一段时间,停止加热,关闭水源,冷却后取下烧瓶倒出原料过滤,如此反复 2 ~3 次。一般第一次加热煮沸 2 h,第二次 1 h,第三次 1 h,合并滤液,残渣用力挤压或用少量溶剂洗涤 1 ~2 次过滤备用。

(二) 菌丝体有效成分的提取

食用菌的子实体和菌丝体的营养成分基本相同(见表 6 -2),而且菌丝体可采用液体深层法培养,周期短、易管理、成本低、产量高。因此,用菌丝体生产饮料经济效益很高。

表6－2 食用菌子实体和菌丝体的营养成分

品	种	碳水化合物(%)	蛋白质(%)	脂肪(%)	灰分(%)
子实体	香菇	73.17	18.29	4.88	3.66
	光帽鳞伞	58.33	29.17	4.17	8.33
	离析伞	58.67	28.00	4.00	9.33
菌丝体	香菇	55.79	24.42	0.09	19.70
	光帽鳞伞	55.27	31.06	1.04	12.63
	离析伞	61.06	21.65	4.09	13.20

为使菌丝体具有食用菌的特有风味,在培养结束后,需对菌丝体进行冷热或超声波等物理处理,或将培养液 pH 值调到 5.0～7.0 进行化学处理。其中物理处理法较为理想,尤其以热处理和超声波处理效果为最佳。热处理温度在40～70 ℃,时间为5 min;超声波处理频率为 10 kHz 以上,时间为 3～30 min。然后过滤收集菌丝体,再将收集的菌丝体进行水洗,脱水后采用适当的提取方法把其中的有效成分提取出来,用于饮料生产。

(三) 培养液有效成分的提取

液体深层培养菌丝体时,菌丝体产生的某些溶于水的营养物质会遗留在培养液中。为了利用这部分营养物质,可利用培养液生产饮料。

发酵结束后,升高发酵罐的温度,促使菌丝体自溶并使酶失活,使菌丝体细胞中氨基酸等游离出来并保持稳定,然后趁热过滤,所得滤液用来生产饮料。

二、有效成分提取实例

(一)食用菌子实体多糖

多糖是食用菌中所含的最重要的有效成分,具有增强机体免疫力、抑制肿瘤、降低胆固醇、降血压、抗血栓、抗氧化、抗衰老、抗病毒等作用。

1. 工艺流程

原料粉碎→水煮→取滤液→浓缩→乙醇沉淀→分离多糖→干燥→粉碎→多糖

2. 操作要点

(1)原料粉碎

取干净、无霉变、无污染的子实体,用组织粉碎机粉碎。

(2)水煮

料液比为1∶30,加入一定量的碳酸钠,提取时间3 h,提取温度100 ℃。

(3)取滤液、浓缩

纱布过滤,离心后常压或真空减压浓缩。

(4)乙醇沉淀

加入95%的乙醇,使溶液中乙醇浓度达到75%后,静置12 h以上,将沉淀过滤出来后在60 ℃下真空干燥。

(二)食用菌子实体多酚

多酚是在植物性食物中发现的具有促进健康功能的一类次生代谢物。大量研究表明,菌类多酚在抗氧化、抗诱变、抗肿瘤、抗病毒、抑菌、减缓骨质疏松、健齿、降血脂、降血糖等方面具有良好的作用。

1. 工艺流程

食用菌子实体干品粉碎→筛分→酶解→过滤→浸提→合并两次滤液→蒸发浓缩→离心→萃取→蒸发浓缩→干燥→粗多酚

2. 操作要点

称取子实体,处理后按1∶10的比例加入蒸馏水,添加一定量的酶,50 ℃下酶解10 min后,80 ℃保温10 min,使酶灭活。过滤,滤渣用一定浓度的乙醇以1∶20的料液比辅助超声波或微波继续浸提,合并两次滤液,40 ℃下真空旋转蒸发回收乙醇,剩余液以3 000 r/min的转速离心10 min,取上清液用乙酸乙酯萃取,旋转蒸发除去乙酸乙酯,浓缩液冷冻干燥即得粗多酚。

(三)灵芝孢子粉

灵芝孢子粉是保健产品的重要原料,然而灵芝孢子含有几丁质、不溶性纤维,不利于人体对孢子内各种成分的吸收利用。要最大限度地发挥灵芝孢子粉的功效,必须进行孢子破壁处理。

1. 工艺流程

孢子采集→配制酶液→浸泡酶解→过滤排水→研磨镜检→干燥灭菌→灵芝孢子粉

2. 操作要点

(1)孢子采集

选择新鲜、无杂质的灵芝孢子。

(2)配制酶液

按需要配制好破壁酶液(纤维素酶、蜗牛酶等),同时,将灵芝孢子加入3倍的水中,最好用35 ℃的温水。

(3)浸泡酶解

将孢子充分搅拌,浸泡12 h,使孢子吸水膨胀,外部组织软化。为促使孢子分解,要加入1.5%的破壁酶液,在35 ℃的水温条件下,进行3 h的酶解,再用急火煮至100 ℃,持续20 min,灭酶。

(4)过滤排水

酶解处理结束后,用滤纸将孢子粉提取出来,经晾干后用手指捏成片。若丢之即散,颜色由黑褐色变为暗棕色,含水量在20% ~30%,则排水完毕。

(5)研磨镜检

为了达到理想的破壁效果,将前处理的灵芝孢子进一步研磨。研磨时定量取孢子,缓缓加入磨中,反复研磨3次,时间一般为10 ~12 min。磨后取样镜检,测定破壁率,以平均破壁率达到95%为标准。

(6)干燥灭菌

研磨到一定程度后,要及时将处理好的孢子粉利用干燥灭菌设备进行干燥灭菌。干燥好的孢子粉呈团粒状,颜色达到深棕色,密封在塑料袋内贮藏备用。

主要参考文献

[1]冯楠,王杜春.胚芽米在黑龙江省的推广价值与推广方略[J].黑龙江粮食,2006(6):13-14.

[2]阮少兰,阮竞兰.蒸谷米生产技术[J].粮食加工,2007,32(3):35-37.

[3]傅晓如.米制品加工工艺与配方[M].北京:化学工业出版社,2008.

[4]刘秀芳,阮少兰.留胚米生产技术[J].粮食流通技术,2008(6):39-41.

[5]李新华,董海洲.粮油加工学[M].北京:中国农业大学出版社,2002.

[6]秦建春.浅谈稻米加工副产品的深度开发利用[J].环境科学与管理,2005,30(6):33,36.

[7]朱永义.稻谷加工工程[M].成都:四川科学技术出版社,1988.

[8]吴良美.碾米工艺与设备[M].成都:西南交通大学出版社,2005.

[9]闫学亚,王广林,孙峰,等.胚芽精米机的研制[J].农机化研究,2000(2):52-53,58.

[10]宋剑锐.绥化市稻米产业发展思路浅析[J].黑龙江农业科学,2009(5):144-145.

[11]翟崇华.玉米淀粉生产工艺探讨[J].天津化工,2002(4):25-26.

[12]李梦琴,张剑.玉米深加工技术[M].郑州:中原农民出版社,2006.

[13]王成红.精制玉米胚芽油生产工艺[J].现代化农业,1998(12):21.

[14]娄源民,孙东弦,黄锦富,等.玉米胚芽制油的影响因素[J].中国油脂,2003,28(9):55-56.

[15]李珺,段作营,毛忠贵.玉米胚芽综合利用的加工工艺研究[J].粮油加工与食品机械,2002(3):44-47.

[16]牟德华,李艳,康明丽,等.玉米综合加工技术[J].食品科学,2002,23(8):359-362.

[17]吴波,李永明,闫中一.从玉米蛋白中制备氨基酸的研究[J].中国油脂,1997,22(1):39-41.
[18]孟昭宁.利用玉米皮制取饲料酵母的工艺[J].河南畜牧兽医(综合版),2008,29(10):28-29.
[19]林旭辉,毛潞河,李楠,等.复合酶法提取玉米皮渣中可溶性膳食纤维的研究[J].食品科技,2006(11):242-244.
[20]董英.玉米芯营养价值及其综合利用[J].粮食与油脂,2003(5):27-28.
[21]金应世.玉米芯中提取木糖醇的方法[J].中国资源综合利用,2001(12):3-4.
[22]梁琪.豆制品加工工艺与配方[M].北京:化学工业出版社,2007.
[23]蒋爱民,赵丽芹.食品原料学[M].南京:东南大学出版社,2007.
[24]燕平梅,王文雅,芮玉奎,等.ICP-MS/ICP-AES快速测定东北大豆中有益元素和重金属含量[J].光谱学与光谱分析,2007,27(8):1629-1631.
[25]黄贤校,谷克仁,赵一凡,等.大豆植物甾醇提取工艺的研究[J].中国油脂,2008,33(9):54-57.
[26]肇立春.大豆分离蛋白生产工艺探讨[J].粮油加工与食品机械,2006(1):51-52.
[27]相海,李子明,周海军.大豆组织蛋白生产工艺与产品特性[J].粮油加工与食品机械,2004(1):43-45.
[28]吴坤,任红涛.豆制品深加工技术[M].郑州:中原农民出版社,2006.
[29]王德培,白卫东.粮油产品加工与贮藏新技术[M].广州:华南理工大学出版社,2001.
[30]徐丽涵,楼田园,顾永祥,等.冻豆腐的规模化生产工艺[J].食品与发酵工业,2006,32(5):140-142.
[31]侯利霞,白蕾.芹菜彩色豆腐制作工艺的研究[J].食品工业科技,2009(7):260-261,272.
[32]卢旭东,刘晓军.大豆加工副产品的开发利用[J].农产品加工,2007(7):18-20.
[33]乔国平,王兴国,胡学烟.大豆皮开发与利用[J].粮食与油脂,2001(12):36-37.

[34]郎桐.破碎设备的选型与设计[J].砖瓦,2010(8):38－41.
[35]宋照军,袁仲.薯类深加工技术[M].郑州:中原农民出版社,2006.
[36]张洪微,韩玉洁,冯传威.马铃薯淀粉的综合开发利用[J].哈尔滨商业大学学报(自然科学版),2003,19(6):708－710.
[37]何贤用.先进的马铃薯全粉加工技术设备与市场应用[J].食品工业科技,2009,30(10):373－375.
[38]刘俊果,陈学武,畅天狮.马铃薯全粉加工技术简介[J].马铃薯杂志,1999,13(1):58－60.
[39]潘湖生,肖鸿勇,李志荣.油炸马铃薯加工技术要点[J].江西园艺,2001(2):33－34.
[40]郑鸿雁,张建峰,昌友权.低温油炸马铃薯片的生产工艺研究[J].吉林农业大学学报,2000,22(1):107－110.
[41]江敏,谭兴和,熊兴耀,等.油炸速冻马铃薯条主要工艺参数的研究[J].食品科技,2007(5):164－168.
[42]徐坤.马铃薯食品资源的开发利用[J].西昌农业高等专科学校学报,2002,16(2):47－51.
[43]许岩,张宝奎,常凯.马铃薯饼加工工艺及配方[J].食品与机械,1999(6):33.
[44]陈朋引.马铃薯固体饮料开发及工艺研究[J].食品科技,2002(10):47－49.
[45]沈群.薯类加工技术[M].北京:中国轻工业出版社,2008.
[46]郑燕玉,吴金福.微波法从马铃薯渣中提取果胶工艺的研究[J].泉州师范学院学报(自然科学),2004,22(4):57－61.
[47]陈西伟,刘莉颖.利用薯渣等农产品固体发酵提取柠檬酸钙技术的实验探讨[J].安徽农学通报(下半月刊),2009,15(2):35－36,132.
[48]杨全福,王首宇.马铃薯渣半固态发酵生产单细胞蛋白饲料研究[J].饲料广角,2005(15):31－32.
[49]杨希娟,孙小凤,肖明,等.马铃薯渣固态发酵制作单细胞蛋白饲料的工艺研究[J].饲料工业,2009,30(3):19－22.
[50]李立功,孙冬.蓝莓果酒发酵工艺条件研究[J].人力资源管理,2010(3):139－140.
[51]高玉荣,吴丹.苹果酒生产工艺的研究[J].酿酒科技,2005(2):62－64.

[52]张传军. 红姑娘果酒发酵工艺条件研究[J]. 食品研究与开发,2010,31(9):96-98,120.

[53]王静华,陈杏禹,刘景芳. 蓝莓果醋酿造工艺的研制试验[J]. 中国调味品,2010,35(1):68-70.

[54]匡明,王立江. 液态表面法发酵红姑娘果醋的探讨[J]. 中国酿造,2006(3):58-59.

[55]刘新社,易诚. 果蔬贮藏与加工技术[M]. 北京:化学工业出版社,2009.

[56]胡青霞,艾志录. 果品蔬菜深加工技术[M]. 郑州:中原农民出版社,2006.

[57]叶兴乾. 果品蔬菜加工工艺学[M]. 北京:中国农业出版社,2008.

[58]农民工职业教育培训教材编委会. 蔬菜加工[M]. 成都:四川教育出版社,2007.

[59]赵丽芹. 果蔬加工工艺学[M]. 北京:中国轻工业出版社,2002.

[60]严泽湘. 出口干香菇的分级标准[J]. 河北农业,1999(10):25.

[61]程野. 木耳银耳采收与干制技术[J]. 农村新技术,2011(12):36-37.

[62]方芳. 新编食用菌生产手册[M]. 南京:江苏科学技术出版社,2011.

[63]刘建华,张志军. 食用菌保鲜与加工实用新技术[M]. 北京:中国农业出版社,2008.